电气工程及其自动化技术

侯玉叶　梁克靖　田怀青 ◎ 著

吉林科学技术出版社

图书在版编目(CIP)数据

电气工程及其自动化技术 / 侯玉叶，梁克靖，田怀青著. -- 长春：吉林科学技术出版社，2022.4

ISBN 978-7-5578-9293-7

Ⅰ．①电… Ⅱ．①侯… ②梁… ③田… Ⅲ．①电气工程－自动化技术 Ⅳ．①TM

中国版本图书馆 CIP 数据核字(2022)第 072657 号

电气工程及其自动化技术

著	侯玉叶　梁克靖　田怀青
出 版 人	宛　霞
责任编辑	钟金女
封面设计	优盛文化
制　　版	优盛文化
幅面尺寸	185mm×260mm
开　　本	16
字　　数	293 千字
印　　张	13
印　　数	1－1500 册
版　　次	2022年4月第1版
印　　次	2022年4月第1次印刷

出　　版	吉林科学技术出版社
发　　行	吉林科学技术出版社
地　　址	长春市南关区福祉大路5788号出版大厦A座
邮　　编	130118
发行部电话/传真	0431-81629529　81629530　81629531
	81629532　81629533　81629534
储运部电话	0431-86059116
编辑部电话	0431-81629510
印　　刷	廊坊市印艺阁数字科技有限公司

书　　号	ISBN 978-7-5578-9293-7
定　　价	68.00 元

前言

现如今，随着我国社会经济的迅速发展，我国各方面的技术水平也得到了相应的提高，电气自动化技术在我国电气工程中的使用越来越广泛，这不仅使我们对电气工程中各个电气系统的自动化调节和自动化控制得到了很好的实现，更使相关电气设备运行及其管理的安全性、稳定性和高效性得到了切实的保障；同时也进一步推动了我国社会工业的生产、进步和发展，最终促进我国社会经济水平和人们生活水平的进一步提高。然而，我国社会的生产发展和人们的日常生活、工作和生产对电力的需求量日益增大，这就使我们必须运用先进的、自动化的技术来实现电力提供最大限度以及最优质的服务，以达到提供足够量且高质量电力的目标。当然，这对我国电气工程中的相关管理人员和技术人员也提出了更高的要求。为此，我们必须结合高科技的使用以及自身技术水平的提升，才能使这一目标更加顺利的实现，例如将应用通信技术、计算机技术和远动控制技术相结合，通过电气系统设备本身来实现其控制的自动化等。

当前电气工程及其自动化技术在我国社会的各个电气行业的生存和发展中一直都起着重要的作用，在目前的实际应用中，它有效地推动了其他电气行业的发展，只有突破技术瓶颈，实现技术飞跃，才能使电气工程及其自动化技术更好地为我们所用。本书从电气工程以及自动化控制的原理与应用着手，对电力系统的调度自动化、自动控制、变电站与配电网自动化展开了分析论述，还对电气工程中的继电保护与安全自动装置以及智能感知技术在电气工程自动化中的应用做了一定的探索研究，最后对电气工程的运行与维护进行了阐述。本书对电气工程及其自动化技术的研究有一定的借鉴意义。

目录

第一章 电气工程概述

第一节 电气工程的地位和作用

一、电气工程在国民经济中的地位

电能是最清洁的能源，它是由蕴藏于自然界中的煤、石油、天然气、水力、核燃料、风能和太阳能等一次能源转换而来的。同时，电能可以很方便地转换成其他形式的能量，如光能、热能、机械能和化学能等供人们使用。由于电（或磁、电磁）本身具有极强的可控性，大多数的能量转换过程都以电（或磁、电磁）作为中间能量形态进行调控，信息表达的交换也越来越多地采用电（或磁）这种特殊介质来实施。电能的生产、输送、分配、使用过程易于控制，电能也易于实现远距离传输。电作为一种特殊的能量存在形态，在物质、能量、信息的相互转化过程，以及能量之间的相互转化中起着重要的作用。因此，当代高新技术都与电能密切相关，并依赖于电能。电能为工农业生产过程和大范围的金融流通提供了保证；电能使当代先进的通信技术成为现实；电能使现代化运输手段得以实现；电能是计算机、机器人的能源。因此，电能已成为工业、农业、交通运输、国防科技及人们生活等人类现代社会最主要的能源形式。

电气工程（EE，Electrical Engineering）是与电能生产和应用相关的技术，包括发电工程、输配电工程和用电工程。发电工程根据一次能源的不同可以分为火力发电工程、水力发电工程、核电工程、可再生能源工程等。输配电工程可以分为输变电工程和配电工程两类。用电工程可分为船舶电气工程、交通电气工程、建筑电气工程等。电气工程还可分为电机工程、电力电子技术、电力系统工程、高电压工程等。

电气工程是为国民经济发展提供电力能源及其装备的战略性产业，是国家工业化和国防现代化的重要技术支撑，是国家在世界经济发展中保持自主地位的关键产业之一。电气工程在现代科技体系中具有特殊的地位，它既是国民经济的一些基础工业（电力、电工制造等）所依靠的技术科学，又是另一些基础工业（能源、电信、交通、铁路、冶金、化工和机械等）必不可少的支持技术，更是一些高新技术的主要科技的组成部分。在与生物、环保、自动化、光学、半导体等民用和军工技术的交叉发展中，又是能形成尖端技术和新技术分支的促进因素，在一些综合性高科技成果（如卫星、飞船、导弹、空间站、航天飞机等）中，也必须有电气工程的新技术和新产品。可见，电气工程的产业关联度高，对原材料工业、机械制造业、装备工业，以及电子、信息等一系列产业的发展均具有推动和带动作用，对提高整个国民经济效益，促进经济社会可持续发展，提高人民生活质量有显著的影响。电气工程与土木工程、机械工程、化学工程及管理工程并称现代社会五大工程。

二、电气工程的发展

人类最初是从自然界的雷电现象和天然磁石中开始注意电磁现象的。古希腊和中国文献都记载了琥珀摩擦后吸引细微物体和天然磁石吸铁的现象。1600年，英国的威廉·吉尔伯特用拉丁文出版了《磁石论》一书，系统地讨论了地球的磁性，开创了近代电磁学的研究。

1660年，奥托·冯·库克丁发明了摩擦起电机；1729年，斯蒂芬·格雷发现了导体；1733年，杜斐描述了电的两种力——吸引力和排斥力。1745年，荷兰莱顿大学的克里斯特和马森·布洛克发现电可以存储在装有铜丝或水银的玻璃瓶里，格鲁斯拉根据这一发现，制成莱顿瓶，也就是电容器的前身。

1752年，美国人本杰明·富兰克林通过著名的风筝实验得出闪电等同于电的结论，并首次将正、负号用于电学中。随后，普里斯特里发现了电荷间的平方反比律；泊松把数学理论应用于电场计算；1777年，库伦发明了能够测量电荷量的扭力天平，利用扭力天平，库仑发现电荷引力或斥力的大小与两个小球所带电荷电量的乘积成正比，而与两小球球心之间的距离平方成反比的规律，这就是著名的库仑定律。

1800年，意大利科学家伏特发明了伏打电池，从而使化学能可以转化为源源不断输出的电能。伏打电池是电学发展过程中的一个重要里程碑。

1820年，丹麦科学家奥斯特在实验中发现了电可以转化为磁的现象。同年，法国科学家安培发现了两根通电导线之间会发生吸引或排斥。安培在此基础上提出的载流导线之间的相互作用力定律，后来被称为安培定律，成为电动力学的基础。

1827年，德国科学家欧姆用公式描述了电流、电压、电阻之间的关系，创立了电学中最基本的定律——欧姆定律。

1831年8月29日，英国科学家法拉第成功地进行了"电磁感应"实验，发现了磁可以转化为电的现象。在此基础上，法拉第创立了研究暂态电路的基本定律——电磁感应定律。至此，电与磁之间的统一关系被人类所认识，并从此诞生了电磁学。法拉第还发现了载流体的自感与互感现象，并提出电力线与磁力线概念。

1831年10月，法拉第创制了世界上第一部感应发电机模型——法拉第盘。

1832年，法国科学家皮克斯在法拉第的影响下发明了世界上第一台实用的直流发电机。

1834年，德籍俄国物理学家雅可比发明了第一台实用的电动机，该电动机是功率为15 W的棒状铁芯电动机。1839年，雅可比在涅瓦河上做了用电动机驱动船舶的实验。

1836年，美国的机械工程师达文波特用电动机驱动木工车床，1840年又用电动机驱动印报机。

1845年，英国物理学家惠斯通通过外加伏打电池电源给线圈励磁，用电磁铁取代永久磁铁，取得了成功，随后又改进了电枢绕组，从而制成了第一台电磁铁发电机。

1864年，英国物理学家麦克斯韦在《电磁场的动力学理论》中，利用数学进行分析与综合，进一步把光与电磁的关系统一起来，建立了麦克斯韦方程，最终用数理科学方法使电磁学理论体系建立起来。

1866年，德国科学家西门子制成第一台自激式发电机，西门子发电机的成功标志着制造大容量发电机技术的突破。

1873年，麦克斯韦完成了划时代的科学理论著作——《电磁通论》。麦克斯韦方程是现代电磁学最重要的理论基础。

1881年，在巴黎博览会上，电气科学家与工程师统一了电学单位，一致同意采用早期为电气科学与工程做出贡献的科学家的姓作为电学单位名称，从而电气工程成为在全世界范围内传播的一门新兴学科。

1885年，意大利物理学家加利莱奥·费拉里斯提出了旋转磁场原理，并研制出二相异步电动机模型。1886年，美国的尼古拉·特斯拉也独立地研制出二相异步电动机。1888年，俄国工程师多利沃·多勃罗沃利斯基研制成功第一台实用的三相交流单鼠笼异步电动机。

19世纪末期，电动机的使用已经相当普遍。电锯、车床、起重机、压缩机、磨面机和凿岩钻等都已由电动机驱动，牙钻、吸尘器等也都用上了电动机。电动机驱动的电力机车、有轨电车、电动汽车也在这一时期得到了快速发展。1873年，英国人罗伯特·戴维森研制成第一辆用蓄电池驱动的电动汽车。1879年5月，德国科学家西门子设计制造了一台能乘坐18人的三节敞开式车厢小型电力机车，这是世界上电力机车首次成功的试验。1883年，世界上最早的电气化铁路在英国开始营业。

1809年，英国化学家戴维用2 000个伏打电池供电，通过调整木炭电极间的距离使之产生放电而发出强光，这是电能首次应用于照明。1862年，用两根有间隙的炭精棒通电产生电弧发光的电弧灯首次应用于英国肯特郡海岸的灯塔，后来很快用于街道照明。

1875年，法国巴黎建成了世界上第一座火力发电厂，标志着世界电力时代的到来。1882年，"爱迪生电气照明公司"在纽约建成了商业化的电厂和直流电力网系统，发电功率为660 KW，供应7 200个灯泡的用电。同年，美国兴建了第一座水力发电站，之后水力发电逐步发展起来。1883年，美国纽约和英国伦敦等大城市先后建成中心发电厂。到1898年，纽约又建立了容量为3万KW的火力发电站，用87台锅炉推动12台大型蒸汽机为发电机提供动力。

早期的发电厂采用直流发电机，在输电方面，很自然地采用直流输电。第一条直流输电线路出现于1873年，长度仅有2 km。1882年，法国物理学家和电气工程师德普勒在慕尼黑博览会上展示了世界上第一条远距离直流输电试验线路，把一台容量为3马力（1马力=735.498 75 W）

的水轮发电机发出的电能,从米斯巴赫输送到相距 57 km 的慕尼黑,驱动博览会上一台喷泉水泵。

1882 年,法国人高兰德和英国人约翰·吉布斯研制成功了第一台具有实用价值的变压器。1888 年,由英国工程师费朗蒂设计,建设在泰晤士河畔的伦敦大型交流发电站开始输电,其输电电压高达 10 kV。1894 年,俄罗斯建成功率为 800 kW 的单相交流发电站。

电力的应用和输电技术的发展,促使一大批新的工业部门相继产生。首先是与电力生产有关的行业,如电机、变压器、绝缘材料、电线电缆、电气仪表等电力设备的制造厂和电力安装、维修和运行等部门;其次是以电作为动力和能源的行业,如照明、电镀、电解、电车、电报等企业和部门,而新的日用电器生产部门也应运而生。这种发展的结果,又反过来促进了发电和高压输电技术的提高。1903 年,输电电压达到 60 kV,1908 年,美国建成第一条 110 kV 输电线路,1923 年建成投运第一条 230 kV 线路。从 20 世纪 50 年代开始,世界上经济发达的国家进入经济快速发展时期,用电负荷保持快速增长,年均增长率在 6% 左右,并一直持续到 20 世纪 70 年代中期。

今天,电能的应用已经渗透到人类社会生产、生活的各个领域,它不仅创造了极大的生产力,而且促进了人类文明的巨大进步,彻底改变了人类的社会生活方式,电气工程也因此被人们誉为"现代文明之轮"。

21 世纪的电气工程学科将在与信息科学、材料科学、生命科学以及环境科学等学科的交叉和融合中获得进一步发展。创新和飞跃往往发生在学科的交叉点上。所以,在 21 世纪,电气工程领域的基础研究和应用基础研究仍会是一个百花齐放、蓬勃发展的局面,而与其他学科的融合交叉是它的显著特点。超导材料、半导体材料与永磁材料的最新发展对于电气工程领域有着特别重大的意义。从 20 世纪 60 年代开始,实用超导体的研制成功地开创了超导电工的新时代。目前,恒定与脉冲超导磁体技术已经进入成熟阶段,得到了多方面的应用,显示了其优越性与现实性。超导加速器与超导核聚变装置的建成与运行成为 20 世纪下半叶人类科技史中辉煌的成就;超导核磁共振谱仪与磁成像装置已实现了商品化。20 世纪 80 年代制成了高临界温度超导体,为 21 世纪电气工程的发展展示了更加美好的前景。

半导体的发展为电气工程领域提供了多种电力电子器件与光电器件。电力电子器件为电机调速、直流输电、电气化铁路、各种节能电源和自动控制的发展做出了重大贡献。光电池效率的提高及成本的降低为光电技术的应用与发展提供了良好的基础,使太阳能光伏发电已在边远缺电地区得到了应用,并有可能在未来电力供应中占据一定份额。半导体照明是节能的照明,它能大大降低能耗,减少环境污染,是更可靠、更安全的照明。

新型永磁材料,特别是敏铁硼材料的发现与迅速发展使永磁电机、永磁磁体技术在深入研究的基础上登上了新台阶,应用领域不断扩大。

微型计算机、电力电子和电磁执行器件的发展,使得电气控制系统响应快、灵活性高、可靠性强的优点越来越突出,因此,电气工程正在使一些传统产业发生变革。例如,传统的机械系统与设备，在更多或全面地使用电气驱动与控制后，大大改善了性能，"线控"汽车、全电舰船、多电/全电飞机等研究就是其中最典型的例子。

三、电气工程学科分类

电气工程学科是当今高新技术领域中不可或缺的关键学科。在我国高等学校的本科专业目录中，电气工程对应的专业是电气工程及其自动化或电气工程与自动化，我国1998年以前的普通高等学校本科专业目录中，电工类下共有五个专业，分别是电机电器及其控制、电力系统及其自动化、高电压与绝缘技术、工业自动化和电气技术；在1998年国家颁布的大学本科专业目录中，把上述电机电器及其控制、电力系统及其自动化、高电压与绝缘技术和电气技术等专业合并为电气工程及其自动化专业；此外，在同时颁布的工科引导性专业目录中，又把电气工程及其自动化专业和自动化专业中的部分合并为电气工程与自动化专业。

在研究生学科专业目录中，电气工程是工学门类中的一个一级学科，包含电机与电器、电力系统及其自动化、高电压与绝缘技术、电力电子与电力传动、电工理论与新技术五个二级学科。在我国当代高等工程教育中，电气工程及其自动化专业（或电气工程与自动化专业）是一个新型的宽口径综合性专业。它涉及电能的生产、传输、分配、使用全过程，电力系统（网络）及其设备的研发、设计、制造、运行、检测和控制等多方面各环节的工程技术问题，所以要求电气工程师掌握电工理论、电子技术、自动控制理论、信息处理、计算机及其控制、网络通信等宽广领域的工程技术基础和专业知识，掌握电气工程运行、电气工程设计、电气工程技术咨询、电气工程设备招标及采购咨询、电气工程的项目管理、电气设计项目和建设项目的监理等基本技能。电气工程及其自动化专业不仅要为电力工业与机械制造业，也要为国民经济其他部门，如交通、建筑、冶金、机械、化工等，培养从事电气科学研究和工程技术的高级专门人才。可见，电气工程及其自动化专业是一个以电力工业及其相关产业为主要服务对象，同时辐射到国民经济其他各部门，应用十分广泛的专业。

第二节 电力系统工程

一、电力系统的组成

电力系统是由发电、变电、输电、配电、用电等设备和相应的辅助系统，按规定的技术和经济要求组成的一个统一系统。电力系统主要由发电厂、电力网和负荷等组成。发电厂的发电机将一次能源转换成电能，再由升压变压器把低压电能转换为高压电能，经过输电线路进行远距离输送，在变电站内进行电压升级，送至负荷所在区域的配电系统，再由配电所和配电线路把电能分配给电力负荷（用户）。

电力网是电力系统的一个组成部分，是由各种电压等级的输电、配电线路以及它们所连接起来的各类变电所组成的网络。由电源向电力负荷输送电能的线路，称为输电线路，包含输电线路的电力网称为输电网；担负分配电能任务的线路称为配电线路，包含配电线路的电力网称为配电网。电力网按其本身结构可分为开式电力网和闭式电力网两类。凡是用户只能从单个方向获得电能的电力网，称为开式电力网；凡用户可以从两个或两个以上方向获得电能的电力网，称为闭式电力网。

动力部分与电力系统组成的整体称为动力系统。动力部分主要指火电厂的锅炉、汽轮机，水电厂的水库、水轮机和核电厂的核反应堆等。电力系统是动力系统的一个组成部分。

发电、变电、输电、配电和用电等设备称为电力主设备，主要有发电机、变压器、架空线路、电缆、断路器、母线、电动机、照明设备和电热设备等。由主设备按照一定要求连接成的系统称为电气一次系统（又称为电气主接线），为保证一次系统安全、稳定、正常运行，对一次设备进行操作、测量、监视、控制、保护、通信和实现自动化的设备称为二次设备，由二次设备构成的系统称为电气二次系统。

二、电力系统运行的特点

（一）电能不能大量存储

电能生产是一种能量形态的转变，要求生产与消费同时完成，即每时每刻电力系统中电能的生产、输送、分配和消费实际上同时进行，发电厂任何时刻生产的电功率等于该时刻用电设备消耗功率和电网损失功率之和。

（二）电力系统暂态过程非常迅速

电是以光速传播的，所以，电力系统从一种运行方式过渡到另外一种运行方式所引起的电磁过程和机电过渡过程是非常迅速的。通常情况下，电磁波的变化过程只有千分之几秒，甚至百万分之几秒，即为微秒级；电磁暂态过程为几毫秒到几百毫秒，即为毫秒级；机电暂态过程为几秒到几百秒，即为秒级。

（三）与国民经济的发展密切相关

电能供应不足或中断供应，将直接影响国民经济各个部门的生产和运行，也将影响人们正常生活，在某些情况下甚至造成政治上的影响或极其严重的社会性灾难。

三、对电力系统的基本要求

（一）保证供电可靠性

保证供电的可靠性，是对电力系统最基本的要求。系统应具有经受一定程度的干扰和故障的能力，但当事故超出系统所能承受的范围时，停电是不可避免的。供电中断造成的后果是十分严重的，应尽量缩小故障范围和避免大面积停电，尽快消除故障，恢复正常供电。

根据现行国家标准《供配电系统设计规范》的规定，电力负荷根据供电可靠性及中断供电在政治、经济上所造成的损失或影响的程度，将负荷分为三级。

（1）一级负荷。对这一级负荷中断供电，将造成政治或经济上的重大损失，如导致人身事故、设备损坏、产品报废，使生产秩序长期不能恢复，人民生活发生混乱。在一级负荷中，当中断供电将造成重大设备损坏或发生中毒、爆炸和火灾等情况的负荷，以及特别重要场所的不允许中断供电的负荷，应视为一级负荷中特别重要的负荷。

（2）二级负荷。对这类负荷中断供电，将造成大量减产，将使人民生活受到影响。

（3）三级负荷。所有不属于一、二级的负荷，如非连续生产的车间及辅助车间和小城镇用电等。

一级负荷由两个独立电源供电，要保证不间断供电。一级负荷中特别重要的负荷供电，除应由双重电源供电外，尚应增设应急电源，并不得将其他负荷接入应急供电系统。设备供电电源的切换时间应满足设备允许中断供电的要求。对二级负荷，应尽量做到事故时不中断供电，允许手动切换电源；对三级负荷，在系统出现供电不足时首先断电，以保证一、二级负荷供电。

（二）保证良好的电能质量

电能质量主要从电压、频率和波形三个方面来衡量。检测电能质量的指标主要是电压偏移和频率偏差。随着用户对供电质量要求的提高，谐波、三相电压不平衡度、电压闪变和电压波动均纳入电能质量监测指标。

（三）保证系统运行的经济性

电力系统运行有三个主要经济指标，即煤耗率（即生产每 kW·h 能量的消耗，也称为油耗率、水耗率）、自用电率（生产每 kW·h 电能的自用电）和线损率（供配每 kW·h 电能时在电力网中的电能损耗）。保证系统运行的经济性就是使以上三个指标最小。

（四）电力工业优先发展

电力工业必须优先于国民经济其他部门的发展，只有电力工业优先发展了，国民经济其他部门才能有计划、按比例地发展，否则会对国民经济的发展起到制约作用。

（五）满足环保和生态要求

控制温室气体和有害物质的排放，控制冷却水的温度和速度，防止核辐射，减少高压输电线的电磁场对环境的影响和对通信的干扰，降低电气设备运行中的噪声等。开发绿色能源，保护环境和生态，做到能源的可持续利用和发展。

四、电力系统的电能质量指标

电力系统电能质量检测指标有电压偏差、频率偏差、谐波、三相电压不平衡度、电压波动和闪变。

（一）电压偏差

电压偏差是指电网实际运行电压与额定电压的差值（代数差），通常用其对额定电压的百分值来表示。现行国家标准《电能质量 供电电压允许偏差》规定，35 kV 及以上供电电压正、负偏差的绝对值之和不超过标称电压的 10%；20 kV 及以下三相供电电压偏差为标称电压的 ±7%；220 V 单相供电电压偏差为标称电压的 +7% ~ −10%。

（二）频率偏差

我国电力系统的标称频率为 50 Hz，俗称工频。频率的变化，将影响产品的质量，如频率降低将导致电动机的转速下降。频率下降得过低，有可能使整个电力系统崩溃。我国电力系统现行国家标准《电能质量 电力系统频率允许偏差》规定，正常频率偏差允许值为 ±0.2 Hz，对于小容量系统，偏差值可以放宽到 ±0.5 Hz。冲击负荷引起的系统频率变动一般不得超过 ±0.2 Hz。

（三）电压波形

供电电压（或电流）波形为较为严格的正弦波形。波形质量一般以总谐波畸变率作为衡量标准。所谓总谐波畸变率是指周期性交流量中谐波分量的方均根值与其基波分量的方均根值之比（用百分数表示）。110 kV 电网总谐波畸变率限值为 2%，35 kV 电网限值为 3%，10 kV 电网限值为 4%。

（四）三相电压不平衡度

三相电压不平衡度表示三相系统的不对称程度，用电压或电流负序分量与正序分量的方均根值百分比表示。现行国家标准《电能质量 公用电网谐波》(GB/T 14549–1993)规定，各级公用电网，110 kV 电网总谐波畸变率限值为 2%，35 ~ 66 kV 电网限值为 3%，6 ~ 10 kV 电网限值为 4%，0.38 kV 电网限值为 5%。用户注入电网的谐波电流允许值应保证各级电网谐波电压在限值范围内，所以国标规定各级电网谐波源产生的电压总谐波畸变率是：0.38 kV 的为 2.6%，6 ~ 10 kV 的为 2.2%，35 ~ 66 kV 的为 1.9%，110 kV 的为 1.5%。对 220 kV 电网及其供电的电力用户参照本标准 110 kV 执行。

间谐波是指非整数倍基波频率的谐波。随着分布式电源的接入、智能电网的发展，间谐波有增大的趋势。现行国家标准《电能质量 公用电网间谐波》规定，1000 V 及以下，低于 100 Hz 的间谐波电压含有率限值为 0.2%，100 ~ 800 Hz 的间谐波电压含有率限值为 0.5%；1000 V 以上，低于 100 Hz 的间谐波电压含有率限值为 0.16%，100 ~ 800 Hz 的间谐波电压含有率限值为 0.4%。

现行国家标准《电能质量 三相电压允许不平衡度》规定，电力系统公共连接点三相电压不平衡度允许值为 2%，短时不超过 4%。接于公共接点的每个用户，引起该节点三相电压不平衡度允许值为 1.3%，短时不超过 2.6%。

五、电力系统的基本参数

除了电路中所学的三相电路的主要电气参数，如电压、电流、阻抗（电阻、电抗、容抗）、功率（有功功率、无功功率、复功率、视在功率）、频率等外，表征电力系统的基本参数有总装机容量、年发电量、最大负荷、年用电量、额定频率、最高电压等级等。

（1）总装机容量。电力系统的总装机容量是指该系统中实际安装的发电机组额定有功功率的总和，以千瓦（kW）、兆瓦（MW）和吉瓦（GW）计，它们的换算关系为

$$1 \text{ GW}=10^3 \text{ MW}=10^6 \text{ kW}$$

（2）年发电量。年发电量是指该系统中所有发电机组全年实际发出电能的总和，以兆瓦时（MW·h）、吉瓦时（GW·h）和太瓦时（TW·h）计，它们的换算关系为

$$1\ TW \cdot h = 10^3\ GW \cdot h = 10^6\ MW \cdot h$$

（3）最大负荷。最大负荷是指规定时间内，如一天、一月或一年，电力系统总有功功率负荷的最大值，以千瓦（kW）、兆瓦（MW）和吉瓦（GW）计。

（4）年用电量。年用电量是指接在系统上的所有负荷全年实际所用电能的总和，以兆瓦时（MW·h）、吉瓦时（GW·h）和太瓦时（TW·h）计。

（5）额定频率。按照国家标准规定，我国所有交流电力系统的额定频率均为 50 Hz，欧美国家交流电力系统的额定频率则为 60 Hz。

（6）最高电压等级。最高电压等级是指电力系统中最高电压等级电力线路的额定电压，以千伏（kV）计，目前我国电力系统中的最高电压等级为 1 000 kV。

（7）电力系统的额定电压。电力系统中各种不同的电气设备通常是由制造厂根据其工作条件确定其额定电压，电气设备在额定电压下运行时，其技术经济性能最好。为了使电力工业和电工制造业的生产标准化、系列化和统一化，世界各国都制定有电压等级的条例。其中，1 000 kV 为特高压，330 ~ 750 kV 为超高压。我国高压直流输电额定电压有 ±500 kV 和 ±800 kV 两种。

用电设备的额定电压与同级的电力网的额定电压是一致的。电力线路的首端和末端均可接用电设备，用电设备的端电压允许偏移范围为额定电压的 ±5%，线路首末端电压损耗不超过额定电压的 10%。于是，线路首端电压比用电设备的额定电压不高出 5%，线路末端电压比用电设备的额定电压不低于 5%，线路首末端电压的平均值为电力网额定电压。

发电机接在电网的首端，其额定电压比同级电力网额定电压高 5%，用于补偿电力网上的电压损耗。

变压器的额定电压分为一次绕组额定电压和二次绕组额定电压。变压器的一次绕组直接与发电机相连时，其额定电压等于发电机额定电压；当变压器接于电力线路末端时，则相当于用电设备，其额定电压等于电力网额定电压。变压器的二次绕组额定电压，是绕组的空载电压，当变压器为额定负载时，在变压器内部有 5% 的电压降，另外，变压器的二次绕组向负荷供电，相当于电源作用，其输出电压应比同级电力网的额定电压高 5%，因此，变压器的二次绕组额定电压比同级电力网额定电压高 10%。当二次配电距离较短或变压器绕组中电压损耗较小时，二次绕组额定电压只需比同级电力网额定电压高 5%。

电力网额定电压的选择又称为电压等级的选择，要综合电力系统投资、运行维护费用、运行的灵活性以及设备运行的经济合理性等方面的因素来考虑。在输送距离和输送容量一定的条件下，所选的额定电压越高，线路上的功率损耗、电压损失、电能损耗会减少，能节省有色金属。但额定电压越高，线路上的绝缘等级要提高，杆塔的几何尺寸要增大，线路投资增大，线路两端的升、降压变压器和开关设备等的投资也相应要增大。因此，电力网额定电压的选择要根据传输距离和传输容量经过全面技术经济比较后才能选定。

六、电力系统的接线方式

（一）电力系统的接线图

电力系统的接线方式是用来表示电力系统中各主要元件相互联结关系的，对电力系统运行的安全性与经济性影响极大。电力系统的接线方式用接线图来表示，接线图有电气接线图和地理接线图两种。

（1）电气接线图。在电气接线图上，要求表明电力系统各主要电气设备之间的电气联结关系。电气接线图要求接线清楚，一目了然，而不过分重视实际的位置关系、距离的比例关系。

（2）地理接线图。在地理接线图上，强调电厂与变电站之间的实际位置关系及各条输电线的路径长度，这些都按一定的比例反映出来，但各电气设备之间的电气联系、连接情况不必详细表示。

（二）电力系统的接线方式

选择电力系统接线方式时，应保证与负荷性质相适应的足够的供电可靠性；深入负荷中心，简化电压等级，做到接线紧凑、简明；保证各种运行方式下操作人员的安全；保证运行时足够的灵活性；在满足技术条件的基础上，力求投资费用少，设备运行和维护费用少，满足经济性要求。

（1）开式电力网。开式电力网由一条电源线路向电力用户供电，分为单回路放射式、单回路干线式、单回路链式和单回路树枝式等。开式电力网接线简单、运行方便，保护装置简单，便于实现自动化，投资费用少，但供电的可靠性较差，只能用于三级负荷和部分次要的二级负荷，不适于向一级负荷供电。

由地区变电所或企业总降压变电所 6 ~ 10 kV 母线直接向用户变电所供电时，沿线不接其他负荷，各用户变电所之间也无联系，可选用放射式接线。

（2）闭式电力网。闭式电力网由两条及两条以上电源线路向电力用户供电，分为双回路放射式、双回路干线式、双回路链式、双回路树枝式、环式和两端供电式。闭式电力网供电可靠性高，运行和检修灵活，但投资大，运行操作和继电保护复杂，适用于对一级负荷供电和电网的联络。

对供电的可靠性要求很高的高压配电网，还可以采用双回路架空线路或多回路电缆线路进行供电，并尽可能在两侧都有电源。

七、电力系统运行

（一）电力系统分析

电力系统分析是用仿真计算或模拟试验方法，对电力系统的稳态和受到干扰后的暂态行为进行计算、考查，做出评估，提出改善系统性能的措施的过程。通过分析计算，可对规划设计的系统选择正确的参数，制定合理的电网结构，对运行系统确定合理的运行方式，进行事故分析和预测，提出防止和处理事故的技术措施。电力系统分析分为电力系统稳态分析、故障分析和暂态过程的分析。电力系统分析的基础为电力系统潮流计算、短路故障计算和稳定计算。

1. 电力系统稳态分析

电力系统稳态分析主要研究电力系统稳态运行方式的性能，包括潮流计算、静态稳定性分析和谐波分析等。

电力系统潮流计算包括系统有功功率和无功功率的平衡，网络节点电压和支路功率的分布等，解决系统有功功率和频率调整，无功功率和电压控制等问题。潮流计算是电力系统稳态分析的基础。潮流计算的结果可以给出电力系统稳态运行时各节点电压和各支路功率的分布。在不同系统运行方式下进行大量潮流计算，可以研究并从中选择确定经济上合理、技术上可行、安全可靠的运行方式。潮流计算还给出电力网的功率损耗，便于进行网络分析，并进一步制定降低网损的措施。潮流计算还可以用于电力网事故预测，确定事故影响的程度和防止事故扩大的措施。潮流计算也用于输电线路工频过电压研究和调相、调压分析，为确定输电线路并联补偿容量、变压器可调分接头设置等系统设计的主要参数以及线路绝缘水平提供部分依据。

静态稳定性分析主要分析电网在小扰动下保持稳定运行的能力，包括静态稳定裕度计算、稳定性判断等。为确定输电系统的输送功率，分析静态稳定破坏和低频振荡事故的原因，选择发电机励磁调节系统、电力系统稳定器和其他控制调节装置的形式和参数提供依据。

谐波分析主要通过谐波潮流计算，研究在特定谐波源作用下，电力网内各节点谐波电压和支路谐波电流的分布，确定谐波源的影响，从而制定消除谐波的措施。

2. 电力系统故障分析

电力系统故障分析主要研究电力系统中发生故障（包括短路、断线和非正常操作）时，故障电流、电压及其在电力网中的分布。短路电流计算是故障分析的主要内容。短路电流计算的目的是确定短路故障的严重程度，选择电气设备参数，整定继电保护，分析系统中负序及零序电流的分布，从而确定其对电气设备和系统的影响等。

3. 电力系统暂态分析

电力系统暂态分析主要研究电力系统受到扰动后的电磁和机电暂态过程，包括电磁暂态过程的分析和机电暂态过程的分析两种。

电磁暂态过程的分析主要研究电力系统故障和操作过电压及谐振过电压，为变压器、断路器等高压电气设备和输电线路的绝缘配合和过电压保护的选择，以及降低或限制电力系统过电压技术措施的制定提供依据。

机电暂态过程的分析主要研究电力系统受到大扰动后的暂态稳定和受到小扰动后的静态稳定性能。其中，暂态稳定分析主要研究电力系统受到诸如短路故障，切除或投入线路、发电机、负荷，发电机失去励磁或者冲击性负荷等大扰动作用下，电力系统的动态行为和保持同步稳定运行的能力，为选择规划设计中的电力系统的网络结构，校验和分析运行中的电力系统的稳定性能和稳定破坏事故，制定防止稳定破坏的措施提供依据。

电力系统分析工具有暂态网络分析仪、物理模拟装置和计算机数字仿真三种。

（二）电力系统继电保护和安全自动装置

电力系统继电保护和安全自动装置是在电力系统发生故障或不正常运行情况时，用于快速切除故障、消除不正常状况的重要自动化技术和设备（装置）。电力系统发生故障或危及其安全运行的事件时，它们可及时发出警告信号或直接发出跳闸命令以终止事件发展。用于保护电力元件的设备通常称为继电保护装置，用于保护电力系统安全运行的设备通常称为安全自动装置，如自动重合闸、按周减载等。

（三）电力系统自动化

电力系统自动化应用各种具有自动检测、反馈、决策和控制功能的装置，并通过信号、数据传输系统对电力系统各元件、局部系统或全系统进行就地或远方的自动监视、协调、调节和控制，以保证电力系统的供电质量和安全经济运行。

随着电力系统规模和容量的不断扩大，系统结构、运行方式日益复杂，单纯依靠人力监视系统运行状态、进行各项操作、处理事故等，已无能为力。因此，必须应用现代控制理论、电子技术、计算机技术、通信技术和图像显示技术等科学技术的最新成就来实现电力系统自动化。第七章将详细介绍电力系统自动化基础知识。

第三节 电力电子技术

一、电力电子技术的作用

电力电子技术是通过静止的手段对电能进行有效的转换、控制和调节，从而把能得到的输入电源形式变成希望得到的输出电源形式的科学应用技术。它是电子工程、电力工程和控制工程相结合的一门技术，它以控制理论为基础、以微电子器件或微计算机为工具、以电子开关器件为执行机构实现对电能的有效变换，高效、实用、可靠地把能得到的电源变为所需要的电源，以满足不同的负载要求，同时具有电源变换装置小体积、轻重量和低成本等优点。

电力电子技术的主要作用如下：

（一）节能减排

通过电力电子技术对电能的处理，电能的使用可达到合理、高效和节约，实现了电能使用最优化。当今世界电力能源的使用约占总能源的40%，而电能中有40%经过电力电子设备的变换后被使用。利用电力电子技术对电能变换后再使用，人类至少可节省近1/3的能源，相应地可大大减少煤燃烧而排放的二氧化碳和硫化物。

（二）改造传统产业和发展机电一体化等新兴产业

目前发达国家约70%的电能是经过电力电子技术变换后再使用的，据预测，今后将有95%的电能会经电力电子技术处理后再使用，我国经过变换后使用的电能目前还不到45%。

（三）电力电子技术向高频化方向发展

实现最佳工作效率，将使机电设备的体积减小到原来的几分之一，甚至几十分之一，响应速度达到高速化，并能适应任何基准信号，实现无噪声且具有全新的功能和用途。例如，频率为20 kHz 的变压器，其重量和体积只是普通 50 Hz 变压器的十几分之一，钢、铜等原材料的消耗量也大大减少。

（四）提高电力系统稳定性，避免大面积停电事故

电力电子技术实现的直流输电线路，起到故障隔离墙的作用，发生事故的范围就可大大缩小，避免大面积停电事故的发生。

二、电力电子技术的特点

电力电子技术是采用电子元器件作为控制元件和开关变换器件，利用控制理论对电力（电源）进行控制变换的技术，它是从电气工程的三大学科领域（电力、控制、电子）发展起来的一门新型交叉学科。

电力电子开关器件工作时产生很高的电压变化率和电流变化率。电压变化率和电流变化率作为电力电子技术应用的工作形式，对系统的电磁兼容性和电路结构设计都有十分重要的影响，概括起来，电力电子技术有如下几个特点：弱电控制强电；传送能量的模拟—数字—模拟转换技术；多学科知识的综合设计技术。

新型电力电子器件呈现出许多优势，它使得电力电子技术发生突变，进入现代电力电子技术阶段。现代电力电子技术向全控化、集成化、高频化、高效率化、变换器小型化和电源变换绿色化等方向发展。

三、电力电子技术的研究内容

电力电子技术的主要任务是研究电力半导体器件、变流器拓扑及其控制和电力电子应用系统，实现对电、磁能量的变换、控制、传输和存储，以达到合理、高效地使用各种形式的电能，为人类提供高质量电、磁能量。电力电子技术的研究内容主要包括以下几个方面。

（1）电力半导体器件及功率集成电路。

（2）电力电子变流技术。其研究内容主要包括新型的或适用于电源、节能及电力电子新能源利用、军用和太空等特种应用中的电力电子变流技术；电力电子变流器智能化技术；电力电子系统中的控制和计算机仿真、建模等。

（3）电力电子应用技术。其研究内容主要包括超大功率变流器在节能、可再生能源发电、钢铁、冶金、电力、电力牵引、舰船推进中的应用，电力电子系统信息与网络化，电力电子系统故障分析和可靠性，复杂电力电子系统稳定性和适应性等。

（4）电力电子系统集成。其研究内容主要包括电力电子模块标准化，单芯片和多芯片系统设计，电力电子集成系统的稳定性、可靠性等。

（一）电力半导体器件

电力半导体器件是电力电子技术的核心，用于大功率变换和控制时，与信息处理用器件不同，一是必须具有承受高电压、大电流的能力；二是以开关方式运行。因此，电力电子器件也称为电力电子开关器件。电力电子器件种类繁多，分类方法也不同。按照开通、关断的控制，电力电子器件可分为不控型、半控型和全控型三类。

在应用器件时，选择电力电子器件一般需要考虑的是器件的容量（额定电压和额定电流值）、过载能力、关断控制方式、导通压降、开关速度、驱动性质和驱动功率等。

（二）电力电子变换器的电路结构

以电力半导体器件为核心，采用不同的电路拓扑结构和控制方式来实现对电能的变换和控制，这就是变流电路。变换器电路结构的拓扑优化是现代电力电子技术的主要研究方向之一。根据电能变换的输入/输出形式，变换器电路可分为交流—直流变换（AC/DC）、直流—直流变换（DC/DC）、直流—交流变换（DC/AC）和交流—交流变换（AC/AC）四种基本形式。

（三）电力电子电路的控制

控制电路的主要作用是为变换器中的功率开关器件提供控制极驱动信号。驱动信号是根据控制指令，按照某种控制规律及控制方式而获得的。控制电路应该包括时序控制、保护电路、电气隔离和功率放大等电路。

1. 电力电子电路的控制方式

电力电子电路的控制方式一般按照器件开关信号与控制信号间的关系分类，可分为相控方式、频控方式、斩控方式等。

2. 电力电子电路的控制理论

对线性负荷常采用 PI 和 PID 控制规律，对交流电机这样的非线性控制对象，最典型的是采用基于坐标变换解耦的矢量控制算法。为了使复杂的非线性、时变、多变量、不确定、不确知等系统，在参量变化的情况下获得理想的控制效果，变结构控制、模糊控制、基于神经元网络和模糊数学的各种现代智能控制理论，在电力电子技术中已获得广泛应用。

3. 控制电路的组成形式

早期的控制电路采用数字或模拟的分立元件构成，随着专用大规模集成电路和计算机技术的迅速发展，复杂的电力电子变换控制系统，已采用 DSP、现场可编程器件 FPGA、专用控制等大规模集成芯片以及微处理器构成控制电路。

四、电力电子技术的应用

电力电子技术是实现电气工程现代化的重要基础。电力电子技术广泛应用于国防军事、工业、能源、交通运输、电力系统、通信系统、计算机系统、新能源系统以及家用电器等。下面作简单的介绍。

（一）工业电力传动

工业中大量应用各种交、直流电动机和特种电动机。近年来，由于电力电子变频技术的迅速发展，使得交流电动机的调速性能可与直流电动机的性能相媲美。我国也于 1998 年开始了从直流传动到交流传动转换的铁路牵引传动产业改革。

电力电子技术主要解决电动机的启动问题（软启动）。对于调速传动，电力电子技术不仅要解决电动机的启动问题，还要解决好电动机整个调速过程中的控制问题，在有的场合还必须解决好电动机的停机制动和定点停机制动控制问题。

（二）电源

电力电子技术的另一个应用领域是各种各样电源的控制。电器电源的需求是千变万化的，因此电源的需求和种类非常多。例如，太阳能、风能、生物质能、海洋潮汐能及超导储能等可再生能源，受环境条件的制约，发出的电能质量较差，而利用电力电子技术可以进行能量存储和缓冲，改善电能质量。同时，采用变速恒频发电技术，可以将新能源发电系统与普通电力系统联网。

开关模式变换器的直流电源、DC/DC 高频开关电源、不间断电源（UPS）和小型化开关电源等，在现代计算机、通信、办公自动化设备中被广泛采用。军事中主要应用的是雷达脉冲电源、声呐及声发射系统、武器系统及电子对抗等系统电源。

（三）电力系统工程

现代电力系统离不开电力电子技术。高压直流输电，其送电端的整流和受电端的逆变装置都是采用晶闸管变流装置，它从根本上解决了长距离、大容量输电系统无功损耗问题。柔性交流输电系统（FACTS），其作用是对发电—输电系统的电压和相位进行控制。其技术实质类似于弹性补偿技术。FACTS 技术是利用现代电力电子技术改造传统交流电力系统的一项重要技术，已成为未来输电系统新时代的支撑技术之一。

无功补偿和谐波抑制对电力系统具有重要意义。晶闸管控制电抗器（TCR）、晶闸管投切电容器（TSC）都是重要的无功补偿装置。静止无功发生器（STATCOM）、有源电力滤波器（APF）等新型电力电子装置具有更优越的无功和谐波补偿的性能。采用超导磁能存储系统（SMES）、蓄电池储能（BESS）进行有功补偿和提高系统稳定性。晶闸管可控串联电容补偿器（TCSC）用于提高输电容量，抑制次同步震荡，进行功率潮流控制。

（四）交通运输工程

电气化铁道已广泛采用电力电子技术，电气机车中的直流机车采用整流装置供电，交流机车采用变频装置供电。如直流斩波器广泛应用于铁道车辆，磁悬浮列车的电力电子技术更是一项关键的技术。

新型环保绿色电动汽车和混合动力电动汽车（EV/HEV）正在积极发展中。绿色电动车的电动机以蓄电池为能源，靠电力电子装置进行电力变换和驱动控制，其蓄电池的充电也离不开电力电子技术。飞机、船舶需要各种不同要求的电源，因此航空、航海也都离不开电力电子技术。

（五）绿色照明

目前广泛使用的日光灯，其电子镇流器就是一个 AC-DC-AC 变换器，较好地解决了传统日光灯必须有镇流器启辉、全部电流都要流过镇流器的线圈，因而无功电流较大等问题，可减少无功和有功损耗。还有利用注入式电致发光原理制作的二极管叫发光二极管，通称 LED 灯。当它处于正向工作状态时（即两端加上正向电压），电流从 LED 阳极流向阴极时，半导体晶体就发出从紫外到红外不同颜色的光线，光的强弱与电流有关。另外，采用电力电子技术可实现照明的电子调光。

电力电子技术的应用范围十分广泛。电力电子技术已成为我国国民经济的重要基础技术和现代科学、工业和国防的重要支撑技术。电力电子技术课程是电气工程及其自动化专业的核心课程之一。

第四节 高电压工程

一、高电压与绝缘技术的发展

高电压与绝缘技术是随着高电压远距离输电而发展起来的一个电气工程分支学科。高电压与绝缘技术的基本任务是研究高电压的获得以及高电压下电介质及其电力系统的行为和应用。人类对高电压现象的关注已有悠久的历史，但作为一门独立的科学分支是 20 世纪初为了解决高压输电工程中的绝缘问题而逐渐形成的，美国工程师皮克出版的《高电压工程中的电介质现象》一书中首次提出"高电压工程"这一术语。20 世纪 40 年代以后，由于电力系统输送容量的扩大，电压水平的提高以及原子物理技术等学科的进步，高电压和绝缘技术得到快速发展，20 世纪 60 年代以来，受超高压、特高压输电和新兴科学技术发展的推动，高电压技术已经扩大了其应用领域，成为电气工程学科中十分重要的一个分支。

二、高电压与绝缘技术的研究内容

高电压与绝缘技术是以试验研究为基础的应用技术，主要研究高电压的产生，在高电压作用下各种绝缘介质的性能和不同类型的放电现象，高电压设备的绝缘结构设计，高电压试验和测量的设备与方法，电力系统过电压及其限制措施，电磁环境及电磁污染防护，以及高电压技术的应用等。

（一）高电压的产生

根据需要人为地获得预期的高电压是高电压技术中的核心研究内容。这是因为在电力系统中，在大容量、远距离的电力输送要求越来越高的情况下，几十万伏的高电压和可靠的绝缘系统是支撑其实现的必备的技术条件。

电力系统一般通过高电压变压器、高压电路瞬态过程变化产生交流高电压，直流输电工程中采用先进的高压硅堆等作为整流阀把交流电变换成高压直流电。一些自然物理现象也会形成高电压，如雷电、静电。高电压试验中的试验高电压由高电压发生装置产生，通常有发电机、电力变压器以及专门的高电压发生装置。常见的高电压发生装置：由工频试验变压器、串联谐振实验装置和超低频试验装置等组成的交流高电压发生装置；利用高压硅堆等作为整流阀的直流高电压发生装置；模拟雷电过电压或操作过电压的冲击电压电流发生装置。

（二）高电压绝缘与电气设备

在高电压技术研究领域内，不论是要获得高电压，还是研究高电压下系统特性或者在随机干扰下电压的变化规律，都离不开绝缘的支撑。

高电压设备的绝缘应能承受各种高电压的作用，包括交流和直流工作电压、雷电过电压和内过电压。研究电介质在各种作用电压下的绝缘特性、介电强度和放电机理，以便合理解决高电压设备的绝缘结构问题。电介质在电气设备中是作为绝缘材料使用的，按其物质形态，可分为气体介质、液体介质和固体介质三类。在实际应用中，对高压电气设备绝缘的要求是多方面的，单一电介质往往难以满足要求，因此，实际的绝缘结构由多种介质组合而成。电气设备的外绝缘一般由气体介质和固体介质联合组成，而设备的内绝缘则往往由固体介质和液体介质联合组成。

过电压对输电线路和电气设备的绝缘是个严重的威胁，为此，要着重研究各种气体、液体和固体绝缘材料在不同电压下的放电特性。

（三）高电压试验

高电压领域的各种实际问题一般都需要经过试验来解决，因此，高电压试验设备、试验方法以及测量技术在高电压技术中占有格外重要的地位。电气设备绝缘预防性试验已成为保证现代电力系统安全可靠运行的重要措施之一。这种试验除了在新设备投入运行前在交接、安装、调试等环节中进行外，更多的是对运行中的各种电气设备的绝缘定期进行检查，以便及早发现绝缘缺陷，及时更换或修复，防患于未然。

绝缘故障大多因内部存在缺陷而引起，就其存在的形态而言，绝缘缺陷可分为两大类。第一类是集中性缺陷，这是指电气设备在制造过程中形成的局部缺损，如绝缘子瓷体内的裂缝、发电机定子绝缘层因挤压磨损而出现的局部破损、电缆绝缘层内存在的气泡等，这一类缺陷在一定条件下会发展扩大，波及整体。第二类是分散性缺陷，这是指高压电气设备整体绝缘性能下降，如电机、变压器等设备的内绝缘材料受潮、老化、变质等。

绝缘内部有了缺陷后，其特性往往要发生变化，因此，可以通过实验测量绝缘材料的特性及其变化来查出隐藏的缺陷，以判断绝缘状况。由于缺陷种类很多、影响各异，所以绝缘预防性试验的项目也就多种多样。高电压试验可分为两大类，即非破坏性试验和破坏性试验。

电气设备绝缘试验主要包括绝缘电阻及吸收比的测量，泄漏电流的测量，介质损失角正切的测量，局部放电的测量，绝缘油的色谱分析，工频交流耐压试验，直流耐压试验，冲击高电压试验，电气设备的在线检测等。每个项目所反映的绝缘状态和缺陷性质亦各不相同，故同一设备往往要接受多项试验，才能做出比较准确的判断和结论。

（四）电力系统过电压及其防护

研究电力系统中各种过电压，以便合理确定其绝缘水平是高电压技术的重要内容之一。

电力系统的过电压包括雷电过电压（又称大气过电压）和内部过电压。雷击除了威胁输电线路和电气设备的绝缘外，还会危害高建筑物、通信线路、天线、飞机、船舶和油库等设施的安全。目前，人们主要是设法去躲避和限制雷电的破坏性，基本措施就是加装避雷针、避雷线、避雷器、防雷接地、电抗线圈、电容器组、消弧线圈和自动重合闸等防雷保护装置。避雷针、避雷线用于防止直击雷过电压。避雷器用于防止沿输电线路侵入变电所的感应雷过电压，有管型和阀型两种。现在广泛采用金属氧化物避雷器（又称氧化锌避雷器）。电力系统对输电线路、发电厂和变电所的电气装置都要采取防雷保护措施。

电力系统内过电压是因正常操作或故障等原因使电路状态或电磁状态发生变化，引起电磁能量振荡而产生的。其中，衰减较快、持续时间较短的称为操作过电压；无阻尼或弱阻尼、持续时间长的称为暂态过电压。

过电压与绝缘配合是电力系统中一个重要的课题，首先需要清楚过电压的产生和传播规律，然后根据不同的过电压特征决定其防护措施和绝缘配合方案。随着电力系统输电电压等级的提高，输变电设备的绝缘部分占总设备投资的比重越来越大。因此，采用何种限压措施和保护措施，使之在不增加过多的投资前提下，既可以保证设备安全使系统可靠地运行，又可以减少主要设备的投资费用，这个问题归结为绝缘如何配合的问题。

三、高电压与绝缘技术的应用

高电压与绝缘技术在电气工程以外的领域得到广泛的应用，如在粒子加速器、大功率脉冲发生器、受控热核反应研究、磁流体发电、静电喷涂和静电复印等都有应用。下面作简单的介绍。

（一）等离子体技术及其应用

所谓等离子体，指的是一种拥有离子、电子和核心粒子的不带电的离子化物质。等离子体包括几乎相同数量的自由电子和阳极电子。等离子体可分为两种，即高温和低温等离子体。高温等离子体主要应用有温度为 $10^2 \sim 10^4 \mathrm{eV}$（1 ~ 10 亿摄氏度，$1 \mathrm{eV}=11\,600 \mathrm{K}$）的超高温核聚变发电。现在低温等离子体广泛运用于多种生产领域：等离子体电视；等离子体刻蚀，如计算机芯片中的刻蚀；等离子体喷涂；制造新型半导体材料；纺织、冶炼、焊接、婴儿尿布表面防水涂层、增加啤酒瓶阻隔性；等离子体隐身技术在军事方面还可应用于飞行器的隐身。

（二）静电技术及其应用

静电感应、气体放电等效应用于生产和生活等多方面的活动，形成了静电技术，它广泛应用于电力、机械、轻工等高技术领域，如静电除尘广泛用于工厂烟气除尘，静电分选可用于粮食净化、茶叶挑选、冶炼选矿、纤维选拣等，静电喷涂、静电喷漆广泛应用于汽车、机械、家用电器，静电植绒，静电纺纱，静电制版，还有静电轴承、静电透镜、静电陀螺仪和静电火箭发电机等应用。

（三）在环保领域的应用

在烟气排放前，可以通过高压窄脉冲电晕放电来对烟气进行处理，以达到较好的脱硫脱硝效果，并且在氨注入的条件下，还可以生成化肥。在处理汽车尾气方面，国际上也在尝试用高压脉冲放电产生非平衡态等离子体来处理。在污水处理方面，采用水中高压脉冲放电的方法，对废水中的多种燃料能够达到较好的降解效果。在杀毒灭菌方面，通过高压脉冲放电产生的各种带电粒子和中性粒子发生的复杂反应，能够产生高浓度的臭氧和大量的活性自由基来杀毒灭菌。通过高电压技术人工模拟闪电，能够在无氧状态下，用强带电粒子流破坏有毒废弃物，将其分解成简单分子，并在冷却中和冷却后形成高稳定性的玻璃体物质或者有价金属等，此技术对于处理固体废弃物中的有害物质效果显著。

（四）在照明技术中的应用

气体放电光源是利用气体放电时发光的原理制成的光源。气体放电光源中，应用较多的是辉光放电和弧光放电现象。辉光放电用于霓虹灯和指示灯，弧光放电有很强的光通量，用于照明光源，常用的有荧光灯、高压汞灯、高压钠灯、金属卤化物灯和氙灯等气体放电灯。气体放电用途极为广泛，在摄影、放映、晒图、照相复印、光刻工艺、化学合成、荧光显微镜、荧光分析、紫外探伤、杀菌消毒、医疗、生物栽培等方面也都有广泛的应用。

此外，在生物医学领域，静电场或脉冲电磁场对于促进骨折愈合效果明显。在新能源领域，受控核聚变、太阳能发电、风力发电以及燃料电池等新能源技术得到飞跃发展。

第五节 电气工程新技术

在电力生产、电工制造与其他工业发展，以及国防建设与科学实验的实际需要的有力推动下，在新原理、新理论、新技术和新材料发展的基础上，发展起来了多种电气工程新技术（简称电工新技术），成为近代电气工程科学技术发展中最为活跃和最有生命力的重要分支。

一、超导电工技术

超导电工技术涵盖了超导电力科学技术和超导强磁场科学技术，包括实用超导线与超导磁体技术与应用，以及初步产业化的实现。

荷兰科学家昂纳斯在测量低温下汞电阻率的时候发现，当温度降到 4.2 K 附近，汞的电阻突然消失，后来他又发现许多金属和合金都具有与上述汞相类似的低温下失去电阻的特性，这就是超导态的零电阻效应，它是超导态的基本性质之一。荷兰的迈斯纳和奥森菲尔德共同发现了超导体的另一个极为重要的性质，当金属处在超导状态时，这一超导体内的磁感应强度为零，也就是说，磁力线完全被排斥在超导体外面，人们将这种现象称为"迈斯纳效应"。

利用超导体的抗磁性可以实现磁悬浮。把一块磁铁放在超导体上，由于超导体把磁感应线排斥出去，超导体跟磁铁之间有排斥力，结果磁铁悬浮在超导盘的上方。这种超导磁悬浮在工程技术中是可以大大利用的，超导磁悬浮轴承就是一例。

超导材料分为高温超导材料和低温超导材料两类，使用最广的是在液氦温区使用的低温超导材料 NbTi 导线和液氮温区高温超导材料 Bi 系带材。20 世纪 60 年代初，实用超导体出现后，人们就期待利用它使现有的常规电工装备的性能得到改善和提高，并期望许多过去无法实现的电工装备能成为现实。20 世纪 90 年代以来，随着实用的高临界温度超导体与超导线的发展，掀起了世界范围内新的超导电力热潮，这包括输电、限流器、变压器、飞轮储能等多方面的应用，超导电力被认为可能是 21 世纪最主要的电力新技术储备。

我国在超导技术研究方面，包括有关的工艺技术的研究和实验型样机的研制上，都建立了自己的研究开发体系，有自己的知识积累和技术储备，在电力领域也已开发出或正在研制开发超导装置的实用化样机，如高温超导输电电缆、高温超导变压器、高温超导限流器、超导储能装置和移动通信用的高温超导滤波器系统等，有的已投入试验运行。

高温超导材料的用途非常广阔，正在研究和开发的大致可分为大电流应用（强电应用）、电子学应用（弱电应用）和抗磁性应用三类。

二、聚变电工技术

最早被人发现的核能是重元素的原子核裂变时产生的能量，人们利用这一原理制造了原子弹。科学家们又从太阳上的热核反应受到启发，制造了氢弹，这就是核聚变。

实现受控核聚变反应的必要条件是：要把氘和氚加热到上亿摄氏度的超高温等离子体状态，这种等离子体粒子密度要达到每立方厘米 100 万亿个，并要使能量约束时间达到 1s 以上。这也就是核聚变反应点火条件，此后只需补充燃料（每秒补充约 1 g），核聚变反应就能继续下去。在高温下，通过热交换产生蒸汽，就可以推动汽轮发电机发电。

由于无论什么样的固体容器都经受不起这样的超高温，因此，人们采用高强磁场把高温等离子体"箍缩"在真空容器中平缓地进行核聚变反应。但是高温等离子体很难约束，也很难保持稳定，有时会变得弯曲，最终触及器壁。人们研究得较多的是一种叫作托克马克的环形核聚变反应堆装置。另一种方法是惯性约束，即用强功率驱动器（激光、电子或离子束）把燃料微粒高度压缩加热，实现一系列微型核爆炸，然后把产生的能量取出来，惯性约束不需要外磁场，系统相对简单，但这种方法还有一系列技术难题有待解决。

三、磁流体推进技术

（一）磁流体推进船

磁流体推进船是在船底装有线圈和电极，当线圈通上电流，就会在海水中产生磁场，利用海水的导电特性，与电极形成通电回路，使海水带电。这样，带电的海水在强大磁场的作用下，产生使海水发生运动的电磁力，而船体就在反作用力的推动下向相反方向运动。由于超导电磁船是依靠电磁力作用而前进的，所以它不需要螺旋桨。

磁流体推进船的优点在于利用海水作为导电流体，而处在超导线圈形成的强磁场中的这些海水"导线"，必然会受到电磁力的作用，其方向可以用物理学上的左手定则来判定。所以，在预先设计好的磁场和电流方向的配置下，海水这根"导线"被推向后方。同时，超导电磁船所获得的推力与通过海水的电流大小、超导线圈产生的磁场强度成正比。由此可知，只要控制进入超导线圈和电极的电流大小和方向，就可以控制船的速度和方向，并且可以做到瞬间启动、瞬时停止、瞬时改变航向，具有其他船舶无法与之相比的机动性。

但是由于海水的电导率不高，要产生强大的推力，线圈内必须通过强大的电流产生强磁场。如果用普通线圈，不仅体积庞大，而且极为耗能，所以必须采用超导线圈。

（二）等离子磁流体航天推进器

目前，航天器主要依靠燃烧火箭上装载的燃料推进，这使得火箭的发射质量很大，效率也比较低。为了节省燃料，提高效率，减小火箭发射质量，国外已经开始研发不需要燃料的新型电磁推进器。等离子磁流体推进器就是其中一种，它也称为离子发动机。与船舶的磁流体推进器不同，等离子磁流体推进器是利用等离子体作为导电流体。等离子磁流体推进器由同心的芯柱（阴极）与外环（阳极）构成，在两极之间施加高电压可同时产生等离子体和强磁场，在强磁场的作用下，等离子体将高速运动并喷射出去，推动航天器前进。

四、磁悬浮列车技术

磁悬浮列车是一种采用磁悬浮、直线电动机驱动的新型无轮高速地面交通工具，它主要依靠电磁力实现传统铁路中的支承、导向和牵引功能。相应的磁悬浮铁路系统是一种新型的有导向轨的交通系统。由于运行的磁悬浮列车和线路之间无机械接触或可大大避免机械接触，从根本上突破了轮轨铁路中轮轨关系和弓网关系的约束，具有速度高，客运量大，对环境影响（噪声、振动等）小，能耗低，维护便宜，运行安全平稳，无脱轨危险，有很强的爬坡能力等一系列优点。

磁悬浮列车的实现要解决磁悬浮、直线电动机驱动、车辆设计与研制、轨道设施、供电系统、列车检测与控制等一系列高新技术的关键问题。任何磁悬浮列车都需要解决三个基本问题，即悬浮、驱动与导向。磁悬浮目前主要有电磁式、电动式和永磁式三种方式。驱动用的直线电动机有同步直线电动机和异步直线电动机两种。导向分为主动导向和被动导向两类。

高速磁悬浮列车有常导与超导两种技术方案，采用超导的优点是悬浮气隙大、轨道结构简单、造价低、车身轻，随着高温超导的发展与应用，将具有更大的优越性。目前，铁路电气化常规轮轨铁路的运营时速为 200 ~ 350 km/h，磁悬浮列车可以比轮轨铁路更经济地达到较高的速度（400 ~ 550 km/h）。低速运行的磁悬浮列车，在环境保护方面也比其他公共交通工具有优势。

五、燃料电池技术

水电解以后可以生成氢和氧，其逆反应则是氢和氧化合生成水。燃料电池正是利用水电解及其逆反应获取电能的装置。以天然气、石油、甲醇、煤等原料为燃料制造氢气，然后与空气中的氧反应，便可以得到需要的电能。

燃料电池主要由燃料电极和氧化剂电极及电解质组成，加速燃料电池电化学反应的催化剂是电催化剂。常用的燃料有氢气、甲醇、肼液氨、烃类和天然气，如航天用的燃料电池大部分用氢燃料。氧化剂一般用空气或纯氧气，也有用过氧化氢水溶液的。作为燃料电极的电催化剂有过渡金属和贵金属铂、钯、钌、镍等，作氧电极用的电催化剂有银、金、汞等。由氧电极和电催化剂与防水剂组成的燃料电极形成阳极和阴极，阳极和阴极之间用电解质（碱溶液或酸溶液）隔开，燃料和氧化剂（空气）分别通入两个电极，在电催化剂的催化作用下，同电解质一起发生氧化还原反应。反应中产生的电子由导线引出，这样便产生了电流。因此，只要向电池的工作室不断加入燃料和氧化剂，并及时把电极上的反应产物和废电解质排走，燃料电池就能持续不断地供电。

燃料电池与一般火力发电相比，具有许多优点：发电效率比目前应用的火力发电还高，既能发电，同时还可获得质量优良的水蒸气来供热，其总的热效率可达到80%；工作可靠，不产生污染和噪声；燃料电池可以就近安装，简化了输电设备，降低了输电线路的电损耗；几百上千瓦的发电部件可以预先在工厂里做好，然后再把它运到燃料电池发电站去进行组装，建造发电站所用的时间短；体积小、重量轻、使用寿命长，单位体积输出的功率大，可以实现大功率供电。

燃料电池的用途也不仅仅限于发电，它同时可以作为一般家庭用电源、电动汽车的动力源、携带用电源等。在宇航工业、海洋开发和电气货车、通信电源、计算机电源等方面得到实际应用，燃料电池推进船也正在开发研制之中。国外还准备将它用作战地发电机，并作为无声电动坦克和卫星上的电源。

六、飞轮储能技术

飞轮储能装置由高速飞轮和同轴的电动/发电机构成，飞轮常采用轻质高强度纤维复合材料制造，并用磁力轴承悬浮在真空罐内。飞轮储能原理是：飞轮储能时是通过高速电动机带动飞轮旋转，将电能转换成动能；释放能量时，再通过飞轮带动发电机发电，转换为电能输出。这样一来，飞轮的转速与接受能量的设备转速无关。

近年来，飞轮储能系统得到快速发展，一是采用高强度碳素纤维和玻璃纤维飞轮转子，使得飞轮允许线速度可达500～1 000 m/s，大大增加了单位质量的动能储量；二是电力电子技术的新进展，给飞轮电机与系统的能量交换提供了强大的支持；三是电磁悬浮、超导磁悬浮技术的发展，配合真空技术，极大地降低了机械摩擦与风力损耗，提高了效率。

飞轮储能还可用于大型航天器、轨道机车、城市公交车与卡车、民用飞机、电动轿车等。作为不间断供电系统，储能飞轮在太阳能发电、风力发电、潮汐发电、地热发电以及电信系统不间断电源等方面有良好的应用前景。目前，世界上转速最高的飞轮最高转速可达200 000 r/min以上，飞轮电池寿命为15年以上，效率约90%，且充电迅速、无污染，是21世纪最有前途的绿色储能电源之一。

七、脉冲功率技术

脉冲功率技术是研究高电压、大电流、高功率短脉冲的产生和应用的技术，已发展成为电气工程一个非常有前途的分支。脉冲功率技术的原理是先以较慢的速度将从低功率能源中获得的能量储藏在电容器或电感线圈中，然后将这些能量经高功率脉冲发生器转变成幅值极高但持续时间极短的脉冲电压及脉冲电流，形成极高功率脉冲，并传给负荷。

脉冲功率技术已应用到许多科技领域，如闪光 X 射线照相、核爆炸模拟器、等离子体的加热和约束、惯性约束聚变驱动器、高功率激光器、强脉冲 X 射线、核电磁脉冲、高功率微波、强脉冲中子源和电磁发射器等。脉冲功率技术与国防建设及各种尖端技术紧密相连，已成为当前国际上非常活跃的一门前沿科学技术。

八、微机电系统

微机电系统（MEMS）是融合了硅微加工、光刻铸造成型和精密机械加工等多种微加工技术制作的，集微型机构、微型传感器、微型执行器，以及信号处理和控制电路、接口电路、通信和电源于一体的微型机电系统或器件。微机电系统技术是随着半导体集成电路微细加工技术和超精密机械加工技术的发展而发展起来的。

微机电系统技术的目标是通过系统的微型化、集成化来探索具有新原理、新功能的器件和系统。它将电子系统和外部世界有机地联系起来，不仅可以感受运动、光、声、热、磁等自然界信号，并将这些信号转换成电子系统可以识别的电信号，而且还可以通过电子系统控制这些信号，进而发出指令，控制执行部件完成所需要的操作，以降低机电系统的成本，完成大尺寸机电系统所不能完成的任务，也可嵌入大尺寸系统中，把自动化、智能化和可靠性提高到一个新的水平。

微机电系统的加工技术主要有三种：第一种是以美国为代表的利用化学腐蚀或集成电路工艺技术对硅材料进行加工，形成硅基 MEMS 器件；第二种是以日本为代表的利用传统机械加工手段，即利用大机器制造出小机器，再利用小机器制造出微机器的方法；第三种是以德国为代表的利用 X 射线光刻技术，通过电铸成型和铸塑形成深层微结构的方法。其中硅加工技术与传统的集成电路工艺兼容，可以实现微机械和微电子的系统集成，而且该方法适合于批量生产，已经成为目前微机电系统的主流技术。MEMS 的特点是微型化、集成化、批量化，机械电器性能优良。

微机电系统技术在航空、航天、汽车、生物医学、电子、环境监控、军事，以及几乎人们接触到的所有领域都有着十分广阔的应用前景。

第六节 智能电网

所谓智能电网（Smart Grid），就是电网的智能化，它是建立在集成的、高速双向通信网络的基础上，通过先进的传感和测量技术、设备技术、控制方法以及先进的决策支持系统技术的应用，实现电网的可靠、安全、经济、高效、环境友好和使用安全的目标。智能电网也被称为"电网 2.0"。

一、智能电网的特征

智能电网包括八个方面的主要特征，这些特征从功能上描述了电网的特性，而不是最终应用的具体技术，它们形成了智能电网完整的景象。

（一）自愈性

自愈性指的是电网把有问题的元件从系统中隔离出来，并且在很少或无须人为干预的情况下，使系统迅速恢复到正常运行状态，从而最小化或避免中断供电服务的能力。更具体地说，指的是电网具有实时、在线连续的安全评估和分析能力；具有强大的预警控制系统和预防控制能力；具有自动故障诊断、故障隔离和系统自我恢复的能力。从本质上讲，自愈性就是智能电网的"免疫能力"，这是智能电网最重要的特征。自愈电网进行连续不断的在线自我评估以预测电网可能出现的问题，发现已经存在的或正在发展的问题，并立即采取措施加以控制或纠正。基于实时测量的概率风险评估将确定最有可能失败的设备、发电厂和线路；实时应急分析将确定电网整体的健康水平，触发可能导致电网故障发展的早期预警，确定是否需要立即进行检查或采取相应的措施；和本地及远程设备的通信将有助于分析故障、电压降低、电能质量差、过载和其他不希望的系统状态，基于这些分析，采取适当的控制行动。

（二）交互性

在智能电网中，用户将是电力系统不可分割的一部分。鼓励和促进用户参与电力系统的运行和管理是智能电网的另一重要特征。从智能电网的角度来看，用户的需求完全是另一种可管理的资源，它将有助于平衡供求关系，确保系统的可靠性；从用户的角度来看，电力消费是一种经济的选择，通过参与电网的运行和管理，修正其使用和购买电力的方式，从而获得实实在在的好处。在智能电网中，用户将根据其电力需求和电力系统满足其需求的能力的平衡来调整其消费。同时需求响应（DR）计划将满足用户在能源购买中有更多选择，减少或转移高峰电力需求的能力使电力公司尽量减少资本开支和营运开支，并降低线损和减少效率低下的调峰电厂的运营成本，同时产生大量的环境效益。在智能电网中，和用户建立的双向、实时的通信系统是实现鼓励和促进用户积极参与电力系统运行和管理的基础。实时通知用户其电力消费的成本、实时电价、电网的状况、计划停电信息以及其他服务的信息，同时用户也可以根据这些信息制订自己的电力使用的方案。

（三）安全性

无论是电网的物理系统还是计算机系统遭到外部攻击时，智能电网均能有效抵御由此造成的对电网本身的攻击以及对其他领域形成的伤害，更具有在被攻击后快速恢复的能力。

在电网规划中强调安全风险，加强网络安全等手段，提高智能电网抵御风险的能力。智能电网能更好地识别并反映于人为或自然的干扰。在电网发生小扰动和大扰动故障时，电网仍能保持对用户的供电能力，而不发生大面积的停电事故；在电网发生极端故障时，如自然灾害和极端气候条件或人为的外力破坏，仍能保证电网的安全运行；二次系统具有确保信息安全的能力和防计算机病毒破坏的能力。

（四）兼容性

智能电网将安全、无缝地容许各种不同类型的发电和储能系统接入系统，简化联网的过程，类似于"即插即用"，这一特征对电网提出了严峻的挑战。改进的互联标准将使各种各样的发电和储能系统容易接入。从小到大各种不同容量的发电和储能系统在所有的电压等级上都可以互联，包括分布式电源如光伏发电、风电、先进的电池系统、即插式混合动力汽车、燃料电池和微电网。商业用户安装自己的发电设备（包括高效热电联产装置）和电力储能设施将更加容易和更加有利可图。在智能电网中，大型集中式发电厂包括环境友好型电源，如风电和大型太阳能电厂、先进的核电厂，将继续发挥重要的作用。

（五）协调性

与批发电力市场甚至是零售电力市场实现无缝衔接。在智能电网中，先进的设备和广泛的通信系统在每个时间段内支持市场的运作，并为市场参与者提供充分的数据，因此电力市场的基础设施及其技术支持系统是电力市场协调发展的关键因素。智能电网通过市场上供给和需求的互动，可以最有效地管理如能源、容量、容量变化率、潮流阻塞等参量，降低潮流阻塞，扩大市场，汇集更多的买家和卖家。用户通过实时报价来感受价格的增长从而降低电力需求，推动成本更低的解决方案，并促进新技术的开发。新型洁净的能源产品也将给市场提供更多选择的机会，并能提升电网管理能力，促进电力市场竞争效率的提高。

（六）高效性

智能电网优化调整其电网资产的管理和运行以实现用最低的成本提供所期望的功能。这并不意味着资产将被连续不断地用到其极限，而是应用最新技术以优化电网资产的利用率，每个资产将和所有其他资产进行很好的整合，以最大限度地发挥其功能，减少电网堵塞和瓶颈，同时降低投资成本和运行维护成本。例如，通过动态评估技术使资产发挥其最佳的能力，通过连续不断地监测和评价其能力使资产能够在更大的负荷下使用。通过对系统控制装置的调整，选择最小成本的能源输送系统，提高运行的效率，达到最佳的容量、最佳的状态和最佳的运行。

（七）经济性

未来分时计费、削峰填谷、合理利用电力资源成为电力系统经济运行的重要一环。通过计费差，调节波峰、波谷用电量，使用电尽量平稳。对于用电大户来说，这一举措将更具经济效益。有效的电能管理包括三个主要的步骤，即监视、分析和控制。监视就是查看电能的供给、消耗和使用的效率；分析就是决定如何提高性能并实施相应的控制方案；通过监测能够找到问题所在，控制就是依据这些信息做出正确的峰谷调整。最大化能源管理的关键在于将电力监视和控制器件、通信网络和可视化技术集成在统一的系统内。支持火电、水电、核电、风电、太阳能发电等联合经济运行，实现资源的合理配置，降低电网损耗和提高能源利用效率，支持电力市场和电力交易系统，为用户提供清洁和优质的电能。

（八）集成性

实现电网信息的高度集成和共享，实现包括监视、控制、维护、能量管理、配电管理、市场运营等和其他各类信息系统之间的综合集成，并实现在此基础上的业务集成；采用统一的平台和模型；实现标准化、规范化和精细化的管理。

二、智能电网的关键技术

（一）通信技术

能实现即插即用的开放式架构，全面集成的高速双向通信技术。它主要是通过终端传感器将用户之间、用户和电网公司之间形成即时连接的网络互动，从而实现数据读取的实时、高速、双向的效果，整体性地提高电网的综合效率，只有这样才能实现智能电网的目标和主要特征。高速、双向、实时、集成的通信系统使智能电网成为一个动态的、实时信息和电力交换互动的大型的基础设施。当这样的通信系统建成后，它可以提高电网的供电可靠性和资产的利用率，繁荣电力市场，抵御电网受到的攻击，从而提高电网价值。

（二）量测技术

参数量测技术是智能电网基本的组成部件，通过先进的参数量测技术获得数据并将其转换成数据信息，以供智能电网的各个方面使用。它们评估电网设备的健康状况和电网的完整性，进行表计的读取、消除电费估计以及防止窃电、缓减电网阻塞以及与用户的沟通。

未来的智能电网将取消所有的电磁表计及其读取系统，取而代之的是各种先进的传感器、双向通信的智能固态表计，用于监视设备状态与电网状态、支持继电保护、计量电能。基于微处理器的智能表计将有更多的功能，除了可以计量每天不同时段电力的使用和电费外，还能储存电力公司下达的高峰电力价格信号及电费费率，并通知用户实施什么样的费率政策。更高级的功能还有，有用户自行根据费率政策，编制时间表，自动控制用户内部电力使用的策略。对于电力公司来说，参数量测技术给电力系统运行人员和规划人员提供更多的数据支持，包括功率因数、电能质量、相位关系、设备健康状况和能力、表计的损坏、故障定位、变压器和线路负荷、关键元件的温度、停电确认、电能消费和预测等数据。

（三）设备技术

智能电网广泛应用先进的设备技术，极大地提高输配电系统的性能。未来的智能电网中的设备将充分应用最新的材料，以及超导、储能、电力电子和微电子技术方面的研究成果，从而提高功率密度、供电可靠性和电能质量以及电力生产的效率。

未来智能电网将主要应用三个方面的先进技术：电力电子技术、超导技术和大容量储能技术。通过采用新技术和在电网和负荷特性之间寻求最佳的平衡点来提高电能质量。通过应用和改造各种各样的先进设备，如基于电力电子技术和新型导体技术的设备，来提高电网输送容量和可靠性，这是解决电网网损的绝佳办法。配电系统中要引进许多新的储能设备和电源，同时要利用新的网络结构，如微电网。

（四）控制技术

先进的控制技术是指智能电网中分析、诊断和预测状态，并确定和采取适当的措施以消除、减轻和防止供电中断和电能质量扰动的装置和算法。这些技术将提供对输电、配电和用户侧的控制方法，并且可以管理整个电网的有功和无功。从某种程度上说，先进控制技术紧密依靠并服务于其他几个关键技术领域。未来先进控制技术的分析和诊断功能将引进预设的专家系统，在专家系统允许的范围内，采取自动的控制行动。这样所执行的行动将在秒级水平上，这一自愈电网的特性将极大地提高电网的可靠性。

1. 收集数据和监测电网元件

先进控制技术将使用智能传感器、智能电子设备以及其他分析工具测量的系统和用户参数以及电网元件的状态情况，对整个系统的状态进行评估，这些数据都是准实时数据，对掌握电网整体的运行状况具有重要的意义，同时还要利用向量测量单元以及全球卫星定位系统的时间信号，来实现电网早期的预警。

2. 分析数据

准实时数据以及强大的计算机处理能力为软件分析工具提供了快速扩展和进步的能力。状态估计和应急分析将在秒级而不是分钟级水平上完成分析，这给先进控制技术和系统运行人员预留足够的时间来响应紧急问题；专家系统将数据转化成信息用于快速决策；负荷预测将应用这些准实时数据以及改进的天气预报技术来准确预测负荷；概率风险分析将成为例行工作，确定电网在设备检修期间、系统压力较大期间以及不希望的供电中断时的风险的水平；电网建模和仿真使运行人员认识准确的电网可能的场景。

3. 诊断和解决问题

由高速计算机处理的准实时数据可使专家诊断系统来确定现有的、正在发展的和潜在的问题的解决方案，并提交给系统运行人员进行判断。

4. 执行自动控制的行动

智能电网通过实时通信系统和高级分析技术的结合使得执行问题检测和响应的自动控制行动成为可能，它还可以降低已经存在问题的扩展，防止紧急问题的发生，修改系统设置、状态和潮流以防止预测问题的发生。

5. 为运行人员提供信息和选择

先进控制技术不仅给控制装置提供动作信号，而且也为运行人员提供信息。控制系统收集的大量数据不仅对自身有用，而且对系统运行人员也有很大的应用价值，而且这些数据可辅助运行人员进行决策。

（五）决策支持技术

决策支持技术将复杂的电力系统数据转化为系统运行人员一目了然的可理解的信息，因此动画技术、动态着色技术、虚拟现实技术以及其他数据展示技术可用来帮助系统运行人员认识、分析和处理紧急问题。

在许多情况下，系统运行人员做出决策的时间从小时缩短到分钟，甚至到秒，这样智能电网需要一个广阔的、无缝的、实时的应用系统和工具，以使电网运行人员和管理者能够快速地做出决策。

1. 可视化

决策支持技术利用大量的数据并将其处理成格式化的、时间段和按技术分类的最关键的数据给电网运行人员，可视化技术将这些数据展示为运行人员可以迅速掌握的可视的格式，以便运行人员分析和决策。

2. 决策支持

决策支持技术确定了现有的、正在发展的以及预测的问题，提供决策支持的分析，并展示系统运行人员需要的各种情况、多种的选择以及每一种选择成功和失败的可能性等信息。

3. 调度员培训

利用决策支持技术工具以及行业内认证的软件的动态仿真器将显著地提高系统调度员的技能和水平。

4. 用户决策

需求响应（DR）系统以很容易理解的方式为用户提供信息，使他们能够决定如何以及何时购买、储存或生产电力。

5. 提高运行效率

当决策支持技术与现有的资产管理过程集成后，管理者和用户就能够提高电网运行、维修和规划的效率和有效性。

IEEE致力于制定一套智能电网的标准和互通原则（IEEE P2030），主要内容有以下三个方面：电力工程（power engineering）、信息技术（information technology）和互通协议（communications）等方面的标准和原则。

智能电网被认为是承载第三次工业革命的基础平台，对第三次工业革命具有全局性的推动作用。同时，智能电网与物联网、互联网等深度融合后，将构成智能化的社会公共平台，可以支撑智能家庭、智能楼宇、智能小区、智慧城市建设，推动生产、生活智慧化。

第二章 电气工程自动化

第一节 电机

电机（英文：Electric machinery，俗称"马达"）是指依据电磁感应定律实现电能转换或传递的一种电磁装置。在电路中用字母 M（旧标准用 D）表示。它的主要作用是产生驱动转矩，作为用电器或各种机械的动力源。发电机在电路中用字母 G 表示。它的主要作用是利用机械能转化为电能。

一、直流电机

（一）直流电机的基本结构

1.直流电机的定子

定子是电机的静止部分，主要用来产生磁场。它主要包括以下几部分：

（1）主磁极

主磁极包括铁芯和励磁绕组两部分。当励磁绕组中通入直流电流后，铁芯中即产生励磁磁通，并在气隙中建立励磁磁场。励磁绕组通常用圆形或矩形的绝缘导线制成一个集中的线圈，套在磁极铁芯外面。主磁极铁芯一般用 1 ~ 1.5mm 厚的低碳钢板冲片叠压铆接而成，主磁极铁芯柱体部分称为极身，靠近气隙一端较宽的部分称为极靴，极靴与极身交接处形成一个突出的肩部，用于支撑住励磁绕组。极靴沿气隙表面成弧形，使磁极下气隙磁通密度分布更合理。整个主磁极用螺杆固定在机座上。

主磁极总是 N、S 两极成对出现。各主磁极的励磁绕组通常是相互串联，串联时要能保证相邻磁极的极性按 N、S 交替排列。

（2）换向极

换向极也由铁芯和绕组构成。中、小容量直流电机的换向极铁芯是用整块钢制成的，大容量直流电机和换向要求高的电机，换向极铁芯用薄钢片叠成。换向极绕组要与电枢绕组串联，因通过的电流大、导线截面较大，匝数较少。换向极装在主磁极之间，换向极的数一般等于主磁极数，在功率很小的电机中，换向极的数目有时只有主磁极极数的一半或不装换向极。换向极的作用是改善换向，防止电刷和换向器之间出现过强的火花。

（3）电刷装置

电刷装置由电刷、刷握、压紧弹簧和刷杆座等组成。电刷是用碳石墨等做成的导电块，电刷装在刷握的盒内，用压紧弹簧把它压紧在换向器的表面上。压紧弹簧的压力可以调整，保证电刷与换向器表面有良好的滑动接触。刷握固定在刷杆上，刷杆装在刷杆座上，彼此之间绝缘。刷杆座装在端盖或轴承盖上，根据电流的大小，每一刷杆上可以有几个电刷组成的电刷组，电刷组的数目一般等于主磁极数。电刷的作用是与换向器配合引入、引出电流。

（4）机座和端盖

机座一般用铸钢或厚钢板焊接而成。它用来固定主磁极、换向极及端盖，借助底脚将电机固定于机座上。机座还是磁路的一部分，用于通过磁通的部分称为磁轭端盖主要起支撑作用，端盖固定于机座上，支撑直流电机的转轴使直流电机能够旋转。

2. 直流电机的转子

转子是电机的转动部分，转子的主要作用是感应电动势，产生电磁转矩，使机械能变为电能（发电机）或电能变为机械能（电动机）的枢纽。它主要包括以下几部分：

（1）电枢

电枢包括铁芯和绕组两部分。

①电枢铁芯

电枢铁芯一般用 0.5mm 厚的涂有绝缘漆的硅钢片冲片叠成，这样铁芯在主磁场中转动时可以减少磁滞和涡流损耗。铁芯表面有均匀分布的齿和槽，槽中嵌放电枢绕组。电枢铁芯构成磁的通路。电枢铁芯固定在转子支架或转轴上。

②电枢绕组

电枢绕组是用绝缘铜线绕制成的线圈按一定规律嵌放到电枢铁芯槽中的，并与换向器作相应的连接。线圈与铁芯之间以及线圈的上、下层之间均要妥善绝缘，用槽楔压紧，再用玻璃丝带或钢丝扎紧。电枢绕组是电机的核心部件，电机工作时在其中产生感应电动势和电磁转矩，实现能量的转换。

（2）换向器

换向器的作用是与电刷配合，将直流电动机输入的直流电流转换成电枢绕组内的交变电流，或是将直流发电机电枢绕组中的交变电动势转换成输出的直流电压。

换向器是一个由许多燕尾状的梯形铜片间隔云母片绝缘排列而成的圆柱体，每片换向片的一端有高出的部分，上面铣有线槽，供电枢绕组引出端焊接用。所有换向片均放置在与它配合的具有燕尾状槽的金属套筒内，然后用 V 形钢环和螺纹压圈将换向片和套筒紧固成一整体。换向片组与套筒、V 形钢环之间均要用云母片绝缘。

换向器由多个换向片围成环状，套在转轴上，片与片之间用云母绝缘，它们与轴之间也用绝缘物隔开。运行时换向器的外圆周与电刷保持良好的滑动接触。换向器和电刷的作用是使旋转的元件一个跟一个地改变电流方向，并保证电枢绕组对外的总电势方向不变，作用在电枢绕组上的电磁转矩方向不变。

（3）转轴

转轴上安装电枢和换向器。

（4）气隙

静止的磁极和旋转的电枢之间的间隙称为气隙。在小容量电机中，气隙为 0.5 ~ 3mm。气隙数值虽小，但磁阻很大，为电机磁路的主要组成部分。气隙大小对电机运行性能有很大影响。

（二）直流电机的工作原理和分类

直流电机是根据导体切割磁感线产生感应电动势和载流导体在磁场中受到电磁力的作用这两条基本原理制造的。因此，从结构上看，任何电机都包括磁路和电路两部分；从原理上讲，任何电机都体现了电和磁的相互作用。

1.直流电机的工作原理

（1）直流发电机工作原理

磁极可以由永久磁铁制成，但通常是在磁极铁芯上绕制励磁绕组，在励磁绕组中通入直流电流，即可产生 N、S 极。在 N、S 磁极之间装有由铁磁性物质构成的圆柱体，在圆柱体外表面的槽中嵌放了线圈 abcd，整个圆柱体可在磁极内部旋转。整个转动部分称为转子或电枢。电枢线圈 abcd 的两端分别与固定在轴上相互绝缘的两个半圆铜环相连接，这两个半圆铜环称为换向片，即构成了简单的换向器。换向器通过静止不动的电刷 A 和 B，将电枢线圈与外电路接通。

电枢由原动机拖动，以恒定转速按逆时针方向旋转，转速为 n(r/min)。若导体的有效长度为 l，线速度为 v，导体所在位置的磁感应强度为 B，根据电磁感应定律，则每根导体的感应电动势为 e=Blv，其方向可用右手定则确定。当线圈有效边 ab 和 cd 切割磁感线时，便在其中产生感应电动势。如图 2-1 所示瞬间，导体 ab 中的电动势方向由 b 指向 a，导体 cd 中的电动势则由 d 指向 c，从整个线圈来看，电动势的方向为 d 指向 a，故外电路中的电流自换向片 1 流至电刷 A，经过负载，流至电刷 B 和换向片 2，进入线圈。此时，电流流出处的电刷 A 为正电位，用"+"表示；电流流入线圈处的电刷 B 为负电位，用"-"表示。电刷 A 为正极，电刷 B 为负极。

电枢旋转 180° 后，导体 ab 和 cd 以及换向片 1 和 2 的位置同时互换，电刷 A 通过换向片 2 与导体 cd 相连接。此时，由于导体 cd 取代了原来 ab 所在的位置，即转到 N 极下，改变了原来的电流方向，即由 c 指向 d，所以电刷 A 的极性仍然为正。同时，电刷 B 通过换向片 1 与导体相连接，而导体此时已转到 S 极下，也改变了原来电流方向，由 a 指向 b，因此，电刷 B 的极性仍然为负。通过换向器和电刷的作用，及时地改变线圈与外电路的连接，可使线圈产生的交变电动势变为电刷两端方向恒定的电动势，保持外电路中的电流按一定方向流动。实际的发动机，通常由多个线圈按一定规律连接构成电枢绕组。

（2）直流电动机工作原理

图 2-1 所示为直流电动机工作原理示意图，其基本结构与发电机完全相同，只是将直流电源接至电刷两端。当电刷 A 接至电源的正极，电刷 B 接至电源的负极时，电流将从电源正极流出，经过电刷 A、换向片 1、线圈 abcd 到换向片 2 和电刷 B，最后回到负极、根据电磁力定律，载流导体在磁场中受电磁力的作用，其方向由左手定则确定。图 2-1 中，导体 ab 所受电磁力方向向左，而导体 cd 所受电磁力的方向向右，这样就产生了一个转矩。在转矩的作用下，电枢便按逆时针方向旋转起来。当电枢从图 2-1 所示的位置转过 90° 时，线圈磁感应强度为零，因而使电枢旋转的转矩消失，但由于机械惯性，电枢仍能转过一个角度，使电刷 A、B 分别与换向片 2、1 接触，于是线圈中又有电流流过。此时电流从正极流出，经过电刷 A、换向片 2、线圈到换向片 1 和电刷 B，最后回到电源负极。此时导体 ab 中的电流改变了方向，并且导体 ab 已由 N 极下转到 S 极下，其所受电磁力方向向右，同时，处于 N 极下的导体 cd 所受的电磁力方向向左，因此，在转矩的作用下，电枢继续沿着逆时针方向旋转。这样，电枢便一直旋转下去，这就是直流电动机的基本原理。

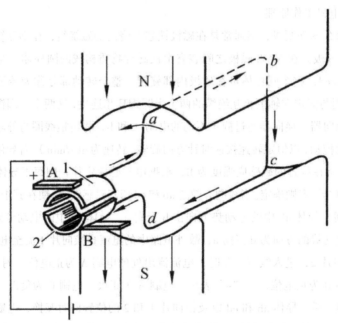

图 2-1 直流电动机工作原理示意图

由此可知：直流电机既可作为发电机运行，也可作为电动机运行，这就是直流电机的可逆原理。如果原动机拖动电枢旋转，通过电磁感应，便将机械能转换为电能，供给负载，这就是发电机；如果由外部电源给电机提供电能，由于载流导体在磁场中的作用产生电磁力，建立电磁转矩，拖动负载转动，又成为电动机了。

2. 直流电机的铭牌数据和主要系列

（1）直流电机的铭牌数据

直流电机的铭牌数据主要包括电机型号、额定功率、额定电压、额定电流、额定转速和励磁电流、励磁方式、励磁电压、工作方式、绝缘等级等。此外，还有电机的出厂数据，如出厂编号、出厂日期等。

①直流电机的型号

国产电机的型号一般采用大写的汉语拼音字母和阿拉伯数字表示，其中，第一个字符用大写的汉语拼音表示产品系列代号，第二个字符用阿拉伯数字表示设计序号，第三个字符用阿拉伯数字表示机座中心高，第四个字符用阿拉伯数字表示电枢铁芯长度代号，第五个字符用阿拉伯数字表示端盖的代号。例如，型号为Z4-200-21的直流电机，Z是系列（即一般用途直流电动机）代号，4是设计序号，200则是电机中心高，单位为mm，21中的2是电枢铁芯长度代号，1是端盖的代号。

（2）直流电机的额定值

①额定功率 P_N

额定功率是指在规定的工作条件下，长期运行时的允许输出功率，单位为W。对于发电机来说，是指正负电刷之间输出的电功率；对于电动机，则是指轴上输出的机械功率。

②额定电压 U_N

额定电压是指额定运行状况下，直流发电机的输出电压或直流电动机的输入电压，单位为V。

③额定电流 I_N

额定电流是指在额定情况下，直流发电机输出或直流电动机输入的电流，单位为A。

直流发电机的额定电流为

$$I_N = \frac{P_N}{U_N}$$

直流电动机的额定电流为

$$I_N = \frac{P_N}{U_N \eta_N}$$

④额定效率 η_N

额定效率计算式为

$$\eta_N = \frac{P_N}{P_1} \times 100\%$$

式中：P_N——额定（输出）功率；

P_1——输入功率。

⑤额定转速 n_N

额定转速是指在额定功率、额定电压、额定电流时电机的转速，单位为 r/min。

⑥额定励磁电压 U_f

额定励磁电压是指在额定情况下，励磁绕组所加的电压，单位为 V。

⑦额定励磁电流 I_f

额定励磁电流是指在额定情况下，通过励磁绕组的电流，单位为 A。

（3）直流电机的主要系列

所谓系列电机，就是在应用范围、结构形式、性能水平、生产工艺等方面有共同性，功率按某一系数递增的成批生产的电机。系列化的目的是产品的标准化和通用化。我国直流电机的主要系列如下：

①Z2 系列

此系列为一般用途的中小型直流电机。

②Z 和 ZF 系列

此系列为一般用途的中大型直流电机，其中"Z"为直流电动机系列，"ZF"为直流发电机系列。

③ZT 系列

此系列为用于恒功率且调速范围较宽的宽调速直流发电机。

④ZZJ 系列

此系列为冶金辅助拖动机械用的冶金起重直流电动机，它具有快速启动和承受较大过载能力的特性。

⑤ZQ 系列

此系列为电力机车、工矿电机车和蓄电池供电的电车用的直流牵引电动机。

⑥Z—H 系列

此系列为船舶上各种辅机船用直流电动机。

⑦ZA 系列

此系列用于矿井和易爆气体场合的防爆安全型直流电机。

⑧Zu 系列

此系列用于龙门刨床的直流电动机。

⑨Zw 系列

此系列是无槽直流电动机，在快速响应的伺服系统中作执行元件。

⑩ZLJ 系列

此系列是力矩直流电动机，在伺服系统中作执行元件。

二、三相异步电动机

旋转电机有直流电机与交流电机两大类，交流电机又有同步电机与异步电机之分，异步电机又可分为异步发电机与异步电动机。异步电动机按相数不同，分为三相异步电动机和单相异步电动机;按其转子结构不同,分为笼型和绕线转子型。其中,笼型三相异步电动机因其结构简单、制造方便、价格便宜、运行可靠,在各种电动机中应用最广、需求量最大。

(一)三相异步电动机的构造

1.三相异步电机端子接线

定子由机座、定子铁芯、定子绕组和端盖等组成。机座和端盖通常用铸铁制成,机座内装有由0.5mm厚的硅钢片叠制而成的定子铁芯。铁芯内圆周上分布着定子槽,槽内嵌放三相定子绕组。定子绕组与铁芯间有良好的绝缘。

定子绕组是定子的电路部分,对于中小型电动机一般由漆包线绕制而成,共分三相,分布在定子铁芯槽内,构成对称的三相绕组。三相绕组共有六个出线端,将其引出接在置于电动机外壳上的接线盒中。三个绕组的首端分别用U1、V1、W1表示,其对应的尾端分别用U2、V2、W2表示。通过接线盒上六个端头的不同连接,可将三相定子绕组接成星形或三角形。

当向三相定子绕组中通入对称的三相交流电时,就产生了一个以同步转速沿定子和转子内圆空间作顺时针方向旋转的旋转磁。由于旋转磁场以此转速旋转,转子导体开始时是静止的,故转子导体将切割定子旋转磁场而产生感应电动势(感应电动势的方向用右手定则判定)。

通入三相对称交流电后,将产生一个旋转磁场,该旋转磁场切割转子绕组,从而在转子绕组中产生感应电流(转子绕组是闭合通路),载流的转子导体在定子旋转磁场作用下将产生电磁力,从而在电机转轴上形成电磁转矩,驱动电动机旋转,并且电机旋转方向与旋转磁场方向相同。

2.三相异步电机的铭牌数据和拆装

(1)三相异步电动机的铭牌

每一台三相异步电动机,在其机座上都有一块铭牌,其上标有型号、额定值等,如表2-1所示。

表2-1 三相异步电动机的铭牌

三相异步电动机			
型号:Y112M-2		编号:××××	
4kW		8.2A	
380V	2890r/min	LW79dB(A)	
接法:△	防护等级:IP44	50Hz	××kg
JB/T9616—1999	工作制	B级绝缘	××年××月
××电机厂			

(2)型号

异步电动机型号的表示方法是用汉语拼音的大写字母和阿拉伯数字表示电动机的种类、规格和用途等。其型号意义:中心高越大,电动机容量越大。中心高在80～315mm为小型电动机,355～630mm为中型电动机,630mm以上为大型电动机。在同一中心高下,机座长则芯长,容量大。

(3)额定值

额定值规定了电动机正常运行状态和条件,是选用、维修电动机的依据。在铭牌上标注的主要额定值有:

①额定功率P_N

电动机在额定状态运行时，轴上输出的机械功率（kW）。

②额定电压 U_N

电动机在额定状态运行时，加在定子绕组出线端的线电压（V）。

③额定电流 I_N

电动机在额定电压、额定频率下，轴上输出额定功率时，定子绕组中的线电流（A）。

对于三相异步电动机，其额定功率与其他额定数据之间有如下关系式：

$$P_N = \sqrt{3} U_N I_N \cos \varphi_N \eta_N$$

式中： $\cos \varphi_N$ ——额定功率因数；

η_N ——额定效率。

④额定频率 f_N

电动机所接交流电源的频率。我国电力系统频率规定为 50 HZ。

⑤额定转速 η_N

电动机在额定电压、额定频率下，电动机轴上输出额定机械功率时的转子转速（r/min）。

此外，铭牌上还标明了绕组接法、绝缘等级及工作制等。对于绕线转子异步电动机还标有转子绕组的额定电压（指当定子绕组上加额定频率的额定电压，而转子绕组开路时，集电环间的电压）和转子额定电流。表2-1中的防护等级IP44是指电动机的防护结构达到国际电工委员会（IEC）规定的外壳防护等级 IP44 的要求，适用于灰尘飞扬、水滴溅射的场所。

3. 三相异步电动机的主要系列

Y 系列三相异步电动机是在 20 世纪 70 年代末设计，80 年代开始替代 J_2、JO_2 系列的更新换代产品。常用的 Y 系列异步电动机有：Y（IP44）封闭式、Y（IP23）防护式小型三相异步电动机，YR（IP44）封闭式、YR（IP23）防护式绕线转子三相异步电动机，YD 变极多速三相异步电动机，YX 高效率三相异步电动机，YH 高转差率三相异步电动机，YB 隔爆型三相异步电动机，YCT 电磁调速三相异步电动机，YEJ 制动三相异步电动机，YTD 电梯用三相异步电动机，YQ 高启动转矩三相异步电动机等几十种产品。

4. 三相异步电动机的拆装与试车

拆装电动机是了解、认识电动机的最佳途径，是对电动机进行检查、清理的必要步骤。如果拆装不当，轻则把零部件装配位置弄错，造成装配困难，重则损坏零部件。因此，进行电动机拆装的训练十分必要。

（1）训练工具、设备与器材

电工通用工具 1 套，万用表（MF30 或 MF47 等型）1 只，钳形电流表（T301-A 型）1 只，兆欧表（500V，0 ~ 200MΩ）1 只，转速表 1 只，三相异步电动机（型号 Y132M-4、功率 7.5kW、额定电压 380 V、额定电流 15A、定子绕组△接法、额定转速 1470r/min）1 台，拉具（两爪或三爪）、汽油、刷子、干布、绝缘黑胶布等。

（2）电动机的拆卸

对于 55kW 及以下中小型三相异步电动机，拆卸步骤为：

拆卸前，先将电动机外部连接线拆除，做好导线端头标记，记下连接线图。

拆开与电动机相连的其他连接件，如其他拖动或被拖动机械及基础螺钉等外部物件，将电动机吊运到检修场地。

将联轴器及传送带轮卸下。

卸去风罩和风扇。

拆下轴伸端的轴承盖和端盖。

将后端盖与机座止口脱开，然后将转子连同后端盖一起抽出，放置在搁架上。

拆去后端盖和轴承盖。

卸下滚动轴承，进行清洗或更换。

当电动机容量很小或电动机端盖与机座配合过紧不易卸下时，可用橡胶锤或在轴的前端垫上木块敲，使后端盖与机座脱离，再将转子连同后端盖一起抽出机座。

（3）电动机的装配

电动机的装配步骤与拆卸时的步骤相反。装配前，要认真清除各配合处的锈斑及污垢、异物，尤其是定子内腔、定子绕组端部、转子表面都要吹刷干净，不能有杂物。装配时，最好按拆卸时标注的印记复位。装配后，转动转子，检查其转动是否灵活。

（4）接线与测试

用万用表检查电动机绕组的通断情况。

用兆欧表检查电动机的绝缘电阻应大于 $0.5M\Omega$。

（5）通电空载试车

检查电动机的空载转速。

检查电动机的空载电流。

检查电动机的温度。

操作要点提示：

使用拉具时，拉具的丝杆顶端要对准电动机轴的中心。拆卸过程中，不能用锤子直接敲打传动带轮，否则会使轴变形，传动带轮损坏。

取下风扇前，可用锤子在风扇四周均匀敲打，风扇即可取下。若风扇是塑料材料，可将风扇浸入热水中待膨胀后卸下。

不允许用锤子直接敲打端盖。起重机械的使用要注意安全，钢丝绳一定要绑牢。

抽出转子时，一定要小心缓慢，不得歪斜，以防止碰伤定子绕组。

拉具的脚爪应紧扣在轴承的内圈上，拉具的丝杆顶点要对准转子轴的中心，扳动丝杆要慢，用力要均匀。

清洗轴承后，轴承涂注润滑脂不要超过腔体的三分之二。

装配时一定要对好标记。装配时，拧紧端盖螺钉，必须四周用力均匀，按对角线上下左右逐步拧紧，绝不能先将一个螺钉拧紧后再去拧紧另一个螺钉。

兆欧表的使用要正确。绝缘电阻值低于 $0.5M\Omega$ 时要采取烘干措施。

使用转速表时一定要注意安全。用酒精温度计测量电动机的温度，检查铁芯是否过热。

发现电动机在运行时有异常现象，应立即停车检查。

5. 三相异步电动机的结构

三相异步电动机由两个基本部分组成：一是固定不动的部分，称为定子；一是旋转部分，称为转子。图 2-2 所示为三相异步电动机的外形和结构示意图。

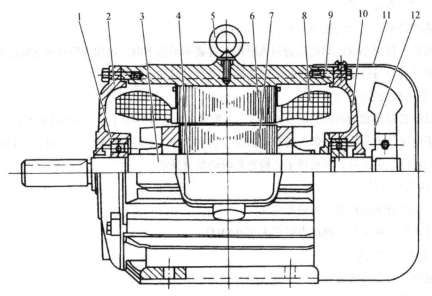

图 2-2 三相异步电动机的外形和结构

1—轴承；2—前端盖；3—转轴；4—接线盒；5—吊攀；6—定子铁芯；

7—转子铁芯；8—定子绕组；9—机座；10—后端盖；11—风罩；12—风扇

转子由转子铁芯、转子绕组、转轴、风扇等组成。转子铁芯为圆柱形，通常是利用定子铁芯冲片冲下的内圆硅钢片，将其外圆周冲成均匀分布的槽后叠成，并压装在转轴上。转子铁芯与定子铁芯之间有很小的空气隙，转子铁芯外圆周上均匀分布的槽是用来安放转子绕组的。

转子绕组有笼型和绕线转子两种结构。笼型转子绕组是由嵌在转子铁芯槽内的铜条或铝条组成，两端分别与两个短接的端环相连。如果去掉铁芯，转子绕组的外形像一个鼠笼，故也称笼型转子。目前中小型异步电动机大都在转子铁芯槽中浇注铝液，铸成笼型绕组，同时在端环上铸出许多叶片，作为冷却用的风扇。绕线转子绕组与定子绕组相似，在转子铁芯槽中嵌放对称的三相绕组，作星形连接。将三个绕组的尾端连接在一起，三个首端分别接到装在转轴上的三个铜制圆环上,通过电刷与外电路的可变电阻相连接,供启动和调速用。

绕线转子电动机结构复杂,价格较高,一般只用于对启动和调速要求较高的场合,如起重机等设备上。

三相异步电动机按防护形式分为开启式、防护式、封闭式及特殊防护式等。

开启式电动机除必要的支撑结构外,转动部分及绕组没有专门的防护,与外界空气直接接触。因此,其散热性好,结构简单,适用于干燥、无尘埃、无有害气体的场合。

防护式电动机的机壳或端盖设有通风罩,可防止水滴、尘土、铁屑或其他物体从上方或斜上方落入电机内部。它适用于比较清洁、干燥的场合,但不能用于有腐蚀性和有爆炸性气体的场合。封闭式电动机的外壳完全封闭,可防止水滴、尘土、铁屑或其他物体从任何方向侵入电动机内部。它适用于灰尘飞扬、水滴飞溅的场合。此种电动机内外空气不能对流,只靠本身风扇冷却,但由于运行中安全性好,得到广泛应用。

特殊防护式电动机有隔爆型、防腐型、防水型等,适合在相应环境下工作。

（二）三相异步电动机的工作原理

三相异步电动机是利用定子三相对称绕组中通以三相对称交流电所产生的旋转磁场与转子绕组内的感应电流相互作用而旋转的。

1.旋转磁场

（1）旋转磁场的产生

如图 2-3 所示,为一个最简单的两极三相异步电动机三相定子绕组布置图。

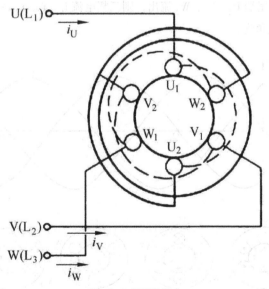

（a）绕组结构

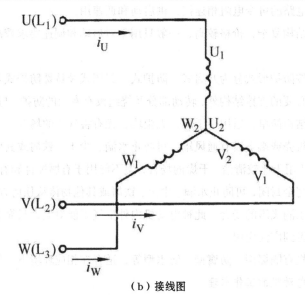

（b）接线图

图 2-3 两极三相异步电动机三相定子绕组的布置

每相绕组由一个线圈组成，这三个相同的绕组 U_1U_2、V_1V_2、W_1W_2 在定子铁芯的槽内按空间相隔 120° 安放，并将其尾端 U_2、V_2、W_2 连成一点，作星形连接。当定子绕组的三个首端 U_1、V_1、W_1 分别与三相交流电源 L_1、L_2、L_3 接通时，在定子绕组中便有对称的三相交流电流 i_U、i_V、i_W 流过。若电源电压的相序为 $L_1 \rightarrow L_2 \rightarrow L_3$，电流参考方向或规定正方向如图 2-3 所示，即从 U_1、V_1、W_1 流入，从尾端 U_2、V_2、W_2 流出，则三相电流 i_U、i_V、i_W 的波形如图 2-4 所示，它们在相位上互差 120° 电角度。

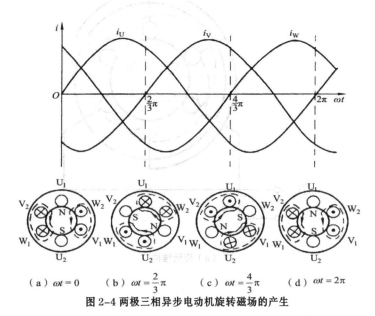

（a）$\omega t = 0$ （b）$\omega t = \dfrac{2}{3}\pi$ （c）$\omega t = \dfrac{4}{3}\pi$ （d）$\omega t = 2\pi$

图 2-4 两极三相异步电动机旋转磁场的产生

下面分析三相交流电流在铁芯内部空间产生的合成磁场。在 wt=0 瞬间，i_U 为零，U_1U_2 绕组无电流；i_V 为负，电流的真实方向与参考方向相反，即从尾端 V_2 流入，从首端 V_1 流出；i_W 为正，电流的真实方向与参考方向一致，即从首端 W_1 流入，从尾端 W_2 流出，如图 2-4（a）所示。将每相电流产生的磁通势相加，便得出三相电流共同产生的合成磁场，这个合成磁场此刻的方向是自上而下，相当于一个 N 极在上、S 极在下的两极磁场。

用同样的方法可测出 $2/3\pi$、$4/3\pi$、2π 时各相电流的流向及合成磁场的磁通势方向，如图 2-4（b）（c）（d）所示。$wt=2\pi$ 时的电流流向与 $wt=0$ 时完全一样。若进一步分析其他瞬时的合成磁场可以发现，各瞬时的合成磁场的磁通势大小相同，仅方向不同而已，但都向电流相序方向旋转。当正弦交流电变化一个周期时，合成磁场在空间正好旋转了一周。

由以上分析可知，在定子铁芯中空间上互差 120° 的三个线圈中分别通入相位互差 120° 的三相对称交流电时，所产生的合成磁场是一个旋转磁场。而旋转磁场的旋转速度，由三相对称电流的频率及定子绕组在定子铁芯中的布置方式决定。

上述电动机定子绕组每相只有一个线圈，三相定子绕组共有三个线圈，在空间上互差 120°，分别置于定子铁芯的 6 个槽中。当通入三相对称电流时，产生的旋转磁场相当于一对 N、S 磁极在旋转。若每个绕组由两个线圈串联组成，则定子铁芯槽数应为 12 个，每个线圈在空间相隔 60°，如图 2-5 所示。U 相由 U_1U_2 与 U_1' U_2' 串联组成，V 相由 V_1V_2 与 V_1' V_2' 串联组成，W 相由 W_1W_2 与 W_1' W_2' 串联组成，且同一相中两个线圈的首端（如 U_1、U_1' 端）在空间上相隔 180°，而各相绕组的首端（如 U_1 与 V_1、W_1 端）在空间上只相隔 60°，因此，当通入三相对称交流电时，可产生具有两对磁极的旋转磁场，如图 2-6 所示。

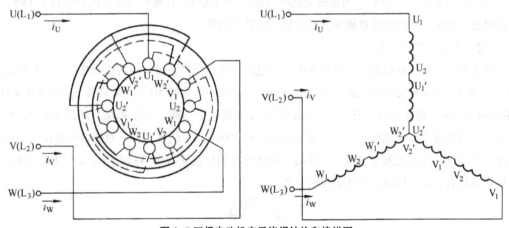

图 2-5 四极电动机定子绕组结构和接线图

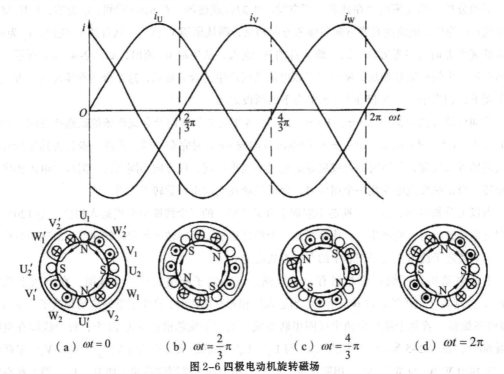

（a）$\omega t = 0$　　　　（b）$\omega t = \dfrac{2}{3}\pi$　　　　（c）$\omega t = \dfrac{4}{3}\pi$　　　　（d）$\omega t = 2\pi$

图2-6 四极电动机旋转磁场

当wt=0时，i_U为零，U相绕组无电流；i_V为负值，i_W为正值，V相与W相电流流向及合成磁场如图2-6所示。依次分析wt=2/3π、4/3π及2π瞬时，i_U、i_V、i_W的流向及合成磁场分别如图2-6（b）（c）（d）所示。当正弦交流电变化一个周期时，合成磁场在空间只旋转了180°。由此可见，旋转磁场的极对数越多，其旋转磁场转速越低。

（2）旋转磁场的转速

如上所述，有一对磁极的旋转磁场中，当电流变化一个周期时，旋转磁场在空间正好转过一周。对50 Hz的工频交流电来说，旋转磁场每秒钟将在空间旋转50周，其转速n_1=60f_1=60×50r/min=3000r/min。若旋转磁场有2对磁极，则电流变化一个周期，旋转磁场只转过1/2周，比极对数为1的情况下的转速慢了一半，即n_1=60f_1/2=1500r/min。同理，在三对磁极的情况下，电流变化一个周期，旋转磁场仅旋转了1/3周，旋转磁场的转速n_1=60f_1/3=1000r/min。以此类推，当旋转磁场具有p对磁极时，旋转磁场转速为

$$n_1 = \frac{60 f_1}{p}$$

式中：n_1——旋转磁场转速（r/min）；

f_1——交流电源频率（Hz）；

p——电动机定子极对数。

旋转磁场的转速n_1又称为同步转速。由上式可知，同步转速决定于电源频率 yi 和旋转磁场

的极对数 p。当电源频率 $f_1=50$ Hz 时，三相异步电动机的同步转速 n_1 与磁极对数 p 的关系如表 2-2 所示。

表 2-2 $f_1=50$ Hz 时的旋转磁场转速

磁极对数 p	1	2	3	4	5	6
$n_1/r \cdot min^{-1}$	3000	1 500	1000	750	600	500

（3）旋转磁场的旋转方向

旋转磁场在空间中的旋转方向是由电流相序决定的。图 2-4 所示的电流相序为，$i_U \rightarrow i_V \rightarrow i_W$ 按顺时针方向排列，并且互差 120° 电角度，故旋转磁场是按顺时针方向旋转的。若把定子绕组与三相电源连接的三根导线中的任意两根对调位置，如把绕组 V_1 接电源 L_3，把绕组 W_1 接电源 L_2，即流过绕组 U_1U_2 的电流仍为 i_U，而流过 V_1V_2 的电流变为 i_W，流入 W_1W_2 的电流变为 i_V，再按上述分析可得出旋转磁场将按逆时针方向旋转。

2. 转子的转动

（1）转子转动的原理

当定子绕组接通三相电源后，绕组中流过三相交流电流。图 2-7 所示为某瞬时定子电流产生的磁场，如果它以同步转速 n_1 按顺时针方向旋转，则静止的转子与旋转磁场间就有了相对运动，这相当于磁场静止而转子按逆时针方向旋转，则转子导体切割磁场，在转子导体中产生感应电动势 E_2，其方向可用右手定则来确定：转子上半部导体的感应电动势方向是穿出纸面的，下半部导体的感应电动势方向是进入纸面的。由于转子导体是闭合的，所以在转子感应电动势作用下流过转子电流 I_2。若忽略 I_2 与 E_2 之间的相位差，则 I_2 的方向与转子感应电动势方向一致。通有转子电流 I_2 的转子导体处在定子磁场中，根据左手定则，便可确定转子导体受到的电磁力 F 的作用方向，如图 2-7 所示。由于转子导体是按圆周均匀分布，所以电磁力 F 对转轴形成的电磁转矩 T 的方向与旋转磁场的旋转方向相同，于是转子就顺着定子旋转磁场旋转方向转动起来了。

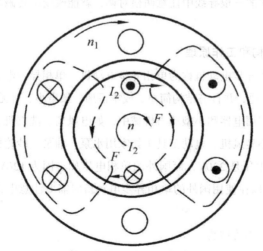

图 2-7 三相异步电动机转动原理

三相异步电动机的工作原理：定子中通入三相交流电产生旋转磁场（n_1）→转子导体在磁场中切割磁感线产生感应电动势→转子导体线圈闭合产生感应电流→转子导体线圈在磁场中受力→受力臂产生转矩→转子旋转（n）。

（2）转子的转速 n、转差率 s 与转动方向

由以上分析可知，异步电动机转子的旋转方向与旋转磁场的旋转方向一致，但转速 n 不可能达到与旋转磁场的转速 n_1 相等。因为产生电磁转矩需要转子中存在感应电动势和感应电流，如果转子转速与旋转磁场转速相等，两者之间就没有相对运动，转子导体将不再切割磁感线，则转子感应电动势、转子电流及电磁转矩都不存在，转子就减速且不可能继续以 n_1 转动。所以，转子转速 n 与旋转磁场转速 n_1 之间必须不相等，且 n < n_1，这就是"异步"电动机名称的由来。另外，又因为产生转子电流的感应电动势是由电磁感应产生的，所以异步电动机也称为感应电动机。

同步转速 n_1 与转子转速 n 之差称为转速差。转速差与旋转磁场的转速的比值称为转差率，用 s 表示，即

$$s = \frac{n_1 - n}{n_1}$$

转差率是分析异步电动机运行情况的一个重要参数。如启动瞬间 n=0，则 s=1，转差率最大；空载时 n 接近 n_1，s 很小，一般在 0.01 以下；若 n=n_1，则 s=0，此时称为理想空载状态，这在实际运行中是不存在的。异步电动机工作时，转差率在 1 ~ 0 之间变化。当电动机在额定负载下工作时，其额定转差率 s_N=0.01-0.07。

由以上分析还可知，异步电动机的转动方向总是与旋转磁场的转动方向一致。因此，只要把定子绕组与三相电源连接的三根导线中任意两根对调，就能改变旋转磁场的转向，也就实现了电动机转向的改变。

三、单相异步的结构和工作原理

采用单相交流电源的异步电动机称为单相异步电动机。单相异步电动机由于只需要单相交流电，故使用方便、应用广泛，并且有结构简单、成本低廉、噪声小、对无线电系统干扰小等优点，因而常用在功率不大的家用电器和小型动力机械中，如电风扇、洗衣机、电冰箱、空调、抽油烟机、电钻、医疗器械、小型风机、电动工具（如家用水泵、油泵、砂轮机）、医疗器械及轻工设备等。由于中国的单相电压是 220V，而国外的单相电压如美国为 120V，日本为 100V，德国、英国、法国为 230V，所以在使用国外的单相异步电动机时需要注意电机的额定电压与电源电压是否相同。

（一）单相异步电动机的结构

单相异步电动机由定子、转子、轴承、机壳、端盖等构成。

/44/

单相异步电动机的类型较多，其基本结构和三相鼠笼式异步电动机相似。但一般有两套定子绕组，一套称为主绕组（也称工作绕组），用以产生主磁场；另一套是辅助绕组（也称启动绕组），用以产生启动转矩。

1. 定子铁芯

定子铁芯由厚度为 0.5mm 的硅钢片叠装而成，构成磁路，嵌放定子绕组。为了嵌放定子绕组，在定子冲片中均匀地冲制若干个形状相同的槽。槽形有三种：半闭口槽、半开口槽、开口槽。半闭口槽适用于小型异步电机，其绕组是用圆导线绕成的。半开口槽适用于低压中型异步电机，其绕组是成型线圈。开口槽适用于高压大、中型异步电机，其绕组是用绝缘带包扎并浸漆处理过的成型线圈。

2. 定子绕组

定子绕组其作用是感应电动势、流过电流、实现机电能量转换。定子绕组在槽内部分与铁芯间必须可靠绝缘，绝缘槽的材料、厚度由电机耐热等级和工作电压来决定。

单相异步电动机的定子绕组，一般都采用两相绕组的形式，即主绕组和辅助绕组。主、辅绕组的轴线在空间相差 90° 电角度，两相绕组的槽数、槽形、匝数可以是相同的，也可以是不同的。一般主绕组占定子总槽数的 2/3，辅助绕组占定子总槽数的 1/3，具体应视各种电机的要求而定。

3. 转子铁芯

转子铁芯由厚度为 0.5mm 的硅钢片叠装而成，构成磁路，转子一般用鼠笼式。

（二）单相异步电动机的工作原理

单相异步电动机工作原理：单相异步电动机的定子绕组是单相的，转子是鼠笼式的，由单相交流电源供电。

根据三相异步电动机如何产生旋转磁场并转动原理可知，给三相异步电动机的定子绕组中通入三相交流电时，会形成一个旋转磁场，在旋转磁场的作用下，转子将获得启动转矩而自行启动。若在单相异步电动机的定子绕组通入单相交流电，也会产生磁场，但这个磁场在空间的位置不能形成旋转磁场效应，只是磁场的强弱和方向像正弦交流电那样，随时间按正弦规律作周期性变化，这种磁场称为脉动磁场。

单相异步电动机的脉动磁场可以认为是由两个转速相等、转向相反的旋转磁场合成的。当电动机的转子静止时，两个旋转磁场分别在转子上产生两个大小相等、方向相反的正向转矩和逆向转矩，即合成转矩 T=0，转子不能获得启动转矩，因此，转子不能自行启动。所以单相异步电动机如不采取一定的措施，则电动机不能自行启动。但如果用外力使转子转动一下，则转子就能沿着该方向继续转动下去。

（三）单相异步电动机的启动

由于单相异步电动机自身不能产生启动转矩，转子不能自行启动，为了解决单相电动机的启动问题，人们采取了许多特殊措施，除在定子铁芯槽里嵌放主绕组外，还必须再加嵌一个辅助绕组，并使辅助绕组与主绕组在定子中相差 90°的电角度。由于主绕组与辅助绕组由同一个单相电源供电，为了使两相绕组中的电流在时间上有一个相位差，可在辅助绕组中串接电容、电阻的方法进行移相。

单相异步电动机根据启动方法或运行方法的不同，可分为单相电容启动运转异步电动机；单相电容启动电动机；单相电阻启动电动机；单相罩极电动机等。这几种电动机的应用如下：

单相电阻启动异步电动机——冰箱压缩机；

单相电容启动异步电动机——冰箱压缩机；

单相电容启动运转异步电动机——空调压缩机；

单相罩极异步电动机——小家电。

1.单相异步电动机型号含义

产品代号：用字母"YY"表示单相电容运转异步电动机；用"YL"表示单相电动机为电容启动运转异步电动机；用字母"YC"代表电容启动电动机。

机座号：电机的中心高。

级数：电机级数由数字组成，用 2，4，6 表示不同级数的电机。

产品规格序号由数字组成，表示在同一机座号中不同规格的产品（部分厂商的由字母组成）。

下面分别予以介绍。

（1）单相电阻启动异步电动机

其启动线路如图 2-8 所示，其特点是电动机的工作绕组匝数较多，导线较粗，因此感抗远大于绕组的直流电阻，可以近似地看作流过绕组中的电流滞后于电源电压 90°电角度。而启动绕组 Z1、Z2 的匝数较少，线直径较细，又与启动电阻 R 串联，则该支路的总电阻远大于感抗，可以近似认为电流与电源电压同相位，因此就可以看成工作绕组中的电流与启动绕组中的电流两者相位差近似 90°电角度，从而在定子与转子之间产生旋转磁场，使转子产生转矩而转动。当转速达到额定值的 80% 时，离心开关 S 动作，把启动电阻从电源中切除。

这种电动机的特点是启动绕组 Z1、Z2 的导线直径较细，主绕组的导线直径较粗，则启动绕组的电阻值比主绕组大，使流过启动绕组与主绕组中的电流有一定的相位差，在定子与转子气隙中产生旋转磁场，使转子获得转矩而转动。这种电动机启动转矩不大，易于空载启动。电阻启动异步电动机在电冰箱的压缩机中获得广泛采用。

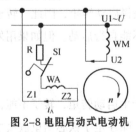

图 2-8 电阻启动式电动机

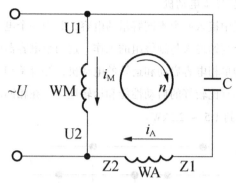

图 2-9 电容启动式电动机

（2）单相电容启动异步电动机

图 2-9 中辅助绕组 WA 与电容器 C 串联后同主绕组 WM 并联，当电动机接通电源时，由于辅助绕组是个容性电路（电容量应足够大），所以电流 i_A 超前电源电压一个角度，而主绕组是个感性电路，所以电流 i_M 滞后电源电压一个角度。只要电容器选择适当，就能使 i_M 滞后 i_A 90° 。当具有 90° 相位差的两个电流 i_M 和 i_A 分别通入在空间相差 90° 电角度的两个绕组时，将形成一个旋转磁场效应，如图 2-10 所示。由图中分析可知，向在空间位置互差 90° 电角度的两相绕组内，通入时间上互差 90° 电角度的两相电流，此时在定子与转子之间产生的磁场即为旋转磁场。单相异步电动机的笼型结构转子在该旋转磁场的作用下，获得启动转矩而旋转。

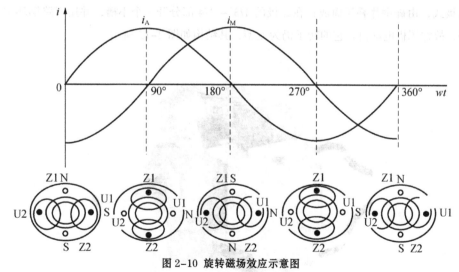

图 2-10 旋转磁场效应示意图

电容启动异步电动机，使用维护方便，只要任意改变工作绕组（或启动绕组）的首端、末端与电源的接线，即可改变旋转磁场的旋转方向，从而使电动机反转。这类电动机常用于吊扇、台扇、电冰箱、洗衣机、吸尘器等上面。

（3）单相电容启动运转异步电动机

这种电动机在副相绕组中接入两个不同容量的电容，其中一个电容通过离心开关，在启动完了之后就切断电源；另一个则始终参与副绕组的工作。这两个电容器中，启动电容器的容量大，而运转电容的容量小。这种单相电容启动和运转的电动机，综合单相电容启动和电容运转电动机的优点，因此这种电动机具有比较好的启动性能和运转性能，在相同的机座号下，功率可以提高1 ~ 2个容量等级，可以达到1.5 ~ 2.2kW。

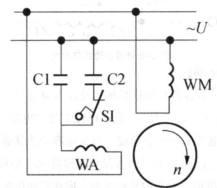

图 2-11 单相电容启动运转异步电动机接线图

（4）单相罩极式异步电动机

罩极式异步电动机（见图 2-12）是结构最简单的一种单相异步电动机，它的定子铁芯多数做成凸极式，由硅钢片叠压而成；在磁极的 1/3 ~ 1/4 部分开一个小槽，并用短路铜环把这部分罩起来，故称罩极电动机。它的转子仍为笼型，其结构如图 2-13 所示。

图 2-12 单相罩极异步电动机

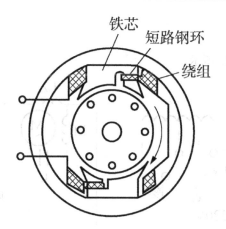

图 2-13 罩极式电动机的结构

如图 2-14，当电流 i 流过定子绕组时，产生了一部分磁通 ϕ_1，同时产生的另一部分磁通与短路环作用生成了磁通 ϕ_2。由于短路环中感应电流的阻碍作用，使得 ϕ_2 在相位上滞后 ϕ_1，从而在电动机定子极掌上形成一个向短路环方向移动的磁场，使转子获得所需的启动转矩。

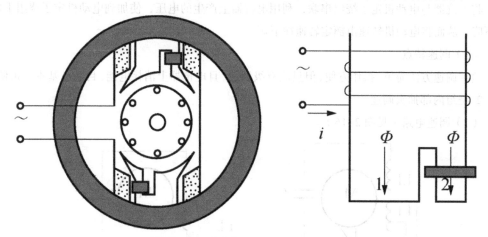

图 2-14 罩极式电动机接线图

定子通入电流以后，部分磁通穿过短路环，并在其中产生感应电流。短路环中的电流阻碍磁通的变化，致使有短路环部分和没有短路环部分产生的磁通有了相位差，从而形成旋转磁场，使转子转起来。

这种电动机的性能较差，但是由于结构牢固，价格便宜，所以这种电动机的生产量还是很大的，但是输出功率一般不超过 20W。

（四）单相异步电动机的调速

单相异步电动机的调速方法：串电抗器调速；绕组内部抽头调速；晶闸管调速。

单相异步电动机和三相异步电动机一样，恒转矩负载的转速调节是比较困难的，一般有以下调速方法。

1.串电抗器调速

（1）调速电路如图 2-15 所示。

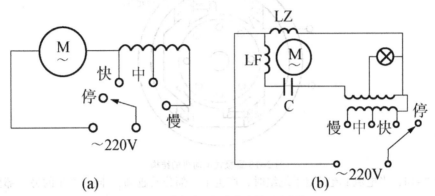

图 2-15 单相电动机串电抗器调速电路

（2）调速原理

将电抗器与电动机定子绕组串联，利用电抗器上产生的电压，使加到电动机定子绕组上的电压下降，从而将电动机转速由额定转速往下调。

（3）调速特点

这种调速方法简单，操作方便，但只能有级调速，且电抗器上消耗电能，目前已基本不再使用。

2.绕组内部抽头调速

（1）调速电路（见图 2-16）。

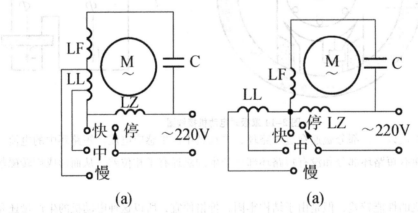

图 2-16 单相电动机绕组内部抽头调速电路图

（2）调速原理

电动机定子铁芯嵌放有工作绕组 LZ、启动绕组 LF 和中间绕组 LL，通过开关改变中间绕组与工作绕组及启动绕组的接法，从而改变电动机内部气隙磁场的大小，使电动机的输出转矩也随之改变，在一定的负载转矩下，电动机的转速也会改变。

（3）调速特点

这种调速方法不需电抗器，材料省、耗电少，但绕组嵌线和接线复杂，电动机和调速开关接线较多，且是有级调速。

3.晶闸管调速

（1）调速电路（见图2-17）

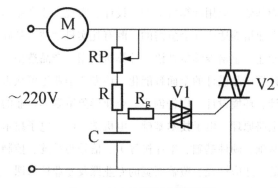

图2-17 双向晶闸管调速原理图

（2）调速原理

利用改变晶闸管的导通角来改变加在单相异步电动机上的交流电电压，调节电动机转速。

（3）调速特点

这种调速方法可以做到无级调速，节能效果好；但会产生一些电磁干扰，大量用于风扇调速。

第二节 电气工程及其自动化

电气工程及其自动化专业是电气信息领域的一门新兴学科，也是一门专业性很强的学科，主要研究在工程中如何对电进行管理。它的研究内容主要涉及工程中的供电设计、自动控制、电子技术、运行管理、信息处理与计算机控制等技术。

控制理论和电力网理论是电气工程及自动化专业的基础，电力电子技术、计算机技术则为其主要技术手段，同时也包含了系统分析、系统设计、系统开发以及系统管理与决策等研究领域。该专业的特点在于"四个结合"，即强电和弱电结合，电工技术和电子技术结合，软件和硬件结合，元件和系统结合。

改革开放以后，在党中央的正确领导下，大学恢复了招生，电子工程及自动化专业也发展起来，许多大学设立了本专业，并陆续招生，每年为国家培养大量的高级复合型人才，包括学士、博士等高级知识分子，特别是，各专业扩招，本专业的招生量也在上升。虽然我国在这方面的发展还没有站在世界的最前沿，但随着我国综合国力的提高，对外交往的增加，我们已经逐渐缩小与发达国家的差距。具有代表性的是：每秒 3000 亿次计算机研制成功；纳米技术的掌握；模拟技术的应用。一个不容忽视的问题摆在我们面前：如何迎接新技术革命的挑战？经过本专业的老师和同学的共同努力，把电子工程及自动化专业拓展开来，分为"电力系统及其自动化"和"电子信息工程"，涵盖原有"绝缘技术""电气绝缘与电缆""电机电器及其控制""电气工程及其自动化""应用电子技术"和"光源与照明"等几个专业方向。设有"高电压与绝缘技术""电机与电器""电力电子与电力传动"和"电工理论与新技术""高电压与绝缘技术"博士学位方向。并以工业产品设计为基础，应用计算机造型、设计、实现工业产品的结构、性能、加工、外形等的设计和优化。该专业培养适应社会急需的，既有扎实科学技术基础又有艺术创新能力的高级复合型技术人才。本专业着重培养学生外语、计算机应用、产品造型、设计等实际工作能力，实现平面设计、立体设计等产品设计的全面智能化。该专业毕业生可从事工业产品造型设计、计算机应用、视觉传达设计、环境设计、广告创意、企业形象策划等行业的教学、科研、生产、开发和管理工作。囊括了电路原理、电子技术基础、电机学、电力电子技术、电力拖动与控制、计算机技术（语言、软件基础、硬件基础、单片机等）、信号与系统、控制理论等课程。高年级还根据社会需要学习柔性的、适应性强、覆盖面宽的专业课及专业选修课。同时也进行电机与控制实验、电子工程系统实验、电力电子实验等。

　　一直以来，我国在 CIMS、自动控制、机器人产品、专用集成电路等等方面有了长足的进步。例如："基于微机环境的集成化 CAPP 应用框架与开发平台"开发了以工艺知识库为核心的、以交互式设计模式为基础的综合智能化 CAPP 开发平台与应用框架（CAPPFramework），推出金叶CAPP、同方 CAPP 等系列产品。具有支持工艺知识建模和动态知识获取、各类工艺的设计与信息管理、产品工艺信息共享、支持特征基创成工艺决策等功能，并提供工艺知识库管理、工艺卡片格式定义等应用支持工具和二次开发工具。系统开放性好，易于扩充和维护。产品已在全国的企业，特别是 CIMS 示范工程企业，推广应用，还研制了自动控制装置及系列产品，红外光电式安全保护装置，大功率、高品质开关电源的开发。机器人产品包括移动龙门式自动喷涂机，电动喷涂机器人，柔性仿形自动喷涂机，往复式喷涂机，自动涂胶机器人，框架式机器人，搬运机器人，弧焊机器人的研制。以上这些产品的开发应用还只是电子工程与自动化在生产中的一个侧面，不足以反映其全貌。在国外先进技术的冲击下，从各个方面进行新一轮技术重组。形势是严峻的，同时也充满机遇。

　　所谓的电气自动化，是指通过对继电器、感应器等电气元件的利用，借以实现对时间和顺序的控制。而其他如一些伺服电机或仪表，将会根据外界环境的变化从而反馈到内部，最后导致输出量产生变化，继而达到稳定的目的。

一、电气工程及其自动化技术的概述

　　电气工程及其自动化技术与生活是息息相关的，已经渗透到我们生活的方方面面。

　　电气工程及其自动化是以电磁感应定律、基尔霍夫电路定律等电工理论为基础，研究电能的产生、传输、使用及其过程中涉及的技术和科学问题。电气工程中的自动化涉及电力电子技术、计算机技术、电机电器技术信息与网络控制技术、机电一体化技术等诸多领域，其主要特点是强弱电结合、机电结合、软硬件结合。电气工程及其自动化技术主要以控制理论、电力网理论为基础，以电力电子技术、计算机技术则为其主要技术手段，同时也包含了系统分析、系统设计、系统开发以及系统管理与决策等研究领域。控制理论是在现代数学、自动控制技术、通信技术、电子计算机、神经生理学诸学科基础上相互渗透，由维纳等科学家的精炼和提纯而形成的边缘科学。它主要研究信息的传递、加工、控制的一般规律，并将其理论用于人类活动的各个方面。将控制理论和电力网理论相结合，应用于电气工程中，有利于提高社会生产率和工作效率，节约能源和原材料消耗，同时也能减轻体力、脑力劳动，改进生产工艺等。

在实际的电气工程及其自动化技术的设计中，应该从硬件和软件两个方面来进行考虑。通常情况下，都是先进行硬件的设计，根据实际的工业控制需要，针对性地选择电子元器件。首先应该设置一个中央服务器，并采用先进的计算机作为系统的核心，然后选择外围的辅助设备，如传感器、控制器等，通过线路的连接，组建成一个完整的系统。在实际的设计时，除了要遵循理论上的可行外，还应该注意现实中的可行性。由于生产线是已经存在的，自动化控制系统的设计，必须在不改变生产型的基础上进行，对硬件设备的安装有很高的要求，如果设备的体积较大，就可能影响正常的加工，要想使设计的控制系统能够稳定的工作，设计人员必须进行实地的考察，然后结合实际的情况，对设备的型号进行确定。在硬件设计完成之后，还要进行软件系统的设计，目前市面上有很多通用的自动化控制系统软件，但是为了最大程度地提高自动化水平，企业通常都会选择一些软件公司，根据硬件安装和企业生产的情况等，进行针对性的软件设计。

二、电气工程及其自动化的应用分析

（一）电气工程及其自动化技术应用理论

电气工程及其自动化技术是随着工业的发展，而逐渐形成的一门学科，从某种意义上来说，电气工程及其自动化技术，是为了满足实际生产的需要，在传统的工业生产中，采用的主要是人工的方式，虽然机械设备出现后，人们可以操控机器来进行生产，极大地提高了生产效率。但是经济的发展速度更快，对产品的需求量越来越大，在这种背景下，仅仅依靠操作机器的生产方式，已经无法满足市场的需要，必须进一步提高生产效率。为了达到这个目的，很多企业都实行了二十四小时生产，通过实际的调查发现，采用这样的生产方式，机器可以不停地运转，操作人员却需要足够的时间休息，因此必须增加企业的员工，这样就提高了生产的成本。在市场竞争越来越激烈的今天，企业要想获得更多的效益，必须对生产的成本进行控制，于是有人提出了让机器自行运转的概念，这就是自动化技术。

（二）电气工程及其自动化技术在智能建筑中的应用

1. 防雷接地

雷电灾害给我国的通信设备、计算机、智能系统、航空等领域造成了巨大的损失，因此，在智能建筑建设中也要十分注意雷电灾害，利用电气工程及其自动化技术，将单一防御转变为系统防护，所有的智能建筑接地功能都必须以防雷接地系统为基础。

2. 安全保护接地

智能建筑内部安装了大量的金属设备，以实现数据处理，满足人们多方面的需求，这些金属设备对建筑的安全性提出了挑战，因此，在智能建筑中运用电气工程及其自动化技术，为整个建筑装上必要的安全接地装置，降低电阻，防止电流外泄，这样便能够很好地避免金属设备绝缘体破裂后发生漏电现象，保证人们的生命财产安全。

3. 屏蔽接地与防静电接地

运用电气工程及其自动化技术，在进行建筑设计时，要十分注意电子设备在阴雨或者干燥天气产生的静电，并及时做好防静电处理，防止静电积累对电子设备的芯片以及内部造成损坏，使得电子设备不能正常运转。设计师将电子设备的外壳和 PE 线进行连接可以有效地防止静电，屏蔽管路的两端和 PE 线的可靠连接可以实现导线的屏蔽接地。

4. 直流接地

智能建筑需要依靠大量的电子通信设备、计算机等计算机操作系统进行信息的输出、转换与传输，这些过程都需要微电流和微电位来执行，需要耗费大量的电能，也容易造成电气灾害。在大型智能建筑中应用电气工程及其自动化技术，可以为建筑提供一个稳定的电源和电压，还有基准电位，保证这些电子设备能够正常使用。

（三）强化电气工程及其自动化的应用措施

1. 强化数据传输接口建设

在应用电气工程自动化系统的时候，数据传输功能发挥着至关重要的作用，一定要进行高度的重视。只有提高系统数据传输的稳定性、快捷性、高效性与安全性，才可以保证系统运行的有效性。在进行数据传输强化的时候，一定要重视数据传输接口的建设，这样才可以保证数据传输的高效、安全。在建设数据传输接口的时候，一定要重视其标准化，利用现代技术处理程序接口问题，并且在实际操作中进行程序接口的完美对接，降低数据传输的时间与费用，提高数据传输的高效性与安全性，实现电气工程自动化的全面落实。

2. 强化技术创新，建立统一系统平台，节约成本

电气工程自动化是一项比较综合化的技术，要想实现其快速发展，就一定要加强对技术的投入，突破技术瓶颈，确保电气工程自动化的有效实现。所以，在进行建设与发展电气工程自动化的时候，一定要加强系统平台的建设，结合不同终端用户的需求，对自身运行特点展开详细的分析与研究，在统一系统平台中展开操作，满足不同终端用户的实际需求。由此可以看出，建立统一系统平台，是建设与发展电气工程自动化的首要条件，也是必要需求。

3. 加强通用型网络结构应用的探索

在电气工程自动化建设与发展过程中，通用型网络结构发挥着举足轻重的作用，占据了十分

重要的地位，可以有效加强生产过程的管理与技术监控，并且对设备进行一定的控制，在统一系统平台中，可以有效提高工作效率，保证工作可以更加快捷地完成，同时增强工作安全性。

第三章 自动控制原理与应用

第一节 自动控制概述

一、控制理论的发展

自动控制是指应用自动化仪器仪表或自动控制装置代替人自动地对仪器设备或工业生产过程进行控制，使之达到预期的状态或性能指标。

（一）经典控制理论

自动控制理论是与人类社会发展密切联系的一门学科，是自动控制科学的核心自从 19 世纪 Maxwell 对具有调速器的蒸汽发动机系统进行线性常微分方程描述及稳定性分析以来，经过 20 世纪初 Nyquist，Bode，Harris，Evans，Wienner，Nichols 等人的杰出贡献，终于形成了经典反馈控制理论基础，并于 50 年代趋于成熟。

特点是以传递函数为数学工具，采用频域方法，主要研究单输入单输出线性定常控制系统的分析与设计，但它存在着一定的局限性，即对多输入多输出系统不宜用经典控制理论解决，特别是对非线性时变系统更是无能为力

（二）现代控制理论

随着 20 世纪 40 年代中期计算机的出现及其应用领域的不断扩展，促进了自动控制理论朝着更为复杂也更为严密的方向发展，特别是在 Kalman 提出的可控性和可观测性概念以及提出的极大值理论的基础上，在 20 世纪 50 ~ 60 年代开始出现了以状态空间分析（应用线性代数）为基础的现代控制理论。

现代控制理论本质上是一种时域法，其研究内容非常广泛，主要包括三个基本内容：多变量线性系统理论、最优控制理论，以及最优估计与系统辨识理论。现代控制理论从理论上解决了系统的可控性、可观测性、稳定性以及许多复杂系统的控制问题。

（三）智能控制理论

但是，随着现代科学技术的迅速发展，生产系统的规模越来越大，形成了复杂的大系统，导致控制对象控制器以及控制任务和目的的日益复杂化，以及现代控制理论的成果很少在实际中得

到应用。经典控制理论、现代控制理论在应用中遇到了不少难题，影响了它们的实际应用，其主要原因有三：

第一，精确的数学模型难以获得。此类控制系统的设计和分析都是建立在精确的数学模型的基础上的，而实际系统由于存在不确定性、不完全性、模糊性、时变性、非线性等因素，一般很难获得精确的数学模型；

第二，假设过于苛刻研究这些系统时，人们必须提出一些比较苛刻的假设，而这些假设在应用中往往与实际不符；

第三，控制系统过于复杂。为了提高控制性能，整个控制系统变得极为复杂，这不仅增加了设备投资，也降低了系统的可靠性；

第三代控制理论即智能控制理论就是在这样的背景下提出来的，它是人工智能和自动控制交叉的产物，是当今自动控制科学的出路之一。

二、自动控制理论的发展

自动控制理论是研究自动控制共同规律的技术科学。它的发展初期，是以反馈理论为基础的自动调节原理，主要用于工业控制。"二战"期间为了设计和制造飞机及船用自动驾驶仪、火炮定位系统、雷达跟踪系统以及其他基于反馈原理的军用设备，进一步促进并完善了自动控制理论的发展。到战后，已形成完整的自动控制理论体系，这就是以传递函数为基础的经典控制理论，它主要研究单输入单输出的线形定常数系统的分析和设计问题。

20世纪60年代初期，随着现代应用数学新成果的推出和电子计算机的应用，为适应宇航技术的发展，自动控制理论跨入了一个新的阶段——现代控制理论。它主要研究具有高性能、高精度的多变量变参数的最优控制问题，主要采用的方法是以状态为基础的状态空间法。目前，自动控制理论还在继续发展，正向以控制论、信息论、仿生学为基础的智能控制理论深入。

自动控制系统（Automatic Control Systems）是在无人直接参与下可使生产过程或其他过程按期望规律或预定程序进行的控制系统。自动控制系统是实现自动化的主要手段，简称自控系统。随着工业自动控制系统装置制造行业竞争的不断加剧，大型工业自动控制系统装置制造企业间并购整合与资本运作日趋频繁，国内优秀的工业自动控制系统装置制造企业愈来愈重视对行业市场的研究，特别是对产业发展环境和产品购买者的深入研究。

中国的工业自动化市场主体主要由软硬件制造商、系统集成商、产品分销商等组成。在软硬件产品领域，中高端市场几乎全部由国外著名品牌产品垄断，并将仍维持此种局面；在系统集成领域，跨国公司占据制造业的高端，具有深厚行业背景的公司在相关行业系统集成业务中占据主动，具有丰富应用经验的系统集成公司充满竞争力。

在工业自动化市场，供应和需求之间存在错位。客户需要的是完整的能满足自身制造工艺的电气控制系统，而供应商提供的是各种标准化器件产品。行业不同，电气控制的差异非常大，甚至同一行业客户因各自工艺的不同导致需求也有很大差异。这种供需之间的矛盾为工业自动化行业创造了发展空间。

中国拥有世界最大的工业自动控制系统装置市场，传统工业技术改造、工厂自动化、企业信息化需要大量的工业自动化系统，市场前景广阔。工业控制自动化技术正在向智能化、网络化和集成化方向发展。

由于计算机技术的发展，使微计算机控制技术在制冷空调自动控制的应用愈来愈普遍。计算机控制过程可归纳为实时数据采集、实时决策和实时控制三个步骤。这三个步骤不断地重复进行就会使整个系统按照给定的规律进行控制、调节。同时，也对被控参数及设备运行状态、故障等进行监测、超限报警和保护，记录历史数据等。

应该说，计算机控制在控制功能如精度、实时性、可靠性等方面是模拟控制所无法比拟的。更为重要的是，由于计算机的引入而带来的管理功能（如报警管理、历史记录等）的增强更是模拟控制器根本无法实现的。因此，在制冷空调自动控制的应用上，尤其在大中型空调系统的自动控制中，计算机控制已经占有主导地位。分为直接数字控制和集散型系统控制。

所谓直接数字控制是以微处理器为基础、不借助模拟仪表而将系统中的传感器或变送器的测量信号直接输入到微型计算机中，经微机按预先编制的程序计算处理后直接驱动执行器的控制方式，简称 DDC（Direct Digital Control），这种计算机称为直接数字控制器，简称 DDC 控制器。DDC 控制器中的 CPU 运行速度很快，并且其配置的输入输出端口（I/O）一般较多。因此，它可以同时控制多个回路，相当于多个模拟控制器。DDC 控制器具有体积小、连线少、功能齐全、安全可靠、性能价格比较高等特点。

集散型控制系统 Total Distributed System 缩写为 TDS。与过去传统的计算机控制方法相比，它的控制功能尽可能分散，管理功能尽可能集中。它是由中央站、分站、现场传感器与执行器三个基本层次组成。中央站和分站之间，各分站之间通过数据通信通道连接起来。分站就是上述以微处理器为核心的 DDC 控制器。它分散于整个系统各个被控设备的现场，并与现场的传感器及执行器等直接连接，实现对现场设备的检测与控制。中央站实现集中监控和管理功能，如集中监视、集中启停控制、集中参数修改、报警及记录处理等。可以看出，集散型控制系统的集中管理功能由中央站完成，而控制与调节功能由分站即 DDC 控制器完成。

第二节 自动控制系统

一、自动控制系统的组成

自动控制系统在无人直接参与下可使生产过程或其他过程按期望规律或预定程序进行的控制系统。自动控制系统是实现自动化的主要手段。按控制原理的不同，自动控制系统分为开环控制系统和闭环控制系统。

为了达到自动控制的目的，由相互制约的各个部分，按一定的要求组成的具有一定功能的整体称为自动控制系统。它是由被控对象、传感器（及变送器）、控制器和执行器等组成。例如，室温自动控制系统的被控对象为恒温室，传感器为温度传感器，控制器为温度控制器，执行器为电动调节阀。

自动控制系统在工作中会受到来自外部的影响（即干扰），引起被控变量偏离给定值，自动控制系统的作用就是根据被控变量偏离给定值的程度，调节执行器，改变进入被控对象（在此指广义对象）的物料量（即进入加热器的热水流量），从而克服干扰，使被控变量恢复（或接近）到给定值。干扰用 f 表示。被控变量偏离给定值的程度用偏差 e 表示。执行器调节的物料量用 Q 表示。控制器输出的控制信号用 u 表示。自动控制系统中，比较元件是控制器的一个组成部分，在图中把它单独画出来为的是说明其比较作用。比较元件器的输入量有两个，即给定位和传感器的输出信号，两输入量经过比较（相减），输出偏差信号，作用在控制器输入端。传感器则将测量到的被控变量变换成比较元件要求的信号，传递到比较元件。

从总体上看，自动控制系统的输入量有两个，即给定值和干扰，输出量有一个，即被控变量。因此，控制系统受到两种作用，即给定作用和干扰作用。系统的给定值决定系统被控变量的变化规律。干扰作用在实际系统中是难于避免的，而且它可以作用于系统中的任意部位。通常所说的系统的输入信号是指给定值信号，而系统的输出信号是指被控变量。输入给定值这一端称为系统的输入端，输出被控变量这一端称为输出端。

从信号传递的角度来说，自动控制系统是一个闭合的回路，所以称为闭环系统。其特点是自动控制系统的被控变量经过传感器又返回到系统的输入端，即存在反馈。显然，自动控制系统中的输入量与反馈量是相减的，即采用的是负反馈，这样才能使被控变量与给定值之差消除或减小，达到控制的目的。闭环系统根据反馈信号的数量分为单回路控制系统和多回路控制系统。

在自动控制系统中，被控对象的输出量即被控量是要求严格加以控制的物理量，它可以要求保持为某一恒定值，例如温度、压力或飞行轨迹等；而控制装置则是对被控对象施加控制作用的相关机构的总体，它可以采用不同的原理和方式对被控对象进行控制，但最基本的一种是基于反馈控制原理的反馈控制系统。

二、反馈控制系统

在反馈控制系统中，控制装置对被控装置施加的控制作用，是取自被控量的反馈信息，用来不断修正被控量和控制量之间的偏差，从而实现对被控量进行控制的任务，这就是反馈控制的原理。

自动分拣系统一般由自动控制和计算机管理系统、自动识别装置、分类机构、主输送装置、前处理设备及分拣道口组成。

（一）自动控制和计算机管理系统

自动控制和计算机管理系统是整个自动分拣系统的控制指挥中心，分拣系统各部件的一切动作均由控制系统决定，其作用是识别、接收和处理分拣信号，根据分拣信号指示分类机构按一定的规则（如品种、地点等）对物料进行自动分类，从而决定物料的流向。

分拣信号来源可通过条形码扫描、色码扫描、键盘输入、质量检测，语音识别、高度检测及形状识别等方式获取，经信息处理后，转换成相应的拣货单、入库单或电子拣货信号，自动分拣作业。

自动控制系统的主要功能如下：

①接受分拣目的地地址，可由操作人员经键盘或按钮输入，或自动接收；

②控制进给台，使物料按分拣机的要求迅速准确地进入分拣机；

③控制分拣机的分拣动作，使物料在预定的分拣口迅速准确地分离出来；

④完成分拣系统各种信号的检测监控和安全保护。

计算机管理系统主要对分拣系统中的各种设备运行情况数据进行记录、检测和统计，用于分拣作业的管理及分拣作业和设备的综合评价与分析。

（二）自动识别装置

物料能够实现自动分拣的基础是系统能够对物料进行自动识别。在物流配送中心，广泛采用的自动识别系统是条形码系统和无线射频系统。条码自动识别系统的光电扫描器安装在分拣机的不同位置，当物料在扫描器可见范围时，自动读取物料包装上的条码信息，经过译码软件即可翻译成条码所表示的物料信息，同时感知物料在分拣机上的位置信息，这些信息自动传输到后台计算机管理系统。

（三）分类机构

分类机构是指将自动识别后的物料引入到分拣机主输送线，然后通过分类机构把物料分流到指定的位置。分类机构是分拣系统的核心设备。分类的依据主要有：

①物料的形状、质量、特性等；

②用户、订单和目的地。

当计算机管理系统接收到自动识别系统传来的物料信息以后，经过系统分析处理，给物料产生一个目的位置，于是控制系统向分类机构发出控制指令，分类机构接受并执行控制系统发来的分拣指令并在恰当的时刻产生分拣动作，使物料进入相应的分拣道口。由于不同行业、不同部门对分拣系统的尺寸、质量、外形等要求都有很大的差别，对分拣方式、分拣速度、分拣口的数量等的要求也不尽相同，因此分类机构的种类很多，可根据实际情况，采用不同的前处理设备和分拣道口。

（四）主输送装置

主输送装置的作用是将物料输送到相应的分拣道口，以便进行后续作业，主要由各类输送机构成，又称主输送线。

（五）前处理设备

前处理设备是指分拣系统向主输送装置输送分拣物料的进给台及其他辅助性的运输机和作业

台等。进给台的功能有两个：一是操作人员利用输入装置将各个分拣物料的目的地址送入分拣系统，作为该物料的分拣作业指令；二是控制分拣物料进入主输送装置的时间和速度，保证分类机构能准确地进行分拣。

（六）分拣道口

分拣道口也称分流输送线，是将物料脱离主输送线使之进入相应集货区的通道，由钢带、传送带、滚筒等组成滑道，使物料从输送装置滑向缓冲工作台，然后进行入库上架作业或配货作业。

上述六个主要部分在控制系统的统一控制下，分别完成不同的功能，各机构间协同作业，构成一个有机系统，完成物料的自动分拣过程。

三、自动控制系统的分类

按控制原理的不同，自动控制系统分为开环控制系统和闭环控制系统。

（一）开环控制系统

在开环控制系统中，系统输出只受输入的控制，控制精度和抑制干扰的特性都比较差。开环控制系统中，基于按时序进行逻辑控制的称为顺序控制系统；由顺序控制装置、检测元件、执行机构和被控工业对象所组成。主要应用于机械、化工、物料装卸运输等过程的控制以及机械手和生产自动线。

（二）闭环控制系统

闭环控制系统是建立在反馈原理基础之上的，利用输出量同期望值的偏差对系统进行控制，可获得比较好的控制性能。闭环控制系统又称反馈控制系统。

按给定信号分类，自动控制系统可分为恒值控制系统、随动控制系统和程序控制系统。

1. 恒值控制系统

给定值不变，要求系统输出量以一定的精度接近给定希望值的系统。如生产过程中的温度、压力、流量、液位高度、电动机转速等自动控制系统属于恒值控制系统。

2. 随动控制系统

给定值按未知时间函数变化，要求输出跟随给定值的变化。如跟随卫星的雷达天线系统。

3. 程序控制系统

给定值按一定时间函数变化。如程控机床。

四、自动控制系统的结构

为完成控制系统的分析和设计，首先必须对控制对象、控制系统结构有个明确的了解。一般，可将控制系统分为两种基本形式：开环控制系统和闭环（反馈）控制系统。

（一）开环控制系统

开环控制系统是一种最简单的控制方式，在控制器和控制对象间只有正向控制作用，系统的输出量不会对控制器产生任何影响。在该系统中，对于每一个输入量，就有一个与之对应的工作状态和输出量，系统的精度仅取决于元器件的精度和特性调整的精度。这类系统结构简单，成本低，容易控制，但是控制精度低，因为如果在控制器或控制对象上存在干扰，或者由于控制器元器件老化，控制对象结构或参数发生变化，均会导致系统输出的不稳定，使输出值偏离预期值。正因为如此，开环控制系统一般适用于干扰不强或可预测，控制精度要求不高的场合。

（二）闭环控制系统

如果在控制器和被控对象之间，不仅存在正向作用，而且存在着反向的作用，即系统的输出量对控制量具有直接的影响，那么这类控制称为闭环控制。将检测出来的输出量送回到系统的输入端，并与输入信号比较，称为反馈。因此，闭环控制又称为反馈控制，在这样的结构下，系统的控制器和控制对象共同构成了前向通道，而反馈装置构成了系统的反馈通道。

在控制系统中，反馈的概念非常重要。如果将反馈环节取得的实际输出信号加以处理，并在输入信号中减去这样的反馈量，再将结果输入到控制器中去控制被控对象，我们称这样的反馈为负反馈；反之，若由输入量和反馈量相加作为控制器的输入，则称为正反馈。

在一个实际的控制系统中，具有正反馈形式的系统一般是不能改进系统性能的，而且容易使系统的性能变坏，因此不被采用。具有负反馈形式的系统，它通过自动修正偏离量，使系统趋向于给定值，并抑制系统回路中存在的内扰和外扰的影响，最终达到自动控制的目的。通常，反馈控制就是指负反馈控制。与开环系统比较，闭环控制系统的最大特点是检测偏差，纠正偏差。首先，从系统结构上看，闭环系统具有反向通道，即反馈；其次，从功能上看，①由于增加了反馈通道，系统的控制精度得到了提高，若采用开环控制，要达到同样的精度，则需高精度的控制器，从而大大增加了成本；②由于存在系统的反馈，可以较好地抑制系统各环节中可能存在的扰动和由于器件的老化而引起的结构和参数的不稳定性；③反馈环节的存在，同时可较好地改善系统的动态性能。当然，如果引入不适当的反馈，如正反馈，或者参数选择不恰当，不仅达不到改善系统性能的目的，甚至会导致一个稳定的系统变为不稳定的系统。

指令电位器和反馈电位器组成的桥式电路是测量比较环节，其作用就是测量控制量——输入角度和被控制量——输出角度，变成电压信号和并相减，产生偏差电压。

当负载的实际位置与给定位置相符时，则电动机不转动。当负载的实际位置与给定位置不相符时，和也不相等，偏差电压。产生偏差电压经过放大器放大，使电动机转动，通过减速器移动负载L，使负载L和反馈电位器向减少偏差的方向转动。

五、自动控制的应用

自动控制系统已被广泛应用于人类社会的各个领域。

在工业方面，对于冶金、化工、机械制造等生产过程中遇到的各种物理量，包括温度、流量、压力、厚度、张力、速度、位置、频率、相位等，都有相应的控制系统。在此基础上通过采用数字计算机还建立起了控制性能更好和自动化程度更高的数字控制系统，以及具有控制与管理双重功能的过程控制系统。在农业方面的应用包括水位自动控制系统、农业机械的自动操作系统等。

在军事技术方面，自动控制的应用实例有各种类型的伺服系统、火力控制系统、制导与控制系统等。在航天、航空和航海方面，除了各种形式的控制系统外，应用的领域还包括导航系统、遥控系统和各种仿真器。

此外，在办公室自动化、图书管理、交通管理乃至日常家务方面，自动控制技术也都有着实际的应用。随着控制理论和控制技术的发展，自动控制系统的应用领域还在不断扩大，几乎涉及生物、医学、生态、经济、社会等所有领域。

第三节 自动化控制系统的网络结构和网络通信

网络的发展，为自动化控制的发展和应用提供了更广阔的空间。下面进一步介绍自动化控制系统的网络结构和网络通信。

一、自动化控制系统的网络结构

从现场级到生产控制级，再到公司管理层网络结构可采用多种不同类型的网络来设计，目前用到最多的就是工业以太网。现场级大多采用西门子的 Profibus 网络，不过西门子的 Profinet 网络（是把以太网和 Profibus 结合于一体）是新开发的一种现场级网络，在将来会逐步代替 Profibus 网络，而现场级以上的三层控制系统大都采用以太网。以太网在自动化控制系统中扮演着很重要的角色。基础自动化系统中的现场级网络采用 Profibus（使用最为广泛）或 PHinet 是目前最流行和实用的两种网络。但是 Profinet 网络比 Profibus 网络优越很多，因为 Profinet 就是基于以太网的，因此，Profinet 是后来居上。

现场级以上的控制系统采用工业以太网，每一级的工业以太网都可以采用不同的结构，如：环形结构、树形结构等。所有以太网接口的设备都可以通过交换机、集线器和路由器等连接到以太网网络之中。为了保证网络畅通和系统的稳定性和可靠性，建议所有的控制系统采用环形网络或者做冗余系统。

二、自动化系统的以太网网络通信

（一）plc 与 PLC 之间的以太网通信

PLC 之间可采用 S7 通信、S5 兼容通信（包括 ISO 协议、TCP 协议、ISO-on-TCP 协议等），下面介绍几种常用的通信方法。

所需硬件：2 套 S7-300 系统（包括电源模块 PS307、S7-300PLC、以太网通信模块 CP343—1）、PC 机、以太网通信网卡 CP1613 以及连接电缆。所需软件：STEP7。① S7 通信使用 STEP7 软件进行硬件组态和网络组态（建立 S7 连接）以及编写通信程序。如果选择双边通信要在 PLC 双方都编写通信程序。S7-300PLC 调用函数 FB12、FB13 进行通信。S7-400 调用函数 SFB12、SFB13 来进行通信；如果选择单边通信只在主动方编写通信程序，S7-300PLC 调用 FB14、FB15 进行通信。S7-400 调用函数 SFB14、SFB15 来进行通信。② TCP 通信使用 STEP7 软件进行硬件组态和网络组态（建立 TCP 连接）以及编写通信程序。PLC 双方都编写通信程序。S7-300PLC 调用函数 FC5、FC6 进行通信，S7-400 调用函数 FC50、FC60 来进行通信。③ ISO 通信使用 STEP7 软件进行硬件组态和网络组态（建立 ISO 连接）以及编写通信程序。PLC 双方都编写通信程序，S7-300PLC 调用函数 FC5、FC6 进行通信，S7-400 调用函数 FC50、FC60 来进行通信。以上三种通信方式的操作方法基本一致，只有在建立连接时选择各自的协议即可。

（二）PLC 与 hmi 之间的以太网通信

由于上位机监控软件种类繁多，PLC 与 HMI 之间的通信也就种类繁多。不同的上位机监控产品可能与 PLC 的通信协议不相同。但大多监控软件都有一个共同的标准接口：OPC 接口，因此 PLC 与 HMI 之间的以太网通信大多都可采用 OPC 进行通信。除此之外，用户还可以使用 VC、VB 等编程软件开发一些简单的监控界面与西门子 PLC 直接进行 TCP 通信。① OPC 通信所需硬件：1 套 S7-300 系统（包括电源模块 PS307、S7-300PLC，以太网通信模块 CP343—1），PC 机，以太网通信网卡 CP1613 以及连接电缆。所需软件：STEP7、SIMATICNET6.3f 提供虚拟 PC 机和对 PC 站的参数设置、组态王。以太网通信实现：使用 STEP7 软件进行硬件组态和网络组态以及使用 HIMATICNET 进行虚拟 PC 机组态。在 SIMATICNET 软件提供的 OPCSCOUT 中建立所需变量并添加到列表中查看其质量戳，如果为 good，说明配置成功；如果为 bad，说明配置失败。在上位机监控软件中建立 OPC 通信接口，并建立外部变量。在变量的连接设备中选择建立的 OPC 接口，在变量的寄存器中选择在 OPCSCOUT 处所建立的变量，这样就通过 OPC 接口实现了 PLC 与上位机监控软件 HMI 之间的通信。如果在不使用上位监控软件时还可以通过使用 VC、VB 编写的应用程序读写 OPCSCOUT 里建立的变量来实现。②通过 VB 编写的应用程序与西门子 PLC 的 TCP/IP 通信中，所需硬件：1 套 S7-300 系统（包括电源模块 PS307、S7-300PLC、以太网通信模块 CP343—1），PC 机、普通计算机以太网通信网卡以及连接电缆。所需软件：STEP7、VB。以太网通信实现：使用 STEP7 软件进行硬件组态和网络组态（建立 TCP 连接）以及使用 SIMATICNET 进行虚拟 PC 机组态。（建立 TCP 连接）编写通信程序，在 PLC 一方编写通信程序，S7-300PLC 调用函数 FC5、FC6 进行通信，S7-400 调用函数 FC50、FC60 来进行通信，在 HMI 一方用 VB 编写通信程序，采用 Winsock 控件来实现。

工业以太网中的网络结构和网络通信是自动化控制系统中的核心部分，因此对于每一个自动化控制系统来说网络结构和网络通信的设计是否理想，直接决定该系统性能的好坏。由于工业以太网技术展示出来"一网到底"的工业控制信息化美景，即它可以一直延伸到企业现场设备控制层，所以被人们普遍认为是未来控制网络的最佳解决方案，工业以太网已成为现场总线中的主流前沿技术。

第四节 自动化控制系统中的抗干扰措施

抗干扰措施的基本原则是：抑制干扰源、切断干扰传播路径、提高敏感器件的抗干扰性能。

一、抑制干扰源

抑制干扰源就是尽可能地减小干扰源的 du/dt，di/dt。这是抗干扰设计中最优先考虑和最重要的原则，常常会起到事半功倍的效果。减小干扰源的 du/dt 主要是通过在干扰源两端并联电容来实现。减小干扰源的 di/dt 则是在干扰源回路串联电感或电阻以及增加续流二极管来实现。抑制干扰源的常用措施如下：

（1）继电器线圈增加续流二极管，消除断开线圈时产生的反电动势干扰。仅加续流二极管会使继电器的断开时间滞后，增加稳压二极管后继电器在单位时间内可动作更多的次数。（2）在继电器接点两端并接火花抑制电路（一般是 RC 串联电路，电阻一般选几 K 到几十 K，电容选 O，0.01μF），减小电火花影响。（3）给电机加滤波电路，注意电容、电感引线要尽量短。（4）电路板上每个 IC 要并接一个 0.01μF ~ 0.1μF 高频电容，以减小 IC 对电源的影响。注意高频电容的布线，连线应靠近电源端并尽量粗短，否则，等于增大了电容的等效串联电阻，会影响滤波效果。（5）布线时避免 90° 折线，减少高频噪声发射。（6）可控硅两端并接 RC 抑制电路，减小可控硅产生的噪声（这个噪声严重时可能会把可控硅击穿的）。

二、切断干扰传播路径的常用措施

（1）充分考虑电源对单片机的影响。电源做得好，整个电路的抗干扰就解决了一大半。许多单片机对电源噪声很敏感，要给单片机电源加滤波电路或稳压器，以减小电源噪声对单片机的干扰。比如，可以利用磁珠和电容组成 π 形滤波电路，当然条件要求不高时也可用 100Ω 电阻代替磁珠。（2）如果单片机的 I/O 口用来控制电机等噪声器件，在 I/O 口与噪声源之间应加隔离（增加 π 形滤波电路）。控制电机等噪声器件，在 I/O 口与噪声源之间应加隔离（增加 π 形滤波电路）。（3）注意晶振布线。晶振与单片机引脚尽量靠近，用地线把时钟区隔离起来，晶振外壳接地并固定。此措施可解决许多疑难问题。（4）电路板合理分区，如强、弱信号，数字、模拟信号。尽可能把干扰源（如电机、继电器）与敏感元件（如单片机）远离。（5）用地线把数字区与模拟区隔离，数字地与模拟地要分离，最后在一点接于电源地。A/D、D/A 芯片布线也以此为原则，厂家分配 A/D、D/A 芯片引脚排列时已考虑此要求。（6）单片机和大功率器件的地线要单独接地，以减小相互干扰。大功率器件尽可能放在电路板边缘。（7）在单片机 I/O 口、电源线、电路板连接线等关键地方使用抗干扰元件，如磁珠、磁环、电源滤波器、屏蔽罩，可显著提高电路的抗干扰性能。

三、提高敏感器件的抗干扰性能

提高敏感器件的抗干扰性能是指从敏感器件这边考虑尽量减少对干扰噪声的拾取，以及从不正常状态尽快恢复的方法。提高敏感器件抗干扰性能的常用措施如下：（1）布线时尽量减少回路环的面积，以降低感应噪声。（2）布线时，电源线和地线要尽量粗。除减小压降外，更重要的是降低耦合噪声。（3）对于单片机闲置的 I/O，不要悬空，要接地或接电源。其他 IC 的闲置端在不改变系统逻辑的情况下接地或接电源。（4）对单片机使用电源监控及看门狗电路，如：IMP809，IMP706，IMP813，X25043，X25045 等，可大幅度提高整个电路的抗干扰性能。（5）

在速度能满足要求的前提下，尽量降低单片机的晶振和选用低速数字电路。（6）IC器件尽量直接焊在电路板上，少用IC座。

第五节 工业以太网在自动控制中的应用

一、工业以太网

一般来讲，工业以太网是专门为工业应用环境设计的标准以太网。工业以太网在技术上与商用以太网（即IEEE802.3标准）兼容，工业以太网和标准以太网的异同可以比之与工业控制计算机和商用计算机的异同。以太网要满足工业现场的需要，需达到以下几个方面的要求。

（一）适应性

包括机械特性（耐振动、耐冲击）、环境特性（工作温度要求为−40℃ ~ +85℃，并耐腐蚀、防尘、防水）、电磁环境适应性或电磁兼容性EMC应符合EN50081−2、EN50082−2标准。

（二）可靠性

由于工业控制现场环境恶劣，对工业以太网产品的可靠性也提出了更高的要求。

（三）本质安全与安全防爆技术

对应用于存在易燃、易爆与有毒等气体的工业现场的智能装备以及通信设备，都必须采取一定的防爆措施来保证工业现场的安全生产。现场设备的防爆技术包括隔爆型（如增安、气密、浇封等）和本质安全型两类。与隔爆型技术相比，本质安全技术采取抑制点火源能量作为防爆手段，可以带来以下技术和经济上的优点：结构简单、体积小、重量轻、造价低；可在带电情况下进行维护和更换；安全可靠性高；适用范围广。实现本质安全的关键技术为低功耗技术和本安防爆技术。由于目前以太网收发器本身的功耗都比较大，一般都在六七十毫安（5 VIC作电源），因此低功耗的现场设备（如工业现场以太网交换机、传输媒体以及基于以太网的变送器和执行机构等）设计难以实现。所以，在目前的技术条件下，对以太网系统采用隔爆防爆的措施比较可行。另一方面，对于没有严格的本安要求的非危险场合，则可以不考虑复杂的防爆措施。

（四）安装方便

适应工业环境的安装要求，如采用DIN导轨安装。

二、提高以太网实用性的方法

随着相关技术的发展，以太网的发展也取得了本质的飞跃，再借助于相关技术，可以从总体上提高以太网应用于工业控制中的实用性。

（一）采用交换技术

传统以太网采用共享式集线器，其结构和功能仅仅是一种多端口物理层中继器，连接到共享式集线器上的所有站点共享一个带宽，遵循CSMA/CD协议进行发送和接收数据。而交换式集线器可以认为是一个受控的多端口开关矩阵，各个端口之间的信息流是隔离的，在源端和交换设备的目标端之间提供了一个直接快速的点到点连接。不同端口可以形成多个数据通道，端口之间的数据输入和输出不再受 CSMA/CD 的约束。随着现代交换机技术的发展，交换机端口内部之间的传输速率比整个设备层以太网端口间的传输速率之和还要大，因而减少以太网的冲突率，并为冲突数据提供缓存。

当然交换机的工作方式必须是存储转发方式，这样在系统中只有点对点的连接，不会出现碰撞。多个交换把整个以太网分解成许多独立的区域，以太网的数据冲突只在各自的冲突域里存在，不同域之间没有冲突，可以大大提高网络上每个站点的带宽，从而提高了交换式以太网的网络性能和确定性。

交换式以太网没有更改原有的以太网协议，可直接使用普通的以太网卡，大大降低了组网的成本，并从根本上解决了以太网通信传输延迟存在不确定性的问题。研究表明，通信负荷在 10% 以下时，以太网因碰撞而引起的传输延迟几乎可以忽略不计。在工业控制网络中，传输的信息多为周期性测量和控制数据，报文小，信息量少，传输的信息长度较小。这些信息包括生产装置运行参数的测量值、控制量、开关与阀门的工作位置、报警状态、设备的资源与维护信息、系统组态、参数修改、零点与量程调校信息等。其长度一般都比较小，通常仅为几个到几十个字节，对网络传输的吞吐量要求不高。研究表明，在拥有 6000 个 I/O 的典型工业控制系统中，通信负荷为 10M 以太网的 5% 左右，即使有操作员信息传输（如设定值的改变、用户应用程序的下载等），10M 以太网的负荷也完全可以保持在 10% 以下。

（二）采用高速以太网

随着网络技术的迅速发展，先后产生了高速以太网（100M）和千兆以太网产品和国际标准，10G 以太网产品也已经面世。通过提高通信速度，结合交换技术，可以大大提高通信网络的整体性能。

（三）采用全双工通信模式

交换式以太网中一个端口是一个冲突域，在半双工情况下仍不能同时发送和接收数据。如果采用全双工模式，同一条数据链路中两个站点可以在发送数据的同时接收数据，解决了这种情况下半双工存在的需要等待的问题，理论上可以使传输速率提高一倍。全双工通信技术可以使设备端口间两对双绞线（或两根光纤）上同时接收和发送报文帧，从而也不再受到 CSMA/CD 的约束，这样，任一节点发送报文帧时不会再发生碰撞，冲突域也就不复存在。对于紧急事务信息，则可以根据 IEEE802.3p&q，应用报文优先级技术，使优先级高的报文先进入排队系统先接受服务。通过这种优先级排序，使工业现场中的紧急事务信息能够及时成功地传送到中央控制系统，以便得到及时处理。

（四）采用虚拟局域网技术

虚拟局域网（VLAN）的出现打破了传统网络的许多固有观念，使网络结构更灵活、方便。实际上，VLAN 就是一个广播域，不受地理位置的限制，可以根据部门职能、对象组和应用等因素将不同地理位置的网络用户划分为一个逻辑网段。局域网交换机的每一个端口只能标记一个VLAN，同一个 VLAN 中的所有站点拥有一个广播域，不同 VLAN 之间广播信息是相互隔离的，这样就避免了广播风暴的产生。工业过程控制中控制层单元在数据传输实时性和安全性方面都要与普通单元区分开来，使用虚拟局域网在工业以太网的开放平台上做逻辑分割，将不同的功能层、不同的部门区分开，从而达到提高网络的整体安全性和简化网络管理的目的。通常虚拟局域网的划分方式有静态端口分配、动态虚拟网和多虚拟网端口配置三种；静态端口分配指的是网络管理人员利用网管软件或设备交换机的端口，使其直接从属某个虚拟网，这些端口将保持这样的从属性，除非网管人员重新设置；动态虚拟网指的是支持动态虚拟网的端口可以借助智能管理软件自动确定它们的从属；多虚拟网端口配置支持一个用户或一个端口同时访问多个虚拟网，这样可以将一台控制层计算机配置成多个部门可以同时访问，也可以同时访问多个虚拟网的资源。

（五）引入质量服务（QoS）

IPQoS 是指 IP 的服务质量，亦即 IP 数据流通过网络时的性能，它的目的是向用户提供端到端的服务质量保证。QoS 有一套度量指标，包括业务可用性、延退、可变延迟、吞吐量和丢包率等。QoS 网络可以区分实时—非实时数据，在工业以太网中采用 QoS 技术，可以识别来自控制层的拥有较高优先级的数据，并对它们优先处理，在响应延迟、传输延迟、吞吐量、可靠性、传输失败率、优先级等方面，使工业以太网满足工业自动化实时控制要求。另外，QoS 网络还可以制止对网络的非法使用，譬如非法访问控制层现场控制单元和监控单元的终端等。

此外，还出现了受大公司支持的工业以太网应用标准及相关协议的改进。将工业以太网引入底层网络，不仅使现场层、控制层和管理层在垂直层面上方便集成，更能降低不同厂家设备在水平层面上的集成成本。以太网向底层网络的延伸是必然的，因此著名厂商纷纷支持工业以太网并制定了不同的工业应用标准。如 Rockwell、OMRON 等公司支持 Ethemet/IP，IP 是指工业协议，它提供 Producer/Consumer 模型，将 ControlNet 和 Devicenet 的控制和信息协议的应用层移植到TCP。现场总线基金会 FF 制定的高速以太网协议 HSE 提供了发布方/定购方、对象等模型，主要用于工程控制领域，受到了 Foxboro、Honeywell 等一些大公司的支持。由 Schneider 公司发布的 Modbus/TCP 协议将 Modbus 协议捆绑在 TCP 协议上，易于实施，能够实现互联。

为了提高实时性，以太网协议也做了一些改进。一种完全基于软件的协议 RETHER 可以在不改变以太网现有硬件的情况下确保实时性，它采用一种混合操作模式，能减少对网络中非实时数据传输性能的影响；非竞争的容许控制机制和有效的令牌传递方案能防止由于节点故障而引起的令牌丢失。遵守 RETHER 协议的网络以 CSMA 和 RETHER 两种模式运行。在实时对话期间，网络将透明地转换到 RETHER 模式，实时对话结束后又重新回到 CSMA 模式。还有一种以太网协议叫 RTCC，为分布式实时应用提供了良好的基础。RTCC 是加在 Ethernet 之上的一层协议，能提供高速、可靠、实时的通信。它不需要改变现有的硬件设备，采用命令/响应多路传输和总线表两种新颖的机制来分配信道。所有节点在 RTCC 协议中被分为总线控制器（BC）和远程终端（RT）两类，BC 只有一个，其余都是 RT。信息发送的发起和管理都由 BC 承担，访问仲裁过程和传输控制过程都是由 BC 来实现的，通过两个过程的集成与同步，不仅节点的发送时间是确定的，而且节点使用总线的时间也可控。在 10Mbps 以太网上的实验表明，RTCC 有令人满意的确定性。第三种改进实时性的方法是流量平衡，即在 UDP 或 TCP/IP 与 EthernetMAC 之间加一个流量平衡器。作为它们之间的接口，它被安装在每一个网络节点上。在本地节点，它给予实时数据包以优先权来消除实时信息与非实时信息的竞争，同时平衡非实时信息，以减少与其他节点实时信息之间的冲突。为了保证非实时信息的吞吐量，流量平衡器还能根据网络的负载情况调整数据流产生率。这种方法不需要对现有的标准 EthernetMAC 协议和 TCP 或 UDP/IP 做任何改动。

因此，针对以太网排队延迟的不确定性，通过采用适当的流量控制、交换技术、全双工通信技术、信息优先级等来提高实时性，并改进了容错技术、系统设计技术以及冗余结构，以太网完全能用于工业控制网络。事实上，20 世纪 90 年代中后期，国内外各大工控公司纷纷在其控制系统中采用以太网，推出了基于以太网的 DCS、PLC、数据采集器，以及基于以太网的现场仪表、显示仪表等产品。

随着网络和信息技术的日趋成熟，在工业通信和自动化系统中采用以太网和 TCP/IP 协议作为最主要的通信接口和手段，向网络化、标准化、开放性方向发展将是各种控制系统技术发展的主要潮流。以太网作为目前应用最广泛、成长最快的局域网技术，在工业自动化和过程控制领域得到了超乎寻常的发展。同时，基于 IP 的全程一体化寻址，为工业生产提供的标准、共享、高速的信息化通道解决方案，也必将对控制系统产生深远的影响。

第四章 电力系统调度自动化

第一节 电力系统调度自动化的实现

一、采集电力系统信息并将其传送到调度所

要在调度所对电力系统实行调度控制，就必须掌握表征电力系统运行状态的运行结构和参数。由于调度所与发电厂、变电站距离遥远，如何采集这些信息并将它们送到调度所就成了调度自动化必须首先解决的问题。电力系统主接线及其中各电力设备的参数是已知的，可事先将它们输入到调度计算机的数据库中。这样，只要将电力系统中各断路器的实时状态（断开或闭合）送到调度计算机，再通过执行一定的程序就可以确定电力系统的实时运行结构。

二、对远动装置传来的信息进行实时处理

（一）远动装置传来的信息存在的问题

1.有错误

表征电力系统运行状态的信息经过采集、加工和远距离传输之后会产生误码。误码产生的原因可能因为信息在传输过程中受到干扰，也可能由于信息采集和传输系统中某些部分发生了故障。如"0000H"在传输过程中因受到干扰将其最高位的"0"误传为"1"。这样 0000H 经过远距离传输就成"1000H"，这就是误码。尽管在信息远距离传输时采用了检错和纠错技术，但是在目前的技术水平下还做不到保证不出误码。

2.精度不高

将电力系统的运行参数值送到调度中心，需经过采集、加工等一系列变换。每一个变换环节都存在一定误差，这些误差累积起来就造成了远动遥测数据的误差，使遥测数据精度不高。这是信息采集、加工和远距离传输系统工作正常情况下存在的一种现象。遥测误差产生的另一个原因是"数据不相容性"。说明数据不相容性用到同时采样和顺序采样两个概念。

所谓同时采样就是在同一时刻把电力系统中所有需要传输到调度计算机的被测量的值采集下来，并以一定时间间隔周期性地重复上述动作。从理论上讲，同时采样所采得的数据能够正确地反映电力系统中各运行参数之间的关系，因此是科学的。但是，电力系统中有成千上万的数据要

采集，这些数据在同一时刻被采集出来之后如何处理就成了问题。调度计算机接收发电厂和变电站传来的数据是一个接一个地接收的。这些同时采集的数据不能同时送往调度所，就得在发电厂和变电站的远动装置中存起来。这会使远动设备变得复杂并增加投资。因此电力系统调度自动化中不采用同时采样。所谓顺序采样就是发电厂和变电站的远动装置按一定顺序逐个采集电力系统运行参数并逐个向调度计算机传送。向调度计算机输送的是测量值的时间序列。一个采样周期过后，又重复开始下一个采样周期，周而复始，不停地进行。设系统内有 m 个采样点，采样第一个参数的时刻为 T_1，采样第 m 个参数的时刻为 Tm，每个测量值都不是在同一时刻采得的。顺序采样实现起来比较容易。现在电力系统远动都是按顺序采样方式工作的。

由于电力系统远动是按顺序采样工作的。它传输到调度计算机的一组数据，如结点注入功率、潮流分布和结点电压等不是同一瞬间测得的，因此将这些数据代入电网导纳矩阵方程中进行计算时，等式关系常不能满足而存在一定偏差，这就表明这些数据是不相容的。显然，数据不相容性会造成误差。

3. 不齐全

电力系统是十分复杂的，表征电力系统运行状态的运行参数是非常多的。如果将电力系统的所有运行参数都通过远动装置送到调度所，会使信息采集和传输系统的投资增加。因此只能把表征电力系统运行状态的主要参数送往调度所。另外，有些变电站尚未安装远动装置，站内的有关信息自然不能送往调度中心；有些参数（如变电站母线电压的相角）目前尚没有测量装置，也不能送往调度中心。由于上述原因，从电厂和变电站送往调度中心的电力系统运行参数是不齐全的。

（二）信息处理的内容

调度计算机对远动传来的遥测数据和遥信信息进行处理的内容包括：发现并纠正错误数据和信息、提高数据精度和补齐缺少的数据。信息处理是电力系统调度自动化系统的功能之一，称为电力系统状态估计。这部分内容将在本章第五节介绍。通过状态估计可以得出表征电力系统运行状态的完整而准确的信息。

三、做出调度决策

调度计算机内有了表征电力系统运行状态的完整而准确的信息之后，调度计算机通过执行各种应用程序对电力系统的运行进行自动分析，对如何保证电力系统安全、优质和经济运行做出调度决策，决定是否对当前的电力系统运行状态进行调节或控制、如何调节和控制等。

四、将调度决策送到电力系统去执行

调度决策包括对电力系统中电力设备的控制和调节。它们可以由调度计算机做出，也可以由调度人员做出。调度决策通过远动装置的遥控（YK）和遥调（YT）功能送到发电厂和变电站，由安装在那里的 RTU 接收后，再送往安装在发电厂或变电站的自动装置或设施去执行，也可以由现场运行人员去执行。

五、人机联系

人机联系是调度自动化中特别值得强调的一点，因为以计算机为核心的电力系统调度自动化在人的干预下才能更好地工作。调度值班人员的经验在相当长时间内是不可能完全用计算机代替的。在目前技术水平下，电力系统结线的改变、事故处理等，运行人员的作用是不可忽视的，而计算机只起辅助作用。调度计算机的硬件和软件应该有足够的人机联系功能。人机联系程序可使调度员利用控制台、CRT 显示器和模拟盘了解电力系统运行以及调度自动化系统的工作情况，利用键盘把命令和要求输入计算机，把需记录的数据用打印机记录下来等。

六、电力系统调度自动化的功能

实现调度自动化除了靠硬件之外，还要靠调度计算机的各种软件。硬件和软件结合起来才能实现调度自动化的各项功能。目前，电力系统调度自动化的功能包括电力系统监视和控制、电力系统状态估计、电力系统安全分析和安全控制、电力系统稳定控制、电力系统潮流优化、电力系统实时负荷预测、电力系统频率和有功功率自动控制、电力系统电压和无功功率自动控制、电力系统经济调度控制和电力系统负荷管理等。

电力系统监视控制功能是通过数据采集系统和监视控制系统对电力系统运行状态进行在线监视及对远方设备进行操作控制。监视是指对电力系统运行信息的采集、处理、显示、告警和打印，以及对电力系统异常或事故的自动识别。控制则主要是指通过人机联系设备对断路器、隔离开关、静电电容器组等设备进行远方操作的开环性控制。调度人员用人机联系设备执行电力系统日运行计划并保持频率和中枢点电压的质量，采取预防性措施消除不安全因素，处理事故，恢复电力系统正常运行。监视控制功能是调度自动化系统的基本功能。它为自动发电控制、经济调度、安全分析等高层次功能提供实时数据和各种实用性支持，如画面管理、人机交互管理、制表打印管理、数据库管理、计算机通信管理等程序。电力系统状态估计是实现电力系统监视与控制功能的一种重要软件。电力系统调度控制是分层进行的，不同层次的调度自动化系统所具有的功能不同，但是不管哪一个层次的调度自动化系统都必须具有电力系统监视控制功能。

第二节 远动和信息传输设备的配置与功能

一、远动装置的配置与功能

远动装置是电力系统调度自动化的基础设备，是调度自动化系统的重要环节。为了对电力系统调度自动化系统有全面的了解，下面从调度自动化角度简单介绍远动的有关内容。

20世纪60年代和70年代主要使用 WYZ（无触点远动装置）、SZY（数字式综合远动装置）型远动装置。它们是由晶体管或集成电路构成的布线式远动装置，也称为硬件式远动装置。20世纪70年代中后期出现了基于计算机原理构成的软件式远动装置。21世纪微机远动装置已在电力系统调度自动化系统中广泛应用。

（一）电力系统远动简介

1.硬件远动装置的构成及工作原理

这种装置的特点是一套运动装置分成两部分，一部分安装在发电厂或变电站，称为厂站端；一部分安装在调度所，称为调度端。模数转换器将输入的模拟电压转换成数字电量送给遥信、遥测编码器，编码器将输入的并行数码编成在时间上依次顺序排列的串行数字信号。遥信量是开关量，不需经过模数转换器而直接输入遥测、遥信编码器。远动系统中传送的信号在传输过程中会受到各种干扰而发生差错。为了提高传输的可靠性，对遥测、遥信的数字信号要进行抗干扰编码。数字脉冲信号一般不适于直接远距离传输。例如，利用电话线路作为传输信道时，线路的电感、电容会使脉冲信号产生很大的衰减和畸变，所以要利用调制器把数字脉冲信号变成适合于远距离传输的信号。经过调制的信号再经过发送机送往信道，就将厂站端的遥测和遥信信息送往调度所了。在调度所由接收机接收从厂站端传送过来的信息。然后解调器把已调制的信号还原成调制前的信号，再由抗干扰译码器进行检错，检查信号在信道上传输时是否因干扰产生错码。检查出错误的码组就放弃不用，正确的码组则经遥测、遥信分路器将遥测和遥信分割开，分别去显示或指示。调度所调度员或调度计算机做出的对电力系统实行控制和调节的命令通过遥控和遥调装置送往发电厂和变电站，对电厂和变电站的设备进行调节和控制。遥控和遥调命令的传输原理与遥信和遥测是相同的，只是两者的传输方向相反。需要指出的是，遥控和遥调命令的传输可靠性要求比遥信和遥测高，而遥控要求的可靠性更高。

2.微机远动的构成

它主要由以下三部分组成：厂站端远动装置，也称为远动终端设备，即RTU；调度端远动装置，也称为主站或主控机，即MS；信道，主要是调制器和调解器。不论RTU还是MS，都是由微处理芯片构成的微型计算机和远动功能软件完成特定功能的。

3.远动信息的传输方式

电力系统中信息远距离传输方式可分为三种：循环式、问答式以及微机远动问世以后出现的循环式与问答式兼容的传送方式。循环传输方式以厂站的远动装置为主，周期性地采集数据，并周期性地以循环方式按事先约定的先后次序依次向调度端发送数据，常用在点对点（1对1）的远动装置中。问答式传送方式是以调度端为主，由调度所发出查询（召唤）命令，厂站端按调度端发来的命令工作，被查询的厂站向调度所传送数据或执行调度命令。在未收到查询命令时，厂站端的远动装置处于静止状态。循环与问答兼容的传送方式兼有CDT和Polling两种方式的特点，是随着微机技术的发展针对上述两种制式的特点而出现的。

（二）远动装置的配置及其功能

按照调度端和厂站端远动装置配置的数量可分为（1：1）、（1：N）和（M：N）三种方式。（1：1）工作方式是基本工作形式，它是指厂站端装一台远动装置，在调度端也与之相对应地装一台远动装置。（1：N）工作方式是指调度端的一台远动装置对应着被控制的发电厂和变电站内的 N 台远动装置。（M：N）工作方式是指调度端 M 台远动装置对应着厂站端的 N 台远动装置，通常 M=2。

二、信息传输系统

信息传输是电力系统远动的重要组成部分。信息远距离传输有自己的理论和方法，更多的属于通信专业的范畴。下面仅就构成电力系统调度自动化系统的一些问题作简要说明。

（一）远动信道

远动信息传输通道简称信道。它包括调制器、通信线路和解调器。调制器的作用是把不适合在通信线路中远距离传输的数字脉冲信号加到载波上，变成已调制信号，以便在通信线路上远距离传输。解调器的作用是把通信线路传过来的已调制信号在接收端恢复成发送端调制之前的信号。目前电力系统调度自动化系统使用的信道有以下几种：

1. 远动与载波电话复用电力载波通道；

2. 无线信道；

3. 光纤通信；

4. 架空明线或电缆传输远动信息。

（二）远动通信网络的基本类型

电力系统中远动系统的主站（MS）与子站（RTU）之间通过信道传输远动信息。若干远动站通过通信线路连接起来，组成一个远动通信网络。远动通信网络有以下几种基本类型：

1. 点对点配置

一站与另一站通过专用的传输链路相连。这是一种最基本的一对一方式。

2. 多路点对点配置

调度控制中心或主站与若干被控站通过各自的链路相连。在这种配置中，主站能同时与各个子站交换数据。

3. 多点星形配置

调度控制中心或主站，与若干被控站相连。在这种配置中，任何时刻只允许一个被控站向主站传送数据。主站可选择一个或若干个被控站传送数据，也可向所有被控站同时传送全局性报文。

4. 多点共线配置

调度控制中心或主站通过共用线路与若干被控站相连。在这种配置中，同一时刻只允许一个被控站向主站传送数据。主站可选择一个或若干个被控站传送数据，也可向所有被控站同时传送全局性的报文。

5. 多点环形配置

所有站之间的通信链路形成一个环形。在这种配置中，调度控制中心或主站可用两个不同的路由与各个被控站通信。因此，当信道在某处发生故障时，主站与被控站之间的通信仍可正常进行，通信的可靠性得到提高。

（三）信息传输系统的质量指标

电力系统调度自动化对信息传输系统的质量要求主要有可用率（或可靠性）、误码率（或信息传输质量）和传输速率（或响应时间）三种。

1.可用率

信息传输系统的运行时间指整个系统保证基本功能正常的持续时间。运行中某个设备坏了但不影响调度自动化的基本功能，"坏了"的时间也应算在运行时间之内。停用时间是系统丧失基本功能而不能运行的时间，包括故障时间和维修时间在内。信息传输系统的可用率应大于电力系统调度自动化系统的可用率。

2.误码率

尽管目前广泛应用较不易受干扰的二元制数字传输系统，但仍不可避免地会受到干扰，引起误码。通常以传输的码元中发生差错码元的概率作为传输质量的一个指标，称为误码率。一般要求误码率不大于 1×10^5，即平均传输 100 000 个二元制码出现 1 个误码。

3.传输速率

传输速率通常以码元传输速率来衡量。码元传输速率定义为每秒钟传输码元的个数，单位为Bd（波特），例如每秒钟传输 600 个码元，码元传输速率即为 600 Bd。码元传输速率也称为码元速率和波特率。它仅表征每秒传送码元的个数，并未表明是二元制的码元，还是哪一种多元制的码元。

（四）通信规约

在电力系统远动中，主站与远方终端之间进行实时数据通信时必须事先做出约定，制定必须遵守的通信规则，并共同遵守。这必须共同遵守的规则与约定，即通信规约。按照远动信息不同的传送方式，远动通信规约分为循环式（CDT）规约和问答式（Polling）规约两种。一套布线式远动装置可以按以上两种规约中的任一种进行通信，但是一旦确定后就不可改变了。微机远动通信规约的实现取决于应用程序，与硬件独立，所以它可以实现各种规约。在一个电力系统中通信规约必须统一。我国已经颁布电力行业标准《循环式远动规约》。它是参照国际电工委员会的建议，并考虑微机和数据通信技术新成就而制定的全国统一的远动通信规约。

（五）信息传输

系统选择的原则：电力系统调度自动化需要可靠、有效和经济的信息传输系统来传递调度中心和大量远动终端装置之间的数据和控制信息。有许多信息传输方式可以被选用，但每一种方式都有合理的使用范围和环境。因此，必须根据具体情况比较选择。一般选择信息传输方式需要考虑的原则有以下几方面：

1.信息传输可靠性高

因为大部分信息传输媒介是暴露于空间的，可能受到恶劣气候如雨、雪、雹、狂风和雷电的影响，还长期受太阳紫外线照射以及各种电磁干扰。所以，信息传输系统必须经受得住这些可能存在的干扰。

2. 性能费用比

高信息传输系统的投资在整个电力系统调度自动化系统中占的份额很大，必须恰当地考虑其性能，在满足必要的功能前提下节约费用。要综合考虑一次投资和整个使用期的维护运行费用。

3. 满足现在和将来对信息传输速率的要求

信息传输速率必须满足电力系统实时调度的要求，但亦要兼顾设备的投资。一般地讲，速率高的设备费用较高。因此，在设计电力系统调度自动化系统时，对各种信息应做分析，适当压缩传输的信息量。选择信息传输系统还必须顾及电力系统的发展，信道应留有必要的裕度。一个较完善的电力系统调度自动化系统通常需要双通道信息传输，初期为了节约可以用单通道信息传输。

4. 在停电和故障时保持通信能力

电力系统调度自动化系统需要通过信息传输系统了解事故和停电区域的实时状态并对其进行控制，所以在选择电力系统的信息传输方式时，必须考虑电力线路故障和开断的影响。

5. 便于维护信息

传输系统是一个复杂系统，设备大多为技术密集型，要考虑到电力系统中多数维护人员的技术水平。因此，应选择那些便于运行和维护的信息传输方式。

第三节 调度计算机系统及人机联系设备

一、调度计算机系统

调度计算机系统是调度自动化系统的一个子系统。它完成信息处理和加工任务，是整个调度自动系统的核心。调度自动化对计算机系统的基本要求是：数值计算和逻辑判断能力，输入、输出中断处理能力，实时操作系统能力，高可靠性、可维护性和可扩展性。为了满足调度自动化的要求，一般都配置多台不同类型的计算机组成一个完整的系统。调度计算机系统由计算机硬件、软件和专用接口组成，由多台计算机组成调度自动化系统时，还有计算机硬件系统的配置问题。

（一）计算机硬件系统调度

计算机硬件系统由中央处理器、主存储器、大容量外存储器和输入、输出设备组成。中央处理器控制指令的执行，进行数值计算和逻辑判断。

中央处理器的主要技术性能指标有字长、运算速度、指令种类、寄存器结构、寻址方式、中断能力等。主存储器存储数据和程序，由中央处理器进行读写操作。大容量外存储器补充主存储器容量的不足和提供长期存储手段，主要有磁盘和磁带等。输入、输出设备是计算机与外界交换信息的手段。输入设备一般有显示终端和键盘、控制台打印机和卡片输入机等。输出设备有制表打印机、行式打印机、绘图仪、硬拷贝机等。磁盘既可作为输入也可作为输出介质。计算机技术发展很快，调度自动化的功能也日臻完善。因此，调度自动化系统使用的计算机的性能指标随着计算机技术的发展和调度自动化功能的完善提高得很快。在配置调度自动化的计算机系统时应根据调度自动化系统的规模、功能和计算机技术的发展情况以及价格等综合考虑来确定计算机选型及配置。除此之外，在设计或选择调度计算机系统时必须考虑到以下几点：

1. 可靠性

因为这个系统是终年不间断运行的，且担负着整个电力系统所有信息的处理，调度人员依靠它指挥整个电力系统的运行，因此必须十分可靠。计算机系统中各个设备的可靠性一般用平均故障间隔时间表示。

提高可靠性的主要措施是：选用高质量的计算机，在硬件上保证高可靠性；考虑较易发生故障设备的双重配置；改善计算机系统的工作环境，如供电可靠性，保持系统运行环境清洁和有恰当的温度。系统结构的模块化可以减轻故障对计算机系统的影响。在故障情况下，可卸去一些较次要的功能，尽量保证计算机系统的主要功能。当然，配备一个成熟的软件系统也是获得高可靠性的重要因素。

2. 可维护性

实际的计算机系统不可能不发生故障。因而在发生故障时，要求维护人员能够利用备品、备件在较短的时间内修复系统、恢复运行，并要求计算机系统有自检、自诊断功能和功能转移能力，以便确定故障部位和对故障部件进行修复或更换，而不中断计算机系统的运行。软件的可维护性也是一个重要方面，要能发现并诊断出有缺陷或错误的部分并加以改正，使软件系统不断完善。可维护性好的系统使故障停机时间缩短，相应地可以提高系统可用率。

3. 系统规模的合理性及可扩充性

一个计算机系统的规模和功能总是以某个规划年为目标而设计的。系统太大了，费用就多，在一个时期内设备利用率低，经济上不合算；太小了，使用期太短，造成浪费。因此要选用性能价格比高的系统，并在电力系统扩充时，计算机系统也随之做适当的扩充，以适应运行的要求。这样，既保证系统具有必要的功能，在经济上又合理。可扩充性是指硬件和软件均可扩充。

（二）计算机系统的专用接口

计算机系统的专用接口主要有远动终端（RTU）接口、人机联系接口、计算机远程通信接口和统一时钟接口等。

1. 远动终端接口

远动终端接口是一种专用的通信接口，按远动终端的通信规约接收来自 RTU 的信息和将调度决策送往 RTU。远动终端接口的硬件一般是以微处理器为基础的专用通信控制器。它直接处理来自解调器的串行码，经过串并行转换、差错校验等处理后，将 RTU 传来的信息送入调度计算机系统的前置计算机或直接送入主机做进一步处理。远动终端接口的第二项工作是将主机发往 RTU 的信息由并行码转换成串行码并进行抗干扰编码后，送到调制器，发往 RTU。这样可以减少通信向计算机申请中断的次数，提高整个计算机系统的处理能力。

2.人机联系接口

屏幕显示器（CRT）的接口可以采用标准串行口和并行口、存储器直接存取通道或局域网络接口。20世纪80年代前，典型的调度自动化系统采用DMA接口和CRT控制器相连，这样可以保证必要的响应时间。当主计算机是双机系统时，一个CRT控制器要有两个DMA接口，用以保证双机切换时屏幕显示器照常工作。90年代后期，显示器多采用图形工作站。它有较强的数据处理能力和存有背景画面，工作时只需从主计算机取得实时数据。图形工作站通常都是通过局域网与主计算机相连，这样可以减轻主计算机的负担，是目前的主要方式。调度所模拟屏上的灯光、报警、数字显示和记录仪表等信息是由计算机送出的。它与主计算机的接口分两种形式。现代模拟屏设有专门的微处理机完成输入信号的接口和处理工作，主计算机只需用串行口输出信息。也有不带微机的模拟屏，采用这种方式时，往往用一台或数台与RTU相同结构的本地终端设备LTU。LTU与计算机之间采用标准的远动接口，这样可以简化系统。

3.计算机远程通信接口

大型电力系统的调度中心是分层设置的。为了实现信息共享，避免大量的RTU重复设置，需要分层传递信息，如将省调度中心的重要信息传到大区电网调度中心。这就需要通过计算机通信实现。计算机通信要采用统一的通信规约，并要符合国际标准化组织（ISO）规定的"开放系统互联"层次模型。我国的电力系统调度自动化系统的计算机通信将逐步采用国际通用标准。对于非实时的管理信息系统通信，不论远程还是本地都另有公用数据网络或局域网络支持，不与实时系统公用。管理信息网如要取得部分实时数据，可以由实时系统单方向向管理网络送出信息，并要经过隔离，使管理系统不能打扰或扰乱实时系统工作。计算机通信的硬件一般采用支持某一标准规约的智能接口板插入主计算机，也可采用专门的通信节点计算机承担所有远程通信和规约转换等工作，以减轻主计算机的负载。

4.统一时钟接口

整个电力系统统一时钟是电力系统事件顺序记录的时间坐标标准，是分析事故的重要依据。一般在一个调度中心设置一个精确时钟，再由计算机向各电厂和变电站的RTU下发对时信号。由于通道的延迟及计算机接收中断的延迟，会产生误差，一般在数毫秒至十几毫秒之间。各级调度所之间对准时间只能通过共同接收国家或地域的无线电对时信号解决。这也同样适用于国家调度和大区调度以及大区调度之间的统一时钟问题。

（三）计算机软件系统

电力系统调度计算机系统的软件分为系统软件、支持软件和应用软件。

1.系统软件

系统软件是计算机制造厂家为了用户使用方便和充分发挥计算机能力而提供的管理和服务性软件，是最底层的软件。它包括：为用户编制程序提供的各种工具和手段，如各种程序设计语言的编译程序，各种便于调试程序的工具等；对计算机资源进行调度和管理的操作系统；各种服务性程序，如子程序库、系统生成程序等。

2. 支持软件

支持软件是为计算机的在线、实时应用开发服务的服务性软件，主要有数据库管理、人机联系管理、故障切除及备用管理等。现代实时数据库的主要特点是：与应用程序完全独立，可以用人机对话方式定义、编辑和生成数据库，允许高级语言应用程序直接用符号名调用等。数据库还可以方便地增加、删除和修改记录。人机联系管理的主要内容有：用人机对话的方式编辑和生成画面，定义画面的前景实时信息与数据库的联系，画面的调用和管理，画面的放大、缩小和移动的管理，人机对话管理，画面的报警信息、闪烁、音响等处理。故障切换及备用管理有主、备机状态的监视，发现故障后的切换处理，平时后备信息的管理和保存。

3. 应用软件

应用软件是利用系统软件和支持软件提供的服务编制，来实现电力系统调度自动化各项功能的软件。应用软件按功能可大致分为基本监控软件、自动发电控制和经济运行软件、安全分析和控制软件。电力系统调度自动化系统能否正常有效地工作，在很大程度上取决于软件是否正确和成熟。因为这些软件要在实时环境下执行和完成一系列功能，它与一般作为科学计算用的软件有不同的特点。这些特点主要是：要有一个实时调度程序，以协调和管理一系列相互连接的功能的执行；要有一个多道分时操作系统，以完成对多个远方终端采集数据的处理和若干个外部设备的控制；要有较强的人机联系能力，以便于调度人员实现对调度自动化系统的使用和操作。

（四）调度计算机系统的配置

根据电力系统规模的大小及监视和控制系统功能的不同，计算机系统可分为下列几种形式：

1. 单机系统

对于小型的调度控制中心（如县级或不大的地区电力系统的调度控制中心），可以用工业控制微机为主机，配备简单的人机联系外部设备，构成单机系统。为了减轻主机工作的负担，加快主机的响应时间，一般可用一前置处理器作为主机与信息传输系统的接口，完成数据采集、数据存储、简单数据处理（如功率总加、差错校验、差错信息的记录和统计、工程单位转换等）等频繁而周期性的工作以及转发功能，并通过直接访问内存 DMA 方式将数据高速地存入主机内存。主机完成数据的处理、统计、转存和画面更新以及有关遥控、遥调等较重要的功能。人机联系主要通过键盘、鼠标或光笔等设备，由主机做出响应。

2. 双机系统

在大型地区电力系统以上的调度控制中心，为了提高计算机系统的可靠性，一般采用双机系统。双机系统通常有完全相同的两台主机及各自的内、外存储器及输入 / 输出设备。通常由一台计算机承担在线运行功能，称值班机，另一台处于热备用状态。当值班机发生故障，监视设备立即发现并自动把备用机在最短的时间内投入在线运行。这一般应在 30 ~ 60s 内完成，如果时间过长就会丢失重要数据。在这种工作方式时，备用机必须保存与值班机相同的数据库。通常采用

"快照"的方式定时周期性地把值班机保存的数据复制到备用机的数据库中。

采用这种主—备工作方式时,备用机还可用于软件的维护和开发、对运行人员的模拟培训以及一些离线计算等。双机系统的另一种工作方式是主—副工作方式。通常由其中一台计算机为主,担负在线运行的主要功能,另一台为副,担负较次要的在线运行功能和辅助的或离线的功能。在主计算机发生故障时,自动使副计算机承担起主计算机的功能。使用这种工作方式时,计算机的规模可略小于主—备工作方式。

3. 分布式系统

分布式系统是把系统的各项功能分散到多台计算机中去,各台计算机之间用局域网相连,并通过局域网高速交换数据。人机联系的处理机也以工作站方式接在局域网上,各种备用机也同样连接在局域网上,并可随时承担同类故障机的任务。通过局域网可将实时数据或人工输入的数据定点传送到其他计算机的实时数据库中。在系统扩充功能时,只需增加新的处理机或把原有的处理机升级,无须改变整个系统。

二、人机联系设备

电力系统采用调度自动化系统后,要求调度人员利用这一系统全面、深入和及时地掌握电力系统的运行状况,做出正确的决策和发出各种控制命令,以保证电力系统的安全和经济运行。另外,调度人员还必须不断地监视调度自动化系统本身的工作,了解各种设备的实时状态。为了能够完成上述各项任务,调度自动化系统必须能够实现人机对话。调度自动化中的人机联系设备就是为了实现人机对话而设置的,它是调度自动化中操作人员和计算机之间交换信息的输入和输出设备。这类设备分为通用和专用两种。通用的人机联系设备是指供调度计算机系统管理和维护人员、软件开发和计算机操作人员所使用的控制台打印机、控制台终端、程序员终端和一般打印机等。专用的人机联系设备是指专门供电力系统调度人员用以监视和控制电力系统运行的人机联系设备,其中有交互型的调度员控制台、远方操作台和调度员工作站,非交互型的调度模拟屏和计算机驱动的各类记录设备及其他设备等。

(一)调度员控制台

调度员控制台是调度人员对电力系统进行监视和控制的交互型人机联系设备。台上一般有彩色屏幕显示器、操作键盘、屏幕游标定位部件、音响报警装置和语音输入、输出装置等。

1. 屏幕显示器

屏幕显示器由监视器和控制部件组成,主要部件是显像管。显像管又称阴极射线管,所以通常又将屏幕显示器叫作 CRT。CRT 的主要作用是以图形、曲线和表格方式显示表征电力系统运行状态的各类信息。CRT 和操作键盘结合起来就能进行各种人机交互操作。屏幕显示器可以显示二维和三维图形,图形可旋转,画面可滚动、分层缩放和任意方向移动。屏幕上可开多个窗口,分别进行不同的交互操作。显示器由显示控制部件驱动、控制部件和主计算机相连。主计算机向控制器传送画面前景图形(动态图形)和背景图形(静态图形),由控制器据此组成一幅画面,并将画面转换成颜色和亮度信号在屏幕上显示出来。屏幕显示具有形象、直观、实时、使用方便等优点。目前屏幕显示器已成为电力系统调度人员与电力系统调度自动化系统进行联系的最有效的工具之一，它和操作键盘结合起来可以实现除记录以外的所有人机联系功能。

早期的显示器主要使用一个图形显示器，它只能表示固定、有限的图形符号（如单线图），大量信息依靠表格和字符表示。目前，已广泛应用全图形显示器，它可以任意表示比单线图更为复杂的各种二维和三维图形，并具有放大、缩小和移动功能。

全图形显示采用光栅显示原理，和电视机显示原理类似。显像管电子束按自上而下的顺序由左至右逐行扫描，周而复始，显像控制部件将光点构成的图形信息加在显像管红、绿、蓝三色的阴极上，控制电子束的强弱，在屏幕上形成光点，组成图形。电子束由左至右的横向扫描线称为光栅，每条光栅上可分辨出的最小光点称为像素。光栅显示的主要技术指标是分辨率，它有多种定义，目前习惯上的定义是光栅上的像素乘以屏幕光栅数。分辨率高在屏幕上显示的内容多，同样大小的图形分辨率高时清晰度好。如果光栅上每个像素都可以用来构图（或称像素可编址），则这种显示称为全图形显示。与全图形显示相对应的还有半图形显示。由于半图形显示存在一些缺点，随着计算机和显示器处理速度的提高，半图形显示已逐渐被淘汰。

2. 操作键盘

操作键盘是调度人员的主要操作工具。它和屏幕显示器配合，可以进行人机对话、做各种交互操作，如选显全网或厂、站单线主接线图，显示曲线和各种表格画面，输入数据和设定设备状态，控制远方电力设备，检索历史数据，召唤打印，复制画面，启动电力系统安全经济分析软件，操作调度自动化系统中的设备等。

3. 屏幕游标定位部件

屏幕游标定位部件的作用是供调度人员在屏幕画面上移动光标选择操作位置或操作项目。定位部件有多种，除键盘上的光标移动键外，还有操纵杆、跟踪球、鼠标器、光笔等。当定位部件将光标移到指定位置后，用定位部件上的按键或键盘按键执行操作。

4. 音响报警装置

当电力系统或调度自动化系统异常时，为了及时提醒调度人员注意并及时处理异常现象，在调度控制台上装有音响报警装置。该装置一般安装在屏幕监视器内，按事件的严重程度不同发出不同的音响，如发出连续长音、断续音响或变调声响等。

5. 语音输入输出装置

这种装置识别输入语音的意义、合成输出语言音响。它使人机交互更灵活、方便。语音输入输出装置将会使人机交互方式和内容发生巨大的变化，具有广阔的应用前景。

（二）调度员工作站

调度员工作站是供调度员进行人机交互的台式或桌式计算机，又称图形工作站或人机交互工作站。它是一般的计算机，但配有多个监视器和图形控制插件，机内装有画面编辑显示和人机交互管理软件，主要用于实现调度员与调度自动化系统的人机交互功能。

（三）模拟屏

模拟屏是用单线图表示整个电力系统全貌的设备。信息处理系统通过模拟屏驱动器把实时信息用灯光和数字在模拟屏上显示。模拟屏不必也不能详细地显示每个变电站、发电厂的接线，而应着重显示与整个电力系统安全水平、电能质量有关的参数和重要电力线的潮流和枢纽点电压等。模拟屏显示的单线图可使电力系统有整体感，但表现能力和灵活性不如屏幕显示器。在实际应用中让模拟屏和屏幕显示器优缺点互补，可以获得较好的效果。

（四）记录设备

记录设备的作用是将电力系统的运行参数和设备状态以及异常事件记录在纸上。记录设备是受计算机控制的。目前，并不是将所有需要记录的信息都记在纸上，而是将其保存在计算机磁盘上，通过监视器阅读，需要时才用打印机或绘图设备输出。

第四节 电力系统的分层调度控制

从理论上讲，可以对电力系统实行集中调度控制，也可以实行分层调度控制。所谓集中调度就是把电力系统内所有发电厂和变电站的信息都集中在一个调度控制中心，由一个调度控制中心对整个电力系统进行调度控制。从经济上看，由于电力系统的设备在地理位置上分布很广，通过远距离通道把所有的信息传输并集中到一个地点，投资和运行费都是比较高的。从技术上看，把数量很大的信息集中在一个调度中心，调度值班人员不可能全部顾及和处理，即使使用计算机辅助处理，也会占用计算机大量的内存和处理时间。此外，从数据传输的可靠性看，传输距离越远，受干扰的机会就越大，数据出现错误的机会也就越大。

鉴于集中调度控制的缺点，目前世界各国的大型电力系统都是采用分层调度控制的。国际电工委员会标准提出的典型分层结构就将电力系统调度中心分为主调度中心、区域调度中心和地区调度中心。这些相当于中国的大区电网调度中心（简称网调）、省调度中心（简称省调）和地区调度所（简称地调）。分层调度控制将全电力系统的监视控制任务分配给属于不同层次的调度中心。下一层调度根据上一层调度中心的命令，结合本层电力系统的实际情况完成本层次的调度控制任务，同时向上层调度传递所需信息。分层调度控制可以克服集中控制的缺点。其主要优点有以下三点：

一、便于协调调度控制

电力系统调度控制任务有全局性的，亦有局部性的，但大量的则是属于局部性的。分层调度控制将大量的局部性调度控制任务由下层相应的调度机构完成，而全系统性或跨地区的调度控制可以由上层相应的调度机构完成。这种结构模式便于协调电力系统的调度与控制。同时，电力系统不断扩大，运行信息大量增加，分层调度控制各层次的调度控制中心根据各自分担的调度控制任务采集和处理相应的信息，可以大大地提高信息传输和处理的效能。

二、提高系统可靠性

采用分层调度控制方式，每一个调度控制中心或调度所都有一套相应的调度自动化系统收集自己管辖范围内的电力系统运行状态信息，完成所分工的调度任务。当某一调度所的调度自动化系统出现故障或停运时，只影响它分工的那一部分，而其他调度控制中心的调度自动化系统仍然照常工作。这就提高了整个系统的可靠性。

三、改善系统响应

电力系统调度控制的实时性是很重要的，事故处理、负荷调度、不正常运行状态的改善和消除都必须在一定时间内完成。采用分层调度控制方式使不少调度控制任务由不同层次的调度自动化系统并行处理，从而加快了处理速度，亦即改善了整个系统的响应时间（从系统的输入发生变化起，到系统作出控制决策并将决策输出为止所需的时间）。

第五节 电力系统状态估计

在本章第一节中曾指出，通过远动传输到调度控制中心的信息存在三个问题，即有错误、精度不高和不齐全。电力系统状态估计就是对电力系统的某一时间断面的遥测量和遥信信息进行实时数据处理，目的是通过计算机处理自动排除偶然出现的错误数据和信息、提高实时数据的精确度、补足缺少的数据和信息，从而获得表征电力系统运行状态的完整而准确的信息，供调度计算机对电力系统进行监视和控制之用。电力系统的状态由电力系统的运行结构和运行参数来表征。电力系统的运行结构是指在某一时间断面电力系统的运行主接线。电力系统的运行结构有一个特点，即它几乎完全是由人工按计划决定的，一般说来很少有估计问题。但是，当电力系统的运行结构发生了非计划改变（如因故障跳开断路器）时，如果远动的遥信没有正确反映，就会出现调度计算中的电力系统运行接线与实际情况不相符的问题。电力系统状态估计的内容应该包括如何将错误的信息检查出来并予以纠正的内容。

电力系统的运行参数（包括各节点电压的幅值、注入节点的有功和无功功率、线路的有功和无功功率等）可以由远动的遥信送到调度中心来。这些参数随着电力系统负荷的变化而不断地变化，称为实时数据。本节主要介绍对电力系统运行参数的估计。对一个参数进行估计涉及三个值，即参数的真值、测量值和估计值。参数的真值就是参数的真实值，是客观存在的。如某条线路的真实电流为10A，这个10A就是这条线路电流的真值。参数的真值是不知道的。要想知道真值是多少就要对这个参数进行测量，测量出来的值就是测量值或称为测量读值。测量值是否为参数的真值，也是不知道的。如果对上述线路的电流进行测量时测量值为98A，而且只测量了一次为102A，于是就出现了这条线路的电流到底是98A还是102A的问题。估计值是根据测量值的大小、测量值及其误差的随机性质，使用概率论的方法计算出来的值。数学上已经证明，这个计算出来的值与大部分测量值相比较更接近于真值，但究竟是不是真值也是不知道的，于是称这个计算出的值为真值的估计值，简称估计值。

第五章 电力系统有功与无功功率的自动控制

第一节 电力系统频率和有功功率自动控制

一、电力系统频率和有功功率控制的必要性

（一）电力系统频率控制的必要性

1. 频率对电力用户的影响

电力系统频率变化会引起异步电动机转速变化，这会使得电动机所驱动的加工工业产品的机械的转速发生变化。有些产品（如纺织和造纸行业的产品）对加工机械的转速要求很高，转速不稳定会影响产品质量，甚至会出现次品和废品。

电力系统频率波动会影响某些测量和控制用的电子设备的准确性和性能，频率过低时有些设备甚至无法工作。这对一些重要工业和国防是不能允许的。

电力系统频率降低将使电动机的转速和输出功率降低，导致其所带动机械的转速和出力降低，影响电力用户设备的正常运行。

2. 频率对电力系统的影响

频率下降时，汽轮机叶片的振动会变大，轻则影响使用寿命，重则可能产生裂纹。对于额定频率为 50 Hz 的电力系统，当频率低到 45 Hz 附近时，某些汽轮机的叶片可能因发生共振而断裂，造成重大事故。

频率下降到 47 ~ 48 Hz 时，由异步电动机驱动的送风机、吸风机、给水泵、循环水泵和磨煤机等火电厂厂用机械的出力随之下降，使火电厂锅炉和汽轮机的出力随之下降，从而使火电厂发电机发出的有功功率下降。这种趋势如果不能及时制止，就会在短时间内使电力系统频率下降到不能允许的程度，这种现象称为频率雪崩。出现频率雪崩会造成大面积停电，甚至使整个系统瓦解。

在核电厂中，反应堆冷却介质泵对供电频率有严格要求。当频率降到一定数值时，冷却介质泵即自动跳开，使反应堆停止运行。

电力系统频率下降时，异步电动机和变压器的励磁电流增加，使异步电动机和变压器的无功

消耗增加，引起系统电压下降。频率下降还会引起励磁机出力下降，并使发电机电势下降，导致全系统电压水平降低。如果电力系统原来的电压水平偏低，在频率下降到一定值时，可能出现电压快速而不断地下降，即所谓电压雪崩现象。出现电压雪崩会造成大面积停电，甚至使系统瓦解。

（二）电力系统有功功率控制的必要性

1. 维持电力系统频率在允许范围之内

电力系统频率是靠电力系统内并联运行的所有发电机组发出的有功功率总和与系统内所有负荷消耗（包括网损）的有功功率总和之间的平衡来维持的。当系统内并联运行的机组发出的有功功率总和等于系统内所有负荷在额定频率所消耗的有功功率总和时，系统就运行在额定频率。如果上述"等于"关系遭到破坏，系统的频率就会偏离额定值。电力系统的负荷是时刻变化的，任何一处负荷变化都要引起上述"等于"关系破坏，导致系统频率变化。电力系统有功功率控制的重要任务之一，就是要及时调节系统内并联运行机组原动机的输入功率，维持上述"等于"关系，保证电力系统频率在允许范围之内。

2. 提高电力系统运行的经济性

前面已经指出，当系统内并联运行的所有机组发出的有功功率总和等于系统内所有负荷在额定频率所消耗的有功功率总和时，系统就运行在额定频率，但没有说明哪些机组参与并联运行以及参与并联运行的机组各应该发多少有功功率。电力系统有功功率控制的另一个任务就是要解决这个问题，这就是电力系统经济调度问题。电力系统经济调度包括两个方面：第一，开启哪些机组并入电力系统运行；第二，确定已并网运行的机组各发多少有功功率。前者是机组经济组合问题，后者是有功负荷的经济分配问题。经济调度需要考虑机组效率、各种发电机组（水电、火电、核电）的协调、电力系统网损等问题，目的是提高电力系统运行的经济性，用最少的一次能源消耗获得最多的可用电能。

3. 保证联合电力系统的协调运行

电力系统的规模在不断地扩大，已经出现了将几个区域电力系统联在一起组成的联合电力系统。有的联合电力系统实行分区域控制，要求不同区域系统间交换的电功率和电量按事先约定的协议进行。电力系统有功功率控制要对不同区域系统之间联络线上通过的功率和电量实行控制。

电力系统频率和有功功率控制是密切相关和不可分割的，应统一考虑并协同控制。

二、发电机组调速控制的基本原理

（一）发电机组单机运行时调速控制的基本原理

发电机组是指发电机及其原动机组成的整体，也称为机组。机组不并网而单独运行时，发电机端交流正弦电压的频率和机组转速的关系为：

$$f = \frac{Pn}{60}$$

要控制发电机频率就得控制机组转速。那么，如何控制机组的转速呢？这要从机组转子运动方程谈起。

同步发电机组转子运动方程

根据旋转物体的力学定律，同步发电机组转子的机械角加速度与作用在机组轴上的转矩之间的关系为：

$$Ja = J\frac{d\Omega}{dt} = M_T - M_G$$

（二）原动机的机械转矩 M_T

水轮机的机械转矩 TM 由水流对水轮机叶片的作用力形成，其大小决定于水头 H、导水叶开度 a（或水流量 Q）和机械转速 n 等。M_T 与 H、a、n 的关系十分复杂，要通过水轮机模型的综合特性曲线或模型试验结果，根据相似理论求出。

（三）发电机电磁转矩 M_G

发电机电磁转矩是发电机定子对转子的作用力矩，方向与转子转动的方向相反，是阻力矩。由发电机工作原理可知，发电机电磁转矩与电磁功率成正比，电磁功率等于发电机所带负荷的有功功率。

当发电机频率变化时，发电机所带负荷的有功功率也随着变化。负荷的有功功率随频率而变化的特性叫作负荷的静态频率特性。发电机所带的各种不同负荷对频率变化的灵敏程度不同：有些负荷的功率与频率变化基本上没有关系，如照明、电热等；有些负荷的功率与频率成正比，如切削机床、球磨机等；还有些负荷的功率与频率的二次方（如变压器中的涡流损耗）、三次方（如通风机）或更高次方（如静水头阻力很大的给水泵）成正比等。

（四）机组并网运行的转速调节

发电机组并入电网运行时，如果这台机组的容量与电力系统的容量相比是微不足道的（单机并入无穷大电力系统就属于这种情况），那么系统的频率就不会因这台机组的有功功率变化而变化。当机组的容量与系统容量相比有足够大的份额（一般大于系统总量的 8% ~ 10%）时，机组有功出力变化可能改变系统内有功功率平衡关系，使系统频率发生变化。在这种情况下，机组调速系统既调节机组的有功出力，也可以对系统的频率起到一定的调节作用。

三、机械液压调速器的基本原理

同步发电机组的调速系统是电力系统频率和有功功率自动控制系统的基本控制级，机组调速器是实现电力系统频率和有功功率自动控制的基础自动化设备。从电力工业诞生起到 20 世纪 50 年代，汽轮机和水轮机都是由机械液压调速器（简称机械调速器或机调）来调节转速的。由于机械调速器失灵度大、调节稳定性差等缺点，现在已广泛使用电气液压调速器。但在我国，目前还有相当数量的机调在运行，所以下面简单介绍一下机械调速器的基本工作原理。

（一）机械液压调速器的基本结构

经过简化的凝汽式汽轮机机械液压调速系统，由测速机构、放大执行机构、转速给定装置和调差机构等几部分组成。

1. 测速机构

测速机构由汽轮机主轴带动的齿轮传动机构和离心飞摆组成。当机组转速稳定不变时，离心飞摆重锤的离心力和弹簧的作用力相平衡，套筒固定在某一确定的位置上。当机组的转速升高时，通过齿轮传动机构带动离心飞摆转动加快，重锤的离心力增加，带动套筒克服弹簧的阻力向上移动。同理，当机组转速下降时套筒将向下移动。套筒的位置表征机组转速的大小，套筒的位移表征机组转速的变化。

2. 放大执行机构

放大执行机构由错油门和油动机组成。错油门的两个凸肩正好堵住了油动机上、下腔的油路，油动机活塞静止不动，汽轮机调节汽阀保持一定开度不变。当活动杆带动错油门凸肩向上移动时，油动机活塞的上腔和下腔分别与压力油和排油接通。在油压力的作用下，油动机活塞向下移动，关小调节汽阀的开度，减少进入汽轮机的蒸汽量。同理，当 E 点向下移动时，压力油进入油动机的下腔，开大调节汽阀的开度，增加汽轮机的进汽量。放大执行机构的作用，一是将活动杆微小的机械位移放大成了调节汽阀开度的较大变化；二是将引起 E 点位移的微小的作用力变成了强大的、能够操动调节汽阀开度变化的作用力。

3. 转速给定装置同步器是转速给定装置

同步器中的控制电动机由运行人员或自动装置控制，使其正转或反转，再通过机械机构推动滑杆向上或向下移动。

（二）机组调速系统的失灵区及其影响

1. 失灵区的形成

实际上，由于存在机械摩擦、间隙和重叠，由机械液压调速器构成的机组调速系统的静态特性并不是平滑曲线，而是一条带状曲线。

2. 失灵区的影响

失灵区的存在还会使机组调速系统的动态调节品质变差。但是，如果失灵区过小或完全没有，当电力系统频率发生微小波动时，调速器也要动作。这样会使调节汽阀动作过于频繁，对机组本身和电力系统频率调节不利。因此，在一些非常灵敏的电液调速器中，通常要采取一些技术措施来形成一定大小的失灵区。

四、模拟电气液压调速器

（一）模拟电气液压调速器的优点

机械液压调速器失灵区大，调节速动性和稳定性差，不易综合多种信号参与调速控制，因而实现高级控制比较困难。随着电力系统容量和单机容量不断增加，对调速器提出了一些新的要求，如除了转速反馈之外，还需要功率反馈参与调速控制，需增加一些校正部件和方便地改变控制系统参数，等等。这些要求在机械液压调速器的基础上都难以实现。为了克服机械液压调速器存在的缺点，出现了模拟式电气液压调速器（简称模拟电调）。瑞士首先推出了电子管电气液压式水轮机调速器。20 世纪 50 年代以后，电气液压式调速器获得较快的发展，并且经历了从电子管、晶体管到集成电路等几个发展阶段。模拟电调的转速和功率测量、转速和功率给定、调节规律实现等均由电子电路完成，只是操纵调节汽阀（对于水轮机为导水叶）开度变化的部分仍采用机液装置。模拟电调同机械调速器相比有以下优点：

灵敏度高，调节速度快、精度高，机组甩负荷时转速超调量小；

易于综合多种信号参与调速控制，这不仅可以提高机组调速系统的调节品质，而且为电厂经济运行和提高自动化水平提供了有利条件；

易于实现高级控制，如 PID 控制，可以比较方便地改变控制系统的参数；

安装、调试和检修方便。模拟电调的类型很多，而且汽轮机和水轮机模拟电调还有所不同。下面介绍一种用于汽轮机的功率—频率电调的基本原理。

（二）功率—频率电液调速系统的基本原理

经过简化的功率—频率电液调速系统由转速测量、功率测量、功率给定、电量放大器、PID调节、电液转换器及机械液压随动系统等部分组成。

1. 转速测量

由磁阻发送器和频率—电压变送器完成转速测量。

（1）磁阻发送器

磁阻发送器的作用是将转速转换为相应频率的电压信号。它由齿轮和测速磁头两部分组成，齿轮与机组主轴联在一起。测速磁头由永久磁钢和线圈组成，且与齿轮相距一定间隙 δ。当汽轮机转动时带动齿轮一起旋转。测速磁头面对齿顶及齿槽交替地变化，引起磁阻的变化，进而引起通过测速磁头磁通的相应变化，于是在线圈中感应出微弱的脉动信号。该信号的频率与机组转速成正比。

（2）频率—电压变送器

频率—电压变送器的作用是将磁阻发送器输出的脉动信号转换成与转速成正比的输出电压值，磁阻发送器输出的脉动信号经限幅、放大后得到近似于梯形的脉冲波。整形电路是一个施密特触发器，于是把梯形波转换为方波。微分电路在方波上升时获得正向尖峰脉冲，去触发一个单稳态触发器。单稳电路翻转后，输出一个幅度为 U、宽度为 τ 的正向方波脉冲。可见，在单位时间内，单稳态触发器输出正脉冲所占时间与磁阻变送器输出信号的频率成正比，也就是与汽轮机的转速成正比。

2. 功率测量

功率测量的作用是将发电机的有功功率转换成与之成正比的直流电压。功率测量通常用磁性乘法器和霍尔效应原理实现。限于篇幅，本书只介绍霍尔功率变送器。

霍尔效应是物理学家 E.H.Hall 于 1879 年发现的半导体基本电磁效应之一。

3. 转速和功率

给定环节转速和功率。给定环节用高精度稳压电源供电的精密多转电位器构成，输出电压值即可表示给定转速或功率。多转电位器由控制电机带动，以适应当地或远方控制的需要。频差放大器和 PID 调节由运算放大器组成。由于 PID 调节电路输出功率很小，不能驱动电液转换器，因此加入一个功率放大环节。

4. 电液转换及机液随动系统

电液转换器把调节量由电量转换成非电量油压变化。机液随动系统由继动器、错油门和油动机组成。电液转换器线圈将功率放大器输出的电量变化转换为调节油阀开度的变化。当调节油阀关小时，电液转换器输出的油压上升，进入继动器上腔的油压升高，将活塞压下，带动继动器蝶阀向下移动。错油门内腔是一个"王"字形滑阀。滑阀中间有一个油孔和底部排油箱相通。当蝶阀下移时使滑阀中间排油孔的排油量减小，其上腔油升高，推动滑阀向下移动，使油动机上腔与排油接通，下腔与压力油接通，因而在压力油的推动下开大调节汽阀，增加进入汽轮机的蒸汽流量，进而增加汽轮机的输入功率。

油动机活塞向上移动时，带动活动杆也上移。继动器活塞是差动式的，下边面积大于上边面积，因此 A 点向上移动时，在油压的推动下继动器蝶阀将向上移动，使错油门内滑阀中间排油孔的排油量增加，压力减小。在错油门底部弹簧作用下，"王"字形滑阀向上移动。当它又回到原始位置时，即进入新的平衡状态，调节汽阀也稳定在一个新的开度，调节随即结束。调节汽阀开度的变化与功率放大器输出的电量变化成正比。

五、数字电液调速器

同机械液压调速器相比，模拟电液调速器在技术上有很大进步，有不少优点，但也有美中不足之处。第一是工作稳定性差。工作点随温度和工作电源电压的变化而有所变化。第二是实现高级控制困难。模拟电调的控制规律是用模拟电路实现的，比用机械机构实现要容易得多，但比起用数字方式实现要差得多，尤其不能在线修改控制参数和控制方式。这就使得自适应控制、模糊控制、神经网络控制等难以实现。第三是功能单一。模拟电调控制机组时，机组开停机控制、发电机并列等与调速器是分开设置的。目前以数字电调的硬件为基础开发的机组开停机逻辑控制、调速和机组同期并列的装置已经问世。一套硬件实现多项功能有很多优点。数字电液调速器（简称数字电调）是自动控制与计算机相结合的产物，利用计算机大量存储信息的能力、完善的逻辑判断能力和快速运算能力来实现机组调速系统的功能。数字电调出现于 20 世纪 70 年代初期，由数字控制器、电液转换器和机液随动系统组成。早期的数字电调价格昂贵，且可靠性不高，因此未能普及。20 世纪 80 年代以来，随着微型计算机可靠性不断提高和价格不断降低，基于微型计算机构成的微机电液调速器（简称微机电调）在电厂中（尤其在水电厂中的应用）取得了长足的进展。目前，我国新投产的大、中型水电机组一般都采用微机电调，不少已投入运行的水轮发电机组也已经或正在将旧式机液调速器和模拟电调改换成微机电调。我国不少大、中型火电机组也配备了计算机调速设备。

（一）数字电调的优点

与模拟电调相比，数字电调有如下优点：

1. 控制品质好

发电机组调速系统是一个非线性系统。要想使机组在启动升速、同期并列、发电、甩负荷等各种工况下均处于最优运行状态，调速系统的结构和参数需要随着机组的不同运行工况在线进行修改。数字电调可以很方便地做到这一点，能够实现机组运行全过程最优控制。数字电调还可以实现自适应控制、智能控制等高级控制来提高调速系统的调节品质。

2. 功能多

数字电调除了可以实现模拟电调的功能以外，还可以实现模拟电调不易实现的功能，如机组自动启动和升速控制、自动同期并列控制等功能；对汽轮发电机组还可以在启动过程中附有热应力管理功能，从而大大提高了电厂自动化程度。

3. 灵活性好

由于微机电调在一套完善的硬设备做好之后，各种不同功能和性能的实现主要由软件来决定，这就使得微机电调可以很方便地增、减功能和改变特性。

4. 运行稳定、抗干扰能力强、工作可靠

模拟电调是用模拟电路实现的。模拟电路受工作环境温度和工作电源电压的影响会产生漂移，影响调速器运行的稳定性。为了克服漂移，常使电路变得复杂。数字电调是用数字电路来实现的。由于数字电路的工作对环境温度和电源电压的变化不敏感，这就克服了各种漂移的影响。因此数字电调的工作稳定性好。同时，数字电路的可靠性比较高，加上采用自检和自恢复、数字滤波等技术措施消除干扰的影响，这就使得微机电调具有较强的抗干扰能力和较高的可靠性。

（二）水轮发电机组微机电液调速器

1. 微机电液调速器的结构

水轮发电机组微机电液调速器的类型较多，但结构和工作原理大同小异。微机电调由微机控制器、电液转换器和机液随动系统三部分组成。电液转换器和机液随动系统的结构和工作原理与模拟电调相同。近几年投入运行的新型微机电调，除了具有传统调速器调节机组转速和有功功率的作用之外，一般都具有频率跟踪控制功能，有的还具有相角跟踪控制功能（控制发电机电压的频率和相角、跟踪电力系统电压的频率和相角）。

2. 微机控制器的硬件结构

微机控制器的硬件由专用控制计算机为核心组成。计算机控制系统的硬件由主机、接口电路、输入输出过程通道和人机联系设备组成。由于大规模集成电路技术的日益进步，微机技术的不断更新，微机控制器中的计算机系统在不太长的时间里经历了由基于 Z80CPU 的单板机、8 位单片机、16 位单片机、可编程控制器构成的发展过程；既有单微机的，也有多微机的，可谓日新月异。到目前为止尚无公认的固定模式，不同厂家的产品均有所不同。但从总体构成来看，各种微机控制器的结构又是基本相同的。微机控制器硬件结构如下：

（1）主机

微处理器（CPU）是控制器的核心，它与存储器（RAM、ROM 或 EPROM）一起，通常称为主机。发电机组和调速系统的运行状态变量经采样输入存放在可读写的随机存储器 RAM 中。固定系数、设定值以及应用程序固化在只读存储器 ROM 或可擦写的只读存储器 EPROM 中。主机的重要功能是对从输入通道采集来的运行状态变量的数值进行调节计算和逻辑判断，按照预定的程序进行信息处理，求得控制量。

（2）输入、输出接口电路

在计算机控制系统中，输入和输出过程通道的信息不能直接与主机的总线相接，必须由接口电路完成信息传递任务。现在各种型号的 CPU 芯片都有相应的通用接口芯片供选用，有串行接口、并行接口、管理接口（计数/定时、中断管理等）、模—数的转换设备（D/A、A/D）等。单片微机已将输入、输出接口电路与 CPU 集成在一个芯片上。可编程控制器是一种结构完整的工业计算机控制器，包括各种输入、输出接口电路。以上两者都可以方便地扩充接口电路，很适合用作工业控制系统。主机和接口电路在微型计算机原理中已经介绍过，这里就不多介绍了。

（3）输入、输出过程通道

为了实现机组调速控制的各种功能，须将发电机的频率、接力器机械行程等状态量按照要求送到接口电路。计算机计算出的调节量要去控制水轮机导水叶开度，也需要把计算机接口电路输出的信号变换为适合电液转换器输入的电量。控制计算机的接口电路与被控制对象之间的信息传输和变换设备称为输入、输出过程通道。输入、输出过程通道是在接口电路和被控对象之间传递信号的媒介，必须与两者很好地匹配。

3.微机控制器

软件硬件是控制系统中传递信息的载体，而软件（也称为程序）则决定控制规律，对控制系统的特性有重大影响。软件通常分为系统软件和应用软件。应用软件是为实现调速器的功能而编写的各种程序的总称。系统软件是为应用软件服务的，包括操作系统、编译程序、检查程序等。编写应用软件的程序设计语言开始时用汇编语言，后来逐步向可读性较好的高级语言发展，现在较普遍应用的是 C 语言。

4.调节量计算

由于微机调速器的调节规律是由软件实现的，不同的调节规律只表现在软件的不同上，不需要修改硬件，因此微机调速器可以很方便地实现各种不同的控制规律。目前，微机调速器较普遍采用按频差的比例、积分和微分调节，称为 PID 调节或 PID 控制。PID 调节用微机控制器实现也是比较方便的，而且算法也比较成熟。

5.新型水轮发电机组微机电调的研究

水轮发电机组微机电调随着计算机技术的发展正在以非常快的速度发展，主要表现在以下四个方面。

（1）微机控制器的研究

最初的微机控制器是以 Z80CPU 为基础构成的。由于电路的集成度低，需要精心设计硬件和软件，认真筛选元器件和有良好的制作工艺，才能保证微机控制器有较高的可靠性和良好的性能。单片机问世以后，由于单片机的集成度较高、可靠性较高，而且编程比 Z80 方便，于是出现了基于单片机构成的微机控制器。可编程控制器具有很高的可靠性，而且可以很方便地构成调速系统的控制器。目前已有可编程微机调速器投入工业运行，还有用多 CPU 和工业控制计算机构成的微机控制器。

（2）控制方式的研究

随着控制理论的发展，基于微机构成的水轮发电机组调速系统的控制方式也在不断发展，继 PID 控制之后出现了随着机组运行状态的变化而改变控制系统结构和参数的变结构、变参数 PID 控制，并取得了良好的效果。后来又有人研究自适应控制、模糊控制等在水轮发电机组调速器中的应用。现在已有研究利用人工神经网络构成水轮发电机组调速器的报道。

（3）新型电液转换器的研究

电液转换器是微机电调中联结电气部分和机械液压部分的关键装置。它的作用是将微机控制器输出的电气控制信号转换成具有一定操作力和位移量的机械位移信号，或转换成具有一定压力的流量信号。电液转换器由电气—位移转换和液压放大两部分组成，是一个结构精密、工作原理比较复杂的机电一体化装置。目前，微机电调中基本仍沿用模拟式电液转换器。模拟式电液转换器存在以下问题：

①模拟电液转换器需要输入模拟电量，因此，微机电调中微机控制器输出的数字控制量需经过 D/A 转换成模拟电量，才能和模拟电液转换器接口匹配。而且，由于模拟电液转换器需要足够大的功率才能推得动，经 D/A 转换后的模拟电量还需进行功率放大。这种工作模式不仅使得微机电调的结构复杂了，而且由于直流功率放大器有温度漂移、时间漂移和电压漂移，会使微机电调的工作稳定性变差。为了克服这些漂移，又使得功率放大器电路变得复杂了。

②由于结构上的原因，模拟电液转换器常出现机械卡涩和油路堵塞，造成调速器失灵，出现机组异常增加或减少有功功率，甚至停机。我国就曾多次出现过这种事故。

③模拟电液转换器输出的机械位移及其作用力均很小，不能直接推动配压阀工作。为此，在微机电调中须将模拟电液转换器输出的机械位移进行机液放大。这样就使得与电液转换器连接的机械液压随动系统的结构变得复杂了。为了解决模拟电液转换器出现卡、堵问题，人们做了大量工作。首先是提高模拟电液转换器使用的介质油的洁净度，对介质油精心过滤。然而，由于模拟

电液转换器结构复杂而精密，加上电厂工作条件的限制，采用上述措施后并没有杜绝卡、堵事故发生。为此有的调速器生产厂家为模拟电液转换器配备了一套专用的供油系统；有的厂家研制了新型的电液转换器。上述这些措施虽然对提高电液转换器的可靠性有一定作用，但电液转换器仍然是模拟式的，并没有克服电液转换器固有的缺点及其给微机电调带来的不足。

（4）机械液压随动装置的研究

水轮机调速器诞生以来，经历了由机械液压调速器到电气液压调速器两个发展阶段。在过去的几十年里，电调由电子管、晶体管、集成电路构成，发展到今天的微机，取得了不小的进步。但是，电调的研究一直主要集中在电气部分。各种微机电调的区别也主要在微机控制器的硬件或软件，而电液转换器后面的机械液压随动系统几十年基本没变。根据水轮发电机组微机调速器存在的问题，人们进行了不懈的研究与开发，目前已取得了重大突破。我国自行研究的一种新型的"全数字电动液压式水轮机调速器"已经投入电厂运行。该调速器取消了传统的电液转换器，对机液随动系统进行了根本性改革。

全数字电动液压式水轮机调速器原理结构是在微机电液调速器的基础上发展而来的。它有如下四个特点。

①全数字控制，系统结构简单，稳定性好。

该调速器中所有电气量都是数字式的，没有模拟电量参与控制，实现了全数字自动控制。克服了传统微机电调中保留模拟电路所造成的漂移大、稳定性差、电路复杂等缺点。

②电动数字电液转换，可靠性高。

该调速器中数字控制器输出的数字控制电量YCD不再像传统的微机电液调速器那样：先经过 D/A 转换将 YCD 转换成模拟电量，然后经过功率放大器去推动传动的电液转换器。而是将 YCD 与和接力器机械位移成正比的数字电量 YFK 进行比较，生成误差信号 Y 去控制步进电动机驱动器驱动步进电动机转动。步进电动机是电动机的一种。就工作原理而论，步进电动机与通常电动机无异，是将电能转换成机械能的一种机器。步进电动机的电枢绕组不直接接到单相或三相正弦交流电源上，也不能简单地和直流电源接通。它受脉冲信号控制，在转子空间形成一种阶跃变化的旋转磁场，使转子步进式地转动。它的转动步距角、转动步数和转动快慢受脉冲信号控制。步进电动机转轴与旋转配压阀的阀芯同轴。步进电动机转动时带动旋转配压阀阀芯转动：顺时针转动时压力油进入接力器活塞的下腔，接力器活塞的上腔与回油（没有压力）接通，接力器活塞向上移动，关小导水叶开度，减少水轮机的进水流量；旋转配压阀阀芯逆时针转动时，则开大导水叶开度，增加水轮机的进水流量。这就起到了调节机组转速（机组空载运行时）和调节机组功率（机组并网运行时）的作用。由于步进电动机机械转矩大，加上旋转配压阀与接力器之间油路截面积大，这就根除了传统微机电液调速器中采用电液转换器所造成的机械卡涩和油路堵塞引起调速器误动作的问题，提高了调速器的可靠性。

③全电气液压控制，灵敏度高。

该调速器中，没有机械杠杆和机械反馈直接或间接参与自动调速控制。这就克服了传统微机电调中机械结构所造成的死区，同时也大大简化了调速器的机械结构。

④功能完善，操作简单。

该调速器中数字控制器可以是可编程控制器，也可以是工业控制计算机。由于大大简化了调速器的电气构成和机械结构，因此操作十分简单，并且具有完善的功能。

六、同步发电机组调速系统的数学模型

应用自动控制理论分析和设计同步发电机组调速系统，需要建立同步发电机组调速系统的数学模型，传递函数是常用的一种。

（一）原动机的传递函数

1. 汽轮机的传递函数

汽轮机分为中间再热式汽轮机和凝汽式汽轮机两种。中间再热式汽轮机的结构：汽轮机高压缸、中压缸和低压缸产生的转矩同时作用在汽轮机转轴上。汽轮机输出的功率 P_T 为高、中、低压缸产生的功率 P_H、P_I 和 P_L 之和，即

$$P_T = P_H + P_I + P_L$$

高压调节汽阀到高压缸之间有一段较长的连接管道，这使得当调节汽阀开度突然增大或变小时，虽然通过调节汽阀的蒸汽流量变化了，但流量变化需要经过一些时间才能到达高压缸。蒸汽进入高压缸之后，要先通过蒸汽室才能进入到高压缸的第一级喷嘴去推动汽轮机叶片，使高压缸输出功率，这也需要时间。这就是说，由于连接管道和蒸汽室能够容纳一定数量的蒸汽，使得汽轮机输出功率的变化滞后于调节汽阀开度的变化，这种现象称为汽容影响。汽容影响在数学上可以用一阶惯性环节来描述。

2. 水轮机的传递函数

水库的水通过引水管道引入水轮机转轮室，作用于转轮叶片，推动水轮机转动，将水能转换成机械能而使水轮机输出功率。水轮机输出功率的大小决定于水轮机导叶开度（进入转轮室的水流量）和水头（进入转轮室的水流压力）。在水轮机稳定运行时，引水管道中水的流速是不变化的。但是，在迅速开大或关小导叶开度时，不仅会使进入转轮室的水流量变化，而且还会引起引水管道中水压变化。这个水压变化又会引起水轮机输出功率变化。这种现象称为引水系统的水锤或水击。例如，调速器动作开大导水叶开度时，导水叶附近的水会首先以较原先为快的速度进入转轮室。由于水流具有惯性，引水管道中远离导水叶的水要经过一段延时才能流到导水叶进入转轮室。这就使得导叶开度增加时，除流入转轮室的水流量增加以外，同时会出现水压暂时下降。同样，在导叶开度关小时，流入转轮室的水流量减小的同时会出现水压暂时增加。水锤效应对水轮机调节的影响是不能忽略的，建立数学模型时必须予以考虑。

（二）发电机和负荷的传递函数

发电机机组转子中储存的动能与机组转速的平方成正比，因此在机组转子释放出储存动能的

同时，机组转速（频率）也就下降了。机组转速下降将引起如下变化：一方面通过调速器增加原动机的输入和输出功率；一方面负荷从发电机取用的功率将减少。用数学表述式来描述，即：

$$p_T - P_L = \frac{dW_K}{dt} + k_L \cdot \Delta f$$

（三）调速器的传递函数

调速器的种类很多，建立调速器的传递函数要具体问题具体分析。下面以发电机调速系统说明。

1.电气部分的传递函数

电气部分包括转速测量、功率测量、频差放大器、加法器、PID 调节器和功率放大器等。一般来说，上述除 PID 调节器外，其余各单元均为一阶惯性环节，但时间常数很小，可以简化成比例环节，比例系数用标幺值表示时为 1。

2.电液转换器的传递函数

电液转换器的种类也比较多。各类电液转换器的工作原理也不尽相同。一般将电液转换器视为一阶惯性环节，时间常数在 0.05s 以下。由于时间常数很小，常将电液转换器简化为比例环节，比例系数用标幺值表示时为 1。

3.机械液压随动系统的传递函数

各种电液调速器的机液随动系统大同小异。下面为求取机液随动系统的传递系数。

（1）继动器和错油门的传递函数

继动器和错油门的输入为电液转换器输出的油压变化输出为错油门内部"王"字形阀的移动距离 ΔS 与 P_H 成正比，且稍有一定滞后，为一阶惯性环节，时间常数约为 30ms。继动器和错油门可简化为比例环节，用标幺值表示时，比例系数为 1。

（2）油动机的传递函数

油动机活塞运动方程可表示为：

$$TS \frac{d\mu}{dt} = \sigma \quad \mu = \frac{\Delta m}{\Delta m_{max}}$$

七、电力系统频率和有功功率自动控制的基本原理

现代电力系统中并联运行的发电机组台数很多，负荷的数量就更多，且分布在辽阔的地理区域之内。不难想象，控制如此庞大的电力系统，使频率满足要求、功率分布得经济合理是一项十分复杂的工作。为了使问题简化并突出主要矛盾，在分析电力系统频率和有功功率自动控制时，常将电力系统内并联运行的所有机组用一台等效机组代替；将电力系统内所有负荷用一个等效负荷来代替；然后使用发电机组单机带负荷运行时频率和有功功率控制的基本原理和方法进行分析和计算。

（一）电力系统负荷的静态频率特性

电力系统负荷的静态频率特性和本章第二节所讲述的发电机负荷的频率特性的物理意义是一样的。电力系统负荷功率与频率的关系为：

$$P_L = a_0 P_L + a_1 P_{Le}\left(\frac{f}{fe}\right) + a_2 P_L\left(\frac{f}{fe}\right) + \ldots anPLe\left(\frac{f}{fe}\right)$$

电力系统负荷的静态频率特性曲线：当系统频率下降时，负荷从系统取用的有功功率将下降；系统频率升高时，负荷从系统取用的有功功率将增加。这种现象称为电力系统负荷的频率调节效应，简称负荷调节效应，并用负荷调节效应系数来衡量负荷调节效应作用的大小。负荷的频率调节效应系数定义为：

$$K_L = \frac{dP_L}{df}$$

（二）电力系统等效发电机组的静态调节特性

如果将电力系统内并联运行的所有机组用一台等效发电机组代替，系统等效发电机组也有与发电机组调速系统的静态调节特性相似的特性。

（三）电力系统频率控制的基本原理

频率的一次调整。当电力系统负荷发生变化引起系统频率变化时，系统内并联运行机组的调速器会根据电力系统频率变化自动调节进入它所控制的原动机的动力元素，改变输入原动机的功率，使系统频率维持在某一值运行，这就是电力系统频率的一次调整，也称为一次调频。一次调频是电力系统内并联运行机组的调速器在没有手动和自动调频装置参与调节的情况下，自动调节原动机的输入功率与系统负荷功率变化相平衡来维持电力系统频率的一种自动调节。

（四）电力系统的有功功率控制

电力系统中的有功功率平衡控制。电力系统频率在允许范围之内是通过控制系统内并联运行机组输入的总功率等于系统负荷在额定频率所消耗的有功功率实现的。这个"等于"关系就是电力系统中有功功率平衡关系。由于电力系统负荷功率的变化是随机的，不能被准确地预知，所以电力系统有功功率平衡是一项复杂的工作。

八、电力系统自动调频方法和自动发电控制

（一）电力系统自动调频方法

为了维持电力系统频率在允许的偏差范围内，要进行人工的或自动的频率二次调整。与手动调频相比，自动调频不仅反应速度快、频率波动小，而且还可以同时顾及到其他方面的要求，例如实现有功负荷的经济分配、保持系统联络线交换功率为定值和满足系统安全经济运行各种约束条件等。所以现代电力系统普遍设有自动调频装置。电力系统自动调频的发展过程中，采用过多种调频方法和准则，如主导发电机法、虚有差法等。其中主导发电机法仅适用于小容量的电力系统；虚有差法仅反映频率的偏差信号，而且有功功率在多个调频发电厂之间是按固定比例分配的，不能实现经济分配原则，同时也不能控制区域间联络线功率。

积差调节的实现方法。积差调节法维持系统频率的精度取决于各调频机组的频差积分信号数值的一致性。按照获得频差积分信号的不同，电力系统实现积差调节法有两种方式。一种是所谓的集中调频方式，即在系统调度中心设置一套高精度（可达 $10^{-7} \sim 10^{-9}$）的标准频率发生器，集中产生频差积分信号，确定各调频发电厂应承担的负荷变化量，然后通过远动装置将此信号送至各调频发电厂，各调频发电厂再根据运行方式分配给各调频机组。这种调频方式的优点是各调频电厂的频差积分信号是一致的，但需要有远动装置。另一种是在调频厂就地产生频差积分信号，不使用远动装置就可以使计划外的负荷在所有调频机组间按一定比例分配。为了使各调频机组所在地测得的信号尽可能一致，避免频率偏差积分值的差异而造成功率分配上的误差，所以对标准频率的要求比较高，通常用石英晶体振荡器经分频后得到。

（二）自动发电控制

电力系统调度自动化系统中，自动发电控制 AGC 是互联电力系统运行中一个基本的和重要的计算机实时控制功能。其目的是使系统出力和系统负荷相适应，保持频率额定和通过联络线的交换功率等于计划值，并尽可能实现机组（电厂）间负荷的经济分配。具体地说，自动发电控制有四个基本目标：

（1）使全系统的发电出力和负荷功率相匹配；

（2）将电力系统的频率偏差调节到零，保持系统频率为额定值；

（3）控制区域间联络线的交换功率与计划值相等，实现各区域内有功功率的平衡；

（4）在区域内各发电厂间进行负荷的经济分配。

上述第 1 个目标与所有发电机的调速器有关，即与频率的一次调整有关。第 2 和第 2 个目标与频率的二次调整有关，也称为负荷频率控制 LFC。通常所说的 AGC 是指前 3 项目标，包括第 4 项目标时，往往称为 AGC/EDC（经济调度控制），但也有把 EDC 功能包括在 AGC 功能之中的。自动发电控制（AGC）是由自动装置和计算机程序对频率和有功功率进行二次调整实现的。所需的信息（如频率、发电机的实发功率、联络线的交换功率等）是通过 SCADA 系统经过上行通道传送到调度控制中心的。然后，根据 AGC 的计算机软件功能形成对各发电厂（或发电机）的 AGC 命令，通过下行通道传送到各调频发电厂（或发电机）。自动发电控制是一个闭环反馈控制系统，主要包括两大部分。

1. 负荷分配器

根据系统频率和其他有关信号，按一定的调节准则确定各机组的设定有功出力。

2. 机组控制器

根据负荷分配器设定的有功出力，使机组在额定频率下的实发功率与设定有功出力相一致。

九、电力系统经济调度

以上介绍电力系统频率和有功功率控制时已经说明，要维持电力系统频率在允许范围之内，就要根据负荷的变化及时地调节电力系统中并联运行机组的有功输入，使之与负荷的功率变化相平衡，但并没有说明调节系统中哪些机组原动机的输入功率。为了提高电力系统运行的经济性，电力系统调度的一个重要任务就是在维持电力系统有功功率平衡、使系统频率在允许范围之内的前提下做好以下两项工作：

1.确定哪些机组并入电力系统运行；

2.确定已并网运行的机组各发多少有功功率。

上述第一项属于机组经济组合问题；第二项属于有功功率经济分配问题。将两者结合起来一并考虑就是电力系统经济调度和控制。电力系统经济调度和控制有一套完整的理论和方法，主要内容有：

（1）各类发电厂的运行特点及其合理组合；

（2）发电设备的经济特性；

（3）经济调度控制的主要算法（等微增率法、梯度法、线性规划和动态规划法）；

（4）火电厂之间的负荷经济分配；

（5）水、火电厂之间的负荷经济分配；

（6）电力系统网损及网损微增率。

经济调度的目的是在满足电力系统频率质量和安全的前提下合理利用能源和设备，以最低的发电成本或用最少的一次能源消耗获得最多的、有用的电能。电力系统经济调度和控制是电力系统频率和有功功率控制的重要内容之一。

第二节 电力系统电压和无功功率自动控制

一、电力系统电压和无功功率控制的必要性

（一）电力系统电压控制的必要性

1.电压偏移对电力用户的影响

电力负荷中占比重最大的是异步电动机。异步电动机的转矩与端电压的平方成正比。如以额定电压时最大转矩为 100%，当电压下降到 90% 时，它的最大转矩将下降到额定电压转矩的 81%。因此，电压过低时，可使电动机拖动能力下降；使带重载（如起重机、碎石机、磨煤机等）启动的电动机无法启动。电压过低还会导致电动机电流显著增大，使绕组温度上升，加速绝缘老化，严重情况下，甚至使电动机烧毁。电压下降，会使电动机转速下降，将影响工业产品的产量和质量。

电炉的有功功率是与电压的平方成正比的。炼钢厂中的电炉会因电压降低而增加冶炼时间，

从而影响产量。电压过低时，照明设备的发光率和亮度会大幅度下降。电压过高将使所有电气设备绝缘受损；使变压器、电动机等的铁芯饱和程度加深，铁芯损耗增大，温升增加，寿命缩短。照明负荷，尤其是白炽灯，对电压变化很敏感。电压过高会使白炽灯的寿命大大缩短，电压高于额定值10%，寿命将缩短一半。电压偏离额定值时，日光灯的寿命也会缩短。冲击负荷（如轧钢机等）会引起电压突然下降和恢复，产生电压闪变。电压闪变对冲击负荷附近的用户会产生不良影响，如灯光闪烁。

2. 电压偏移对电力系统的影响

电厂中的厂用机械（如给水泵、循环水泵、送风机、吸风机、磨煤机等）是由电动机驱动的。电压下降会使电动机转速下降、出力减少，并影响厂用机械的出力。这将直接影响锅炉和汽轮机的运行，严重时会使电厂出力下降，危及电力系统的安全运行。如果电力系统中无功功率严重短缺，电压水平过于低下，使某些枢纽变电站的母线电压运行在临界值之下时，母线电压有一微小下降就会发生负荷消耗的无功功率增加量大于系统向该点提供的无功功率增加量，使无功缺额进一步增大，电压进一步下降。如此恶性循环的结果，会使该枢纽变电站的母线电压下降到很低的水平。这种现象即所谓的"电压崩溃"。电压崩溃后，大量电动机自动切除，某些发电机组失步，导致系统解列或大面积停电。

（二）电力系统无功功率控制的必要性

1. 维持电力系统电压在允许范围之内

电力系统电压是靠电力系统中无功功率平衡维持的。要控制电力系统在额定电压运行，就要控制电力系统中无功电源发出的无功功率等于电力系统负荷在额定电压时所需消耗的无功功率。如果这个"等于"关系不能满足，电力系统就会偏离额定电压运行。当无功电源发出的无功功率偏离负荷在额定电压下所需消耗的无功功率过多时，电力系统电压就会过多地偏离额定电压。可见，维持电力系统电压在允许范围之内是靠控制电力系统无功电源的出力实现的。

2. 提高电力系统运行的经济性

除了同步发电机以外，电力系统中的主要无功功率电源还有并联电容器、同步调相机、同步电动机、静止补偿器等。高压输电线路的充电功率相当于在线路上并联了电容器，因此高压输电线路也可以看成无功电源。选用哪种无功电源，将它们配置在何处，如何控制系统中无功电源的出力，是很重要的。这些工作做得好，不仅可以提高电力系统的电压质量，而且还会减少无功功率传输过程中造成的无功和有功功率损耗，因而可以提高系统运行的经济性。例如，对于远离负荷中心的电厂，就不要它发过多的无功功率送往负荷。这是因为远距离地从电源经过变压器和输电路线向负荷输送无功功率，要产生电压损耗（高压线路和变压器上的电压损耗主要是由无功功率造成的）和有功功率损耗，而且输送距离越远，经过的环节越多，电压损耗和有功功率损耗也就越大。因此，无功功率一般都尽可能地就地、就近平衡。

3. 维持电力系统稳定

发电机是电力系统中重要的无功电源，而控制发电机输出无功功率的是发电机的励磁调节系统。在电力系统静态稳定方面，合理地选用自动励磁调节器，可以使发电机出口某一电抗后面的电压维持不变。这相当于将发电机电抗和发电机后的电抗减少至零，从而提高电力系统的静态稳定性。在暂态稳定方面，采用高励磁顶值、快速响应的励磁系统，会使发电机在加速过程中迅速增大励磁电流，从而有效地改善电力系统的暂态稳定性。在现代大型发电机上采用高性能的励磁调节器提高励磁顶值电压和励磁电压上升速度，对提高电力系统稳定有明显的效果。另外，在发电机励磁系统中加入电力系统稳定器（PSS）对抑制电力系统低频振荡也有一定作用。

二、电力系统电压和无功功率控制

（一）电力系统的电压控制

1. 电力系统的无功负荷

电力系统正常运行时的电压变化主要是由负荷无功功率变化引起的。电力系统无功负荷的变化可分为两类：一类是变化周期长、波及面大，主要由生产、生活和气象变化引起的负荷变化；一类是冲击性或间歇性负荷变化。前一类无功负荷的变化可以根据经验和统计规律预测。后一类负荷主要是往复式泵、电弧炉、卷扬机、通风设备，等等。这些负荷的功率变化周期短，频率一般在 2Hz 至 8.3×10^{-3}Hz 不等，而且变化是随机的，不能事先预见。

2. 电力系统的电压控制

电力系统中无功电源有多种。由于存在线路阻抗和变压器漏抗，电能（主要是无功功率）通过电力线路和变压器时会使电压下降。因此，一般说来，系统稳定运行时系统中各结点电压的相对值是不相等的。而且由于上述电压随输送功率的变化而变化，这就使得系统中各结点电压又是随负荷功率变化而变化的。电力系统电压控制的首要任务是控制电力系统中各种无功功率电源发出的无功功率总和等于负荷在额定电压时消耗的无功功率总和，维持电力系统电压的总体水平在额定值附近；其次是控制电力系统各结点电压在允许的范围之内。

通常所谓电力系统电压控制主要是针对无功负荷变化进行的。对冲击性和间歇性负荷引起的电压波动则采取一些措施限制。限制这类负荷变动引起的电压波动的措施很多。诸如由大容量变电站以专用母线或线路单独向这类负荷供电；在发生电压波动的地点和电源之间设置串联电容器；在这类负荷附近设置调相机，并在其供电线路上串联电抗器；在这类负荷的供电线路上设置静止补偿器等。

电力系统电压控制是在已经解决了冲击性和间歇性负荷引起的电压波动的基础上进行的。由于电力系统结构复杂，负荷极多，如果对每一个用电设备的电压都进行监视和控制，不仅没有可能，而且也没有必要。电力系统电压的监视和控制是通过监视和控制电压中枢点的电压实现的。所谓电压中枢点系指某些可反映系统电压水平的主要发电厂或枢纽变电站的母线电压。因为很多负荷都由这些中枢点供电，如能控制住这些点的电压偏移，也就控制住了系统中大部分负荷的电压偏移。通常所说的电力系统电压控制就是控制各电压中枢点的电压偏移不超过允许范围。

发电机是电力系统中的主要无功电源。通过调节发电机的励磁电流可以调节发电机的电压及其输出的无功功率，从而改变电力系统的无功功率平衡关系，控制系统电压的总体水平，还可以改变电网中节点的电压及无功潮流分布，同时也可以控制距机端电气距离不大的节点电压。

调相机的容量可以做得很大，而且调节方便、灵活，是一种很好的无功电源。但调相机投资很大，只有在十分必要的场合才安装。因此电力系统中调相机的数量是有限的。调相机的电压调节作用与发电机相同。并联电容器和电抗器以及静止补偿器的容量一般比较小，改变并联电容器和电抗器的容量或改变静止补偿器的电压稳定值，一般只改变并联这些补偿装置的结点的电压和与之相联接的线路的无功潮流。

用变压器调压时，对普通变压器，要在停电状况下进行改变分接头的操作，以使副边得到合适的电压；对有载调压变压器，可在运行中带负荷改变分接头位置。有载调压变压器适用于电压变化幅度较大的地方。

（二）电力系统的无功功率控制

电力系统无功功率控制的首要任务是控制电力系统中无功电源发出的无功功率总和等于电力系统负荷在额定电压时所消耗的无功功率总和，以维持电力系统电压的总体水平在额定值附近。其次是在保证上述"等于"关系成立的前提下，优化电力系统中无功功率的分布，即电力系统无功功率的优化控制。优化的内容有两个：负荷所需的无功功率让哪些无功功率电源提供最好，即无功电源的最优分布问题；负荷所需的无功功率是让已投入运行的无功电源供给好，还是装设新的无功电源更好，即无功功率的优化补偿问题。优化的目的是在保证电压质量的前提下获得更多的经济效益。

1.电力系统无功电源的最优分布

电力系统中无功功率最优分布的前提是负荷应有较高的自然功率因数（指负荷本身的功率因数）。这是因为负荷的自然功率因数太低，会使它所消耗的无功大量增加。在这种情况下进行无功补偿是非常不经济的，所以在对电力系统无功功率最优补偿之前，应先提高负荷的自然功率因数。

2.无功功率负荷的最优补偿

无功功率负荷的最优补偿包括最优补偿容量的确定、最优补偿设备的分布和补偿顺序的选择等问题。它属于电力系统规划设计范畴的内容，所讨论的问题是在系统中某节点装设无功功率补偿设备好呢，还是不装设好。好与不好在于怎么做更经济。

三、同步发电机励磁控制系统的主要任务和对它的基本要求

同步发电机励磁控制系统是由同步发电机及其电压互感器（YH）、电流互感器（LH）和励磁系统组成的一个反馈自动控制系统。励磁系统是向发电机供给励磁电流的系统，包括产生发电机励磁电流的励磁功率单元、自动励磁调节器、手动调节部分以及灭磁、保护、监视装置和仪表等。自动励磁调节器是根据发电机电压和电流的变化以及其他输入信号，按事先确定的调节准则控制励磁功率单元输出（励磁）电流的自动装置。

（一）同步发电机励磁控制系统的主要任务

1.控制电压发电机并入电力系统运行时，电力系统的电压水平由系统中无功电源发出的无功功率总和与系统中负荷所消耗的无功功率总和之间的平衡关系决定。由于单机容量相对电力系统中发电机总容量来说是有限的，因此改变一台发电机的励磁电流对电力系统电压水平的影响就不像单机带负荷运行时对发电机电压的影响那么大了，而且电力系统的容量越大，这种特征越明显。当电力系统容量无穷大时，系统电压为恒定值，改变一台发电机的励磁电流对系统的电压水平就一点影响也没有了。但是，由于电力系统中各节点电压是不相同的，因此，对并入电力系统的发电机电压随励磁电流变化的情况要作具体分析。

2.合理分配并联运行发电机间的无功功率

电力系统中有许多台发电机并联运行。为了保证系统的电压质量和无功潮流合理分布，要求合理控制电力系统中并联运行发电机输出的无功功率。所谓"合理控制"包含两层意思：

①每台发电机发出的无功功率数量要合理；

②当系统电压变化时，每台发电机输出的无功功率要随之自动调节，而且调节量要合理。为了使分析简化且突出主要矛盾，设同步发电机与无穷大电力系统并联运行，即发电机端电压不随负荷的变化而变化，是一个恒定值。同时假定发电机定子电阻为零，并忽略凸极效应。由于发电机发出的有功功率受调速器控制，调速器是根据发电机频率变化动作的，调节无功功率不会引起频率变化。

3.提高电力系统的稳定性

发电机励磁控制系统对电力系统稳定的影响在《电力系统基础》和《电力系统暂态分析》中已详细论述，这里不再重复。

4.改善电力系统的运行条件

当电力系统由于种种原因出现短时低电压时，发电机励磁自动控制系统可发挥调节功能，大幅度地增加励磁电流以提高系统电压。在下列几种情况下可以改善系统的运行条件：

（1）改善异步电动机的自启动条件

电网发生短路等故障时，电网电压降低，使大多数用户的电动机处于制动状态。故障切除后，由于电动机自启动时需要吸收大量无功功率，以致延缓了电网电压的恢复过程。发电机强行励磁的作用可以加速电网电压的恢复，有效地改善电动机自启动条件。

（2）为同步发电机异步运行创造条件

同步发电机失去励磁时，需要从系统中吸收大量无功功率，从而造成系统电压大幅度下降，严重时甚至危及系统运行安全。在此情况下，如果系统中其他发电机组能够提供足够的无功功率，以维持电压水平，则失磁的发电机还可以在一定时间内以异步运行方式维持运行，这不但可以确保系统安全运行，而且有利于机组热力设备的运行。

（3）提高继电保护装置工作的正确性

当系统处于低负荷运行状态时，发电机的励磁电流不大。若系统此时发生短路故障，短路电流较小，且随时间衰减，以致带时限继电保护不能正确动作。励磁自动控制系统可以通过调节发电机励磁电流来增大短路电流，使继电保护正确动作。

（二）对励磁系统的基本要求

1. 具有十分高的可靠性

发电机励磁系统是发电机组主要自动控制系统之一，出现故障就会直接影响与它配套的机组的运行。励磁系统一旦故障，轻则自动励磁调节器退出工作，改由运行人员手动调节励磁；重则造成停机事故。励磁调节由自动改为手动以后，励磁系统的大部分功能将丧失。机组继续并网运行的目的一般是为了让机组发有功功率，维持系统的有功功率平衡，以保证系统频率。由于发电机不仅是无功电源，而且是有功电源，所以励磁系统出现故障会直接影响电厂乃至电力系统的正常运行，甚至造成设备损坏。可靠性是励磁系统的生命。为了保证可靠性，励磁系统技术标准中有许多具体规定。

2. 保证发电机具有足够的励磁容量

励磁系统是与发电机配套的设备。它必须保证发电机在各种运行状态下需要的励磁功率。中国国家标准《同步电机励磁系统大、中型同步发电机励磁系统技术要求》（GB/T 7409.3-2012）中规定："当同步发电机的励磁电压和电流不超过其额定电压和电流的11倍时，励磁系统应保证能连续运行。"额定励磁电流是指发电机运行在额定电压、电流、功率因数与转速下磁场绕组中的直流电流。额定励磁电压是指在磁场绕组上产生额定励磁电流所需要的发电机磁场绕组端部的直流电压。

3. 具有足够的强励能力

强励是指在发电机电压下降较多时，励磁系统快速地将励磁电流和电压升到顶值的一种运行行为。强励指标包括励磁顶值电压、励磁系统允许强励时间和励磁系统标称响应。励磁顶值电压分为励磁系统空载顶值电压和负载顶值电压。励磁系统负载顶值电压是指"当提供励磁系统顶值电流时，从励磁系统端部可能提供的最大直流电压"。励磁系统顶值电流是指"在规定时间内，励磁系统从它的端部能够提供的最大直流电流"。国家标准规定：励磁顶值电压应根据电网情况与发电机在电网中的地位确定，但必须保证励磁系统顶值电压的倍数满足下列要求：

① 100 MW 及以上汽轮发电机不低于18倍；

② 50 MW 及以上水轮发电机不低于2倍；

③ 其他不低于16倍。

励磁系统顶值电压的倍数等于励磁系统负载顶值电压与额定励磁电压之比。励磁系统电压响应时间是指在发电机额定工况下运行、励磁系统起始电压为发电机额定励磁电压条件下，励磁系统达到顶值电压与额定励磁电压之差的 95% 所需时间的秒数。电压响应时间等于或小于 0.1s 的励磁系统称为高起始响应系统。

从改善电力系统运行条件和提高电力系统暂态稳定性来说，希望励磁系统具有较高的励磁顶值电压倍数和较小的电压响应时间。但是，这两项技术指标涉及励磁系统的结构和造价。一般说来，励磁顶值电压倍数越高，电压响应时间越短，励磁系统的造价就越高。在设计时，要根据发电机在系统中的地位和作用等因素，对这两项指标提出恰当的要求，既不要因指标过高而增加不必要的投资，又不要因指标定得过低而不能满足要求。国家标准规定，励磁系统允许强励时间应不小于 0.1 s。

四、同步发电机的励磁自动控制系统

（一）同步发电机励磁自动控制系统基本构成

同步发电机励磁自动控制系统是由发电机及其励磁系统组成的反馈自动控制系统。发电机励磁系统由自动励磁调节器和励磁功率单元组成。自动励磁调节器分为机电式励磁调节器、半导体励磁调节器和计算机励磁调节器。励磁功率单元分为直流电源励磁和交流电源励磁。直流电源励磁的电源为直流发电机，称为直流励磁机。交流电源励磁包括交流电源和整流器两部分。交流电源励磁的电源分为交流发电机（称为交流励磁机）、串联变压器和并联变压器。整流器分为可控硅整流和不可控硅整流。串联变压器有两个绕组，它既不同于变压器（原副边均为电压），也不同于电流互感器（原副边均为电流）。它的原边绕组匝数很少（一般为 5 匝以下），输入为电流，串联接入发电机中性点侧或机端；副边绕组匝数较多，输出为电压，这是它被称为串联变压器的原因，也有人将其称为功率电流互感器（GLH）。并联变压器就是一般的变压器，由于它的原边和发电机端是并联的，为了和串联变压器相区别，在励磁系统中往往被称为并联变压器。整流电路分为静止整流电路和旋转整流电路两种形式。旋转整流电路的整流元器件是和发电机转子同轴旋转的；静止整流电路的元器件是放在地面上静止不动的。

发电机励磁系统经历了一个由初级到高级的发展过程。早期，由于整流设备不能输出很大的直流供发电机励磁，发电机只好配用直流励磁机励磁。而那时半导体尚未诞生或尚未成熟，直流励磁机所配用的励磁调节器也只能是电磁式励磁调节器。随着半导体技术逐渐成熟，人们把它引入了发电机励磁系统之中，诞生了半导体励磁调节器。半导体励磁调节器与直流励磁机和交流励磁机配用就诞生了半导体直流励磁系统和半导体交流励磁系统。随着计算机技术的不断成熟，人们研制了计算机励磁调节器，又称为数字励磁调节器。这种计算机励磁调节器和不同的励磁功率单元相配用，又产生了一些不同名称的励磁系统。同时，功率单元中各种交流电源和整流电路相配用，也产生了"他励旋转硅整流励磁系统"等等。

（二）直流励磁机励磁系统

这种励磁系统是早期使用的系统，功率单元为直流励磁机，自动励磁调节器一般为电磁式励磁调节器。20 世纪 60 年代出现了与直流励磁机配用的可控硅开关式励磁调节器，80 年代又出现

了与直流励磁机配用的大功率晶体管开关式励磁调节器。在整流技术尚不发达的条件下，直流励磁机励磁系统为电力工业的发展做出过十分突出的贡献。但是也存在不少问题：

①直流励磁机靠机械整流子换向，有炭刷和整流子等转动接触部件，维护量大，对于大容量的发电机维护难度更大；

②机组容量越大，励磁电流也越大，当发电机容量大于 100 MW 时，用直流励磁机供给发电机励磁电流，换向问题难以解决；

③直流励磁机与同容量的交流励磁机或变压器相比，体积大，造价高。基于上述原因，直流励磁机励磁系统只用于 100 MW 及以下的发电机。

（三）交流励磁机励磁系统

随着整流技术的发展和大容量硅整流元件的出现，产生了交流励磁机励磁系统。这种励磁系统的励磁功率单元由与发电机同轴的交流励磁机和硅整流器组成，其中交流励磁机分为自励和他励两种方式；整流器又分为可控硅整流和不可控硅整流两种，每一种又有静止和旋转两种形式。这种励磁系统的自动励磁调节器有模拟式的，也有数字式的。这样，功率单元和调节器的各种不同形式的组合配用，使交流励磁机励磁系统的类型多种多样。下面只介绍几种有代表性的系统。

1. 他励交流励磁机静止整流励磁系统

（1）系统基本情况

这种励磁系统也称为他励静止半导体励磁系统。交流励磁机和交流副励磁机与发电机同轴旋转。交流副励磁机配有一个自励恒压调节器维持其端电压为恒定值。交流副励磁机输出的交流电经过可控硅整流器整流后给交流励磁机励磁。由于交流励磁机的励磁电流不是由它自己供给的，所以称这种励磁机为他励交流励磁机。交流励磁机输出的交流电经过不可控硅整流器整流后变成直流，供给发电机作励磁电流。在这种励磁系统中，自动励磁调节器通过控制整流元件的控制角改变交流励磁机的励磁电流，来控制发电机励磁电流。由于交流副励磁机的启励电压比较高，不能像直流励磁机那样依靠剩磁启励，所以，在机组启励时必须外加启励电源，直到交流副励磁机输出的电压足以使自励恒压调节器正常工作时，启励电源方可退出工作。

（2）对系统的基本评价

①由于取消了直流励磁机，不存在换向问题，而交流励磁机的容量可以做得很大，所以这种励磁系统的励磁容量不受限制。

②因为交流励磁机和副励磁机与发电机同轴，且自成体系，不受电网干扰，所以可靠性高。

③由于可控硅的控制角变化很快，发电机励磁电流可以很快变化，因此这种励磁系统刚问世时被称为快速励磁系统。它的性能也较好，满足大型发电机励磁的要求。

④交流励磁机的时间常数较大，而且由于控制环节多，使得这种励磁系统的时间常数较大。为了减少系统的时间常数，励磁机转子采用叠片式结构，并提高了交流励磁机的频率。因为 100 Hz 叠片式转子与相同尺寸的 50 Hz 实心转子相比，励磁机时间常数可减少一半，同时高频率还

会使整流器输出的直流纹波减小，使整流电路中变压器体积减小，滤波器容量减小。因此这种励磁系统中励磁机的频率为 100 Hz，副励磁机的频率为 400 Hz。

⑤有转子滑环和炭刷。滑环和炭刷是转动接触装置，需要一定的维护工作量，且易发生火花，不利防火。同时对于大容量发电机励磁电流很大，难以通过滑环和炭刷将巨大的转子电流引入转子绕组。

⑥加长了机组主轴长度。由于机组主轴上串上了励磁机和副励磁机，加长了机组主轴的长度。这对于火电厂会增加厂房的宽度（机组横向布置时）或长度（机组纵向布置时）；对于水电厂会增加厂房高度。这些会使发电厂主厂房的土建造价增加。

2. 自励交流励磁机静止硅整流励磁系统

这种励静止半导体励磁系统与励磁机静止整流励磁系统属于同一类型的系统，有许多相同之处。区别在于这种励磁系统取消了副励磁机，自动励磁调节器通过控制可控硅整流器中可控硅元件的控制角直接控制发电机的励磁电流。这种励磁系统与他励静止半导体励磁系统相比有以下特点：

①由于取消了副励磁机，由可控硅整流器直接控制发电机励磁电流，所以时间常数小，快速性好；

②缩短了机组主轴长度，可以减少电厂的土建投资；

③可控硅整流器控制的电流大，需要的可控整流设备容量大。

3. 交流励磁机旋转整流励磁系统（无刷励磁）

（1）系统基本情况

就励磁控制系统结构而言，它属于他励交流励磁机励磁系统的一种。两种励磁系统有许多相同之处，但也有区别。区别在于：

①交流副励磁机为永磁发电机；

②没有炭刷。

交流励磁机的励磁绕组和电枢绕组的位置与一般发电机相反：励磁绕组放在定子上静止不动；电枢绕组放在转子上和发电机同轴旋转，而且永磁发电机的永磁极也在转子上。这样，在发电机旋转时，交流励磁机的电枢绕组、硅整流器和发电机转子一起同轴旋转。由于整流器和发电机转子是相对静止的，所以不需要由滑环和炭刷将整流器的输出和转子绕组连接起来，可以直接连接在一起。因此这种系统又称为无刷励磁。

（2）对该系统的基本评价

①解决了巨型机组励磁电流引入转子绕组的技术困难，为制造巨型机组提供了技术保证。

②取消了滑环和炭刷，维护量小，不易引起火灾。

③整流器的元、器件是随转子一起转动的，由此引起了一系列技术问题：无法实现转子回路直接灭磁；无法对励磁回路进行直接测量（如转子电流、电压、转子绝缘等）；无法对整流元件

的工作情况进行直接监测；要求整流器和快速熔断器等有良好的力学性能，能适应高速旋转的离心力。

目前，无刷励磁技术已经成熟，已在大型机组上应用。

（四）静止励磁系统

所谓静止励磁系统是指这种系统中没有转动部分，所有设备与地面都是相对静止的。这种励磁系统分为自并励和自复励两种形式。

1. 自并励励磁系统

发电机励磁功率取自发电机端，经过励磁变压器降压、可控硅整流器整流后给发电机励磁。发电机励磁电流通过自动励磁调节器控制可控硅的控制角进行控制。由于励磁变压器是并联在发电机端的，且发电机向自己提供励磁功率，所以这种系统叫作自并励励磁系统。这种励磁系统有如下优点：

①结构简单、可靠性高、造价低、维护量小；

②没有励磁机，缩短了机组主轴长度，可减少电厂土建造价；

③直接用可控硅控制转子电压，可获得很快的励磁电压响应速度，可以近似地认为具有阶跃函数那样的响应速度。

对于自并励励磁系统，人们曾有过两点疑虑：

①在发电机端三相短路而切除时间又较长的情况下，由于励磁变压器原边的电压为零，励磁系统能否及时提供足够的强励电压；

②由于短路电流的迅速衰减，带时限制的继电保护能否正确动作。针对上述疑虑，国内曾做过认真分析和试验研究。例如，曾对 300 MW 水轮发电机组分别配用自并励系统和他励系统进行动模实验和理论计算。动模实验结果表明，在发电机端突然三相短路时，两种励磁系统的发电机短路电流上升速度和最大值基本一致，最大值均为额定电流的 280 倍；短路后 0.5 s 自并励系统发电机短路电流衰减到 265 倍，只衰减了 536%，并不比他励系统衰减得快多少，只是在短路 0.5 s 以后两者的差别才明显起来。这是因为大中容量的发电机转子时间常数较大，转子电流要在短路 0.5 s 以后才显著衰减。而且动模实验和理论计算的结果基本相符。这说明，自并励系统并没有人们想象中那么严重的缺点。考虑到高压电网中重要设备的主保护动作时间都在 0.1 s 之内，且都设有双重保护，因此没必要担心继电保护问题。这种励磁系统适合在大、中容量的发电机上应用。对于中、小型机组，由于转子短路电流衰减较快，继电保护配合较复杂，要采用一定的技术措施以保证继电保护正确工作。由于水轮发电机的转子时间常数和机组的转动惯量比较大，这种励磁系统比较适用于水轮发电机，尤其适用于发电机—变压器单元接线的发电机。对于这种励磁系统，为了防止机端三相短路，有的电厂将发电机的三相引出线分别封闭在 3 个彼此分开的管道中。这种励磁方式已普遍用于大容量的水轮发电机励磁。

2. 自复励励磁系统

这种励磁系统的原理，串联变压器，也称作功率电流互感器，作用是把发电机电流取出一部分，经过整流后作为发电机的励磁电流。这种方式称为复式励磁，简称为复励。经过励磁变压器降压、整流后作为发电机励磁电流的方式称为自励。自励和复励两部分输出的直流并在一起，共同供给发电机励磁电流的方式称为自复励励磁方式。

自复励励磁方式的特点是：当电力系统短路时，自励部分会因为发电机电压下降而降低励磁能力，复励部分会因发电机电流增加而增加励磁能力，两者相辅相成，弥补了自并励方式单独由发电机电压供给发电机励磁电流的不足，它可以保证在机端短路时有足够的强励能力。这种自复励励磁方式出现在自并励方式之前。随着自并励方式在实际生产中成功地应用，自复励方式已经较少采用了。

五、比例式励磁自动控制的基本原理

（一）基本结构与工作原理

随着自动化技术的进步，励磁调节器经历了电磁式、模拟半导体式和数字式等几个发展阶段。目前，电力系统中运行的励磁调节器种类很多、类型各异，但就控制规律而言，绝大多数属于比例式调节器，而且各种不同类型的比例式励磁调节器的基本构成也基本相同。

（二）比例式可控硅励磁调节器的工作原理

比例式可控硅励磁调节器的类型很多，电路也各不相同，但构成调节器的基本环节和各环节的特性都是很相似的。

1. 电压测量比较单元

电压测量比较单元的基本作用是把发电机电压变换为与其成正比的直流电压，与给定电压进行比较，得到两者的偏差。

（1）对测量比较单元的基本要求

①测量电路应有足够高的灵敏度，给定电压应稳定，电压给定电路的调整范围必须满足运行要求。一般应保证发电机空载运行时，机端电压能在 70% ~ 110% 额定电压范围内进行平衡的调节。

②测量电路应具有优良的动态性能，即要反应迅速（电路的时间常数要小）。

③测量电路的输出电压应平稳，纹波要小。

（2）电路工作原理及特性

电路的结构，正序电压滤过器的作用是在电力系统的三相电压不平衡时，输出一个对称的反映电压水平的正序电压，以提高测量单元的灵敏度。正序电压滤过器不是测量比较单元中必须设置的环节。测量变压器的作用是将从电压互感器二次侧来的电压降低为适用于整流电路所需要的值。测量变压器的副边一般为三相。有的励磁调节器中为了减小整流后的交流分量，进而减小滤波电路的电容量，达到减小测量单元时间常数的目的，将测量变压器副边做成 6 相，甚至 12 相。

与此相适应，整流电路也做成为 6 相或 12 相。应当指出，发电机励磁自动控制系统的性能指标是由各构成单元的特性共同决定的，在设计时要根据对励磁系统性能指标的要求通盘考虑，然后对各环节的指标提出要求。盲目地提高某一环节的性能指标，使电路过于复杂，是不合适的。这就是在测量比较单元中可不设置正序电压滤过器和不采用 12 相和 6 相整流的原因。

比较整定电路的作用：

①把测量输出的电压与给定电压相比较，输出一个表征发电机电压与给定值偏差直流电压；

②通过调节发电机电压的给定值去调节的大小，进而调节发电机端电压或无功功率，可以就地手动调节，也可以远方手动调节或通过自动装置调节。这里所说的手动和"手动控制"单元是两回事。后者是在励磁调节器的自动调节部分出现故障退出工作后的手动调节，前者是自动调节部分工作正常时的调节。

2.综合放大单元

（1）综合放大单元的作用

①综合放大各种励磁控制信号。这些信号包括发电机电压偏差信号、电力系统稳定信号以及低励限制和过励限制信号等。

②改善励磁自动控制系统的静态和动态性能指标。根据自动控制原理可知，合理地选取综合放大单元的放大系数，可以做到使系统既有足够的静态调节精度，又有良好的动态调节特性。

③输出移相单元所需的输入电压。不同的移相触发电路对输入电压有不同要求，这种要求要靠综合放大单元满足。

（2）对综合放大单元的基本要求

①要求能线性无关地综合、放大各输入信号。所谓线性无关地放大各输入信号，即输出和输入之间呈线性关系，而且改变输入信号中的任何一个信号的放大系数，不影响其他输入信号的放大系数。

②有足够的运算精度和放大系数，放大系数可调。

③响应速度要快，即时间常数要小。

④工作稳定、输出阻抗低。即要求零点漂移小，负载能力强，保证综合放大单元的输出电压不受移相触发单元工作的影响。

⑤输出电压范围满足移相触发单元的要求。

（3）综合放大单元的工作原理及特性

半导体励磁调节器中，综合放大单元一般采用直流运算放大器。这种放大器可由分立元件组成，也可采用集成电路运算放大器。随着集成电路技术的发展，目前生产的励磁调节器已全部采用集成电路运算放大器。

3. 可控硅整流电路

（1）可控硅整流电路的作用

可控硅整流电路的作用是将交流电压整流成直流电压，向发电机励磁绕组或励磁机励磁绕组供给可控制的励磁电流。励磁调节器中使用的可控硅整流电路有三相半控桥式整流电路。

（2）可控硅整流电路的工作原理及特性

按照课程分工，可控硅整流电路在《电力电子技术》课程中讲授，这里仅从发电机励磁调节的角度作简单介绍。

①整流元件的通断

可控硅整流元件的工作特性是：元件两端加正向电压，同时向控制极加正向触发信号就可以实现导通。元件导通之后触发信号就失去作用，只有元件的正向电流小于它的维持电流时才截止。为了使元件可靠截止，一般都向元件施加反向电压。根据上述特性，对于共阴极型半控桥式整流电路，在有触发脉冲的前提下，阳极电压最高的 SCR 元件和阴极电压最低的 SR 元件导通。

②续流管的作用

二极管称为续流二极管，简称续流管。三相半控桥式整流电路在不同 a 角时的电压波形图。当 a > 60° 时，三相半控桥式电路输出电压是不连续的。在这种情况下，三相半控桥式整流电路向负荷输出电流。由于励磁机的励磁绕组有很大的电感，当电流流过励磁绕组时，会在励磁绕组中储存大量的磁能。整流电路不再向励磁绕组提供电流，励磁绕组中存储的磁能就要转换成电能释放出来。续流管就是为了使电能有释放通路而设置的。如果没有续流管，励磁绕组中存储的磁能就要通过可控硅整流电路强行放电，造成可控硅整流电路该关断时不能关断。这就是可控整流电路的失控，是不希望出现的。续流管一方面可以保证可控整流电路不失控，另一方面也使励磁绕组中的电流不致因加到励磁绕组两端的电压是断续的而断续，而是保持连续状态。

4. 同步和移相触发单元

（1）对移相触发单元的要求

①可控硅的触发脉冲应与可控硅阳极电压同步。同步是指具有同一频率的各周期现象之间存在着的情况。在三相桥式可控硅整流电路中，可控硅的阳极电压和触发脉冲都是周期性变化的电气量，要求两者同步就是要求它们两者的频率相同。可控硅的触发脉冲与可控硅的阳极电压同步是可控硅整流电路正常工作的最基本条件。如果两者不同步，可控硅整流电路是不能正常工作的。

②触发脉冲的移相范围要符合相应可控整流电路的要求。三相半控和全控桥式整流电路的理论移相范围为 0° ～ 180°。实际电路中为了保证可控整流电路在各种工作条件下都能可靠工作，通常都对触发脉冲的移相范围加以限制。不同的励磁调节器限制范围有所不同，一般半控桥式可控整流电路限制在 10° ～ 170°，全控桥式电路限制在 20° ～ 160°。

③触发脉冲应有足够的功率以保证可控硅元件可靠地导通。可控硅元件的控制极参数有分散性，而且它所需的触发电压和电流随温度而变化。为了保证可控硅元件可靠地导通，触发电路输

出的电压、电流要满足可控硅元件对触发信号的要求，并留有一定裕量，但不应大于允许值。

④触发脉冲的上升前沿要陡。上升沿的上升时间一般在 10μs 左右。在可控硅整流电路中，如果元件的耐压水平不够高，就将多只元件串联；如果元件允许通过的电流不够大，就将多支路并联。如一个五串、三并的桥臂就由 15 只可控硅元件组成。为了保证在同一桥臂中的所有可控硅整流元件同时导通，以防止元件损坏，要求触发脉冲有足够大的触发功率的同时，还要求触发脉冲的上升沿有足够的陡度。这是因为提高触发脉冲的前沿陡度可以保证同一桥臂上的所有元件导通的同时程度更高。

⑤触发脉冲有足够的宽度。可控硅励磁调节器中，可控硅整流电路输出电流要送给励磁机或发电机的励磁绕组。这些绕组具有较大的电感，流过它的电流要从零逐渐上升。如果可控硅整流电路输出的电流还没上升到大于可控硅元件的维持电流时，触发脉冲已经消失了，可控硅元件就会重新关断。这是一种失控。一般要求触发脉冲宽度应不小于 100μs，通常为 1ms，相当于 50 Hz 正弦波的 18°。对三相全控桥式整流电路，要求触发脉冲宽度大于 60° 或者用双脉冲触发。

⑥保证各相可控硅元件的控制角一致。若不能保证一致，将使整流桥输出电压的谐波增加。一般在三相半控桥式整流电路中，各相触发脉冲的相角偏差应小于 10°，在三相全控桥式整流电路中，相角偏差不大于 5°。

⑦触发脉冲与主电路应相互隔离。这是为保证触发电路不受主电路高电压的影响而安全工作的基本条件。

（2）移相触发电路工作原理及特性

一般在不同的励磁调节器中，移相触发电路的形式是不同的，有单结晶体管式、单稳态触发器式、锯齿波式和余弦式等。同步电路是和移相触发电路统筹考虑设计的，与不同形式的移相触发电路配套工作的同步电路也各有不同形式。由于同步电路和移相触发电路关系密切，一般情况下常把同步电路作为移相电路的一部分，不同的移相触发电路一般都包括同步、移相、脉冲形成和脉冲放大几个部分。

（三）比例式半导体励磁调节器的静态工作特性

半导体励磁调节器的静态工作特性是指它的输入电压和输出电压之间的静态关系。前面已经介绍了构成半导体励磁调节器的各单元的工作特性。用这些单元构成励磁调节器时，为了使各个单元之间很好配合，通常要对这些单元工作特性做一些处理。应当指出，分单元调试得出的励磁调节器各组成单元的特性，一般来说是不会配合得那么好。在励磁调节器中，测量单元和移相触发单元的工作特性应该是可以调整的，这样才可以通过调节各单元的工作特性得到满意的励磁调节特性。通过调整励磁调节器各构成单元的特性得出满意的励磁调节器静态工作特性的过程，称为励磁调节器的统调。

六、同步发电机励磁自动控制系统的静态特性

（一）发电机电压调节特性

同步发电机励磁自动控制系统的静态工作特性是指在没有人工参与调节的情况下，发电机机端电压与发电机电流的无功分量之间的静态特性。此特性通常称为发电机外特性或电压调节特性，也称为电压调差特性。同步发电机励磁控制系统静态工作特性的三种类型，其中 δ 称为发电机端电压调差率或调差系数。δ > 0 称为正调差，调节特性曲线向下倾斜，表示发电机机端电压随无功电流的增大而下降；δ < 0 称为负调差，调节特性曲线向上翘起，表示发电机机端电压随无功电流的增大而上升；δ =0 称为无差特性，表示发电机机端电压不随无功电流变化，而保持恒定值。

（二）发电机调压精度

发电机调压精度是指发电机自动励磁调节系统投入运行、励磁系统调差单元退出、发电机电压给定值不进行调整的情况下，原动机转速及功率因数在规定范围内变化时，发电机负载从零变化到额定值所引起的发电机机端电压的变化，并用发电机额定电压的百分数表示。

（三）励磁调节器的调差单元

一般说来，励磁调节器均可以保证发电机有较高的调差精度。也就是说，使自然调差特性曲线成为一条与横轴基本平行的直线。这种特性不能使发电机并联稳定运行，也不能在并联运行机组间合理分配无功负荷。为了使发电机稳定运行和合理分配并联运行机组间的无功负荷，在励磁调节器中必须设有调差单元。

（四）发电机电压调节特性的平移

发电机并入电网运行后需要增加无功功率，退出电网运行前需要减少无功功率，并网运行时也要根据需要随时调节无功功率。这些都需要通过运行人员手动调节实现，而且要求平稳增减。

七、同步发电机励磁自动控制系统的动态特性

（一）概述

同步发电机励磁自动控制系统是一个反馈自动控制系统。一个自动控制系统首先应该是稳定的，这是该系统能够运行的前提；其次应该具有良好的静态和动态特性。同步发电机励磁自动控制系统的静态特性已在上一节介绍，本节介绍同步发电机励磁自动控制系统的动态特性。

同步发电机励磁自动控制系统的动态特性是指在外界干扰信号作用下，该系统从一个稳定工作状态变化到另一个稳定工作状态的时间响应特性。同步发电机在额定转速下突然加入励磁，使发电机电压从零升至额定值时的时间响应曲线。我国同步发电机励磁系统国家标准中对同步发电机励磁自动控制系统动态特性的超调量、调节时间和摆动次数有明确规定。在我国大、中型同步发电机励磁系统技术要求（GB/T 7409.3–2012）中，对同步发电机动态响应的技术规定为：

（1）同步发电机在空载额定电压情况下，当电压给定阶跃响应为 ±10% 时，发电机电压超调量应不大于阶跃量的 50%，摆动次数不超过 3 次，调节时间不超过 10 s；

（2）当同步发电机突然零启升压时，自动电压调节器应保证发电机端电压超调量不得超过额定值的15%，调节时间不应大于10 s，电压摆动次数不应大于3次。

（二）同步发电机励磁自动控制系统的传递函数

励磁变压器和可控硅整流组成励磁系统的功率单元，作用是从发电机机端向发电机转子供应励磁功率；励磁调节器由电压测量单元、综合放大单元、积分单元、适应单元和移相触发单元组成，作用是按照预先设计的控制准则形成可控硅的控制角，实现对发电机励磁电流的控制。励磁调节器和励磁功率单元组成励磁系统。励磁系统和发电机组成一个反馈自动控制系统——发电机励磁自动控制系统。一个实际自动控制系统的运动特性受许多因素的制约和影响。一个能够表征所有影响系统运动特性的因素的数学模型通常是十分复杂的，而建立这样的数学模型又往往是困难的，也是不必要的。建立数学模型时要根据建模的目的和控制系统的结构及其工作条件做出一些假设。这样建立的数学模型能够突出主要矛盾，使数学式简化、物理意义清楚。鉴于此，由同一个励磁系统所构成的发电机励磁自动控制系统用于不同目的时所建立的数学模型是不相同的。例如，用于电力系统稳定研究时一般都要进行较多的简化，只剩下最能表达励磁系统本质特性的部分；用于研究励磁系统性能的数学模型就要较少简化，以使结果尽量精确。本节介绍的数学模型属于后者。我国技术标准中对自并励可控硅励磁系统的性能要求是在发电机空载运行、转速在0.95 ~ 1.05额定转速范围情况下突然投入励磁系统，使发电机机端电压从零上升到额定值（即零启升压）情况下规定的。据此建模时假定发电机空载运行，而且转速维持额定值不变。

（三）同步发电机励磁自动控制系统特性的分析

1. 数学模型的处理

分析励磁自动控制系统的特性可以使用古典控制理论，也可以使用现代控制理论。这些理论通常只适用于线性自动控制系统，对非线性系统是不适用的。而发电机励磁控制系统一般都有非线性环节。一个非线性系统，这就需要进行线性处理。线性处理时，首先要确定在哪一点线性化，也就是首先要确定系统各环节的定态工作点，然后假定在整个运行过程中各环节的输入量和输出量在定态工作点附近变化的绝对值一直保持很小。这样就可以把本来是非线性的环节近似地当成线性环节对待。分析发电机励磁自动控制系统，一般假定发电机在空载额定状态（即发电机空载额定转速、额定定子电压）运行时各环节对应的输入、输出为定态工作点，而且励磁系统的输入信号只有很小变化。同时考虑到发电机空载运行时励磁电流较小，可控硅整流电路的换相电抗压降幅不大，也可忽略。

2. 稳定性分析

分析励磁自动控制系统的稳定性，可以使用古典控制理论和现代控制理论介绍的方法。下面介绍用劳斯判据判定系统稳定性的方法。用劳斯判据判定系统稳定性时，首先求出系统的特征方程，然后根据特征方程列出劳斯表。如果表中第一列元素的值都是正的，则系统是稳定的，否则就是不稳定。闭环传递函数由1/（1+T2S）和它右边的闭环组成。由于1/（1+T2S）构成系统的一个固定闭环极点，其值为 –1/T2，且在复数平面的左半侧，所以只要 1/（1+T2S）右边的闭环系统是稳定的，系统就是稳定的。这样，判断系统的稳定性只要判断右边的闭环系统（以下称小闭环）是否稳定。

（四）用仿真技术分析研究励磁控制系统的特性

仿真也称模拟。它不是直接对实际系统进行研究，而是根据模拟理论先设计一个能反映该系统的模型，然后通过模型试验求得结论，进而通过对模型结论的分析得出实际系统的结论。最初，人们在相似理论的指导下设计并构成物理模型，通过在物理模型上做实验来代替在原型上的实验，这就是所谓的物理模拟，或称物理仿真。例如，电力系统动态模拟就是一种用于研究电力系统动态特性的物理模拟系统。它把实际电力系统的各个部分，如同步发电机、变压器、输电线路、负荷等按照相似条件设计和建造并组成一个电力系统模型。用这种模型可以代替实际电力系统进行各种正常与故障状态的试验和研究。

随着实际系统的规模和复杂程度的增加，使物理模拟方法受到很大限制。与此同时，随着计算机技术和计算技术的飞速发展，出现了数学仿真。所谓数学仿真就是将实际系统的运动规律用数学形式表达，然后在计算机上做实验。数学仿真的主要步骤为建立数学模型和仿真模型，进行仿真试验。建立数学模型是用数学表达式来描述物理原型。建立仿真模型是处理数学模型与计算机之间的关系。按照使用计算机的类型不同，数学仿真又可分为用模拟计算机实现的模拟仿真、用数字计算机实现的数字仿真、用模拟计算机和数字计算机实现的混合式仿真，以及数学仿真和物理仿真组成的联合仿真等。

用仿真技术分析研究系统的特性，可以保证被研究系统的安全，且经济性好（省钱、省物、省时），可以使实验研究变得方便灵活，可以使许多无法做的实验成为可能。由于上述许多优点，仿真技术在近 50 年中有了很大的发展。尤其是近 20 年来，随着计算机技术的迅速发展，数字计算机的性能价格比不断提高，数字计算机在我国已日益普及。在这种情况下，数字仿真技术已经成为电力系统控制工程师们必须掌握的一门技术。仿真技术对于分析研究同步发电机励磁自动控制系统的特性是非常有用的，主要用于以下两个方面：

1. 新型励磁系统设计与试验

设计新型励磁系统时，由于所设计的励磁装置尚未生产出来，因此无法通过试验研究其特性。进行新型励磁系统研究设计时，应该先提出系统的结构和参数，建立所设计系统的数学模型，在计算机上进行仿真，了解新系统的性能。如果新系统的性能不理想，则修改系统的参数或结构，然后再修改数学模型，在计算机上重新进行仿真，求出其性能。依此反复分析研究，直到对系统的性能满意为止。用数字仿真确定了新设计的励磁系统的结构和参数以后，再据此研制新型励磁系统的样机。样机做好后，可以先在电力系统动态模拟实验室进行动模试验（即物理模拟），认为没有问题以后，再安装到发电厂的发电机上做实际试验和运行。

2. 励磁系统动态特性的分析与研究

一个已经生产出来的励磁系统投入运行前，要整定许多参数。为了能适用于不同的机组，励磁装置生产厂家在装置上提供以上这些参数的整定范围。至于某一台特定机组选用某一特定装置时，以上参数整定为多少则根据发电机组的特性及其在电力系统中的地位与作用，由使用励磁装置的人在励磁装置投入运行前确定。这些可整定的参数的整定值可以通过仿真确定。通过仿真还可以模拟系统在正常运行状态和非正常运行状态下的动态行为，以便研究系统的动态特性和稳定性，也可分析系统故障的发生、发展和产生的后果。目前，控制系统数字仿真技术已基本成熟，有一些现成的数字仿真程序供研究励磁系统特性时选用。数字仿真还有一个突出的优点是可以很方便地仿真各种非线性特性对系统特性的影响。详细论述控制系统仿真问题已经超出了本课程的基本要求，因此不再进一步介绍。

八、同步发电机微机励磁系统

（一）概述

随着大容量发电机组的使用和大规模电力系统的形成，对发电机励磁系统的可靠性和技术性能的要求越来越高，需要研究新型的励磁调节器满足要求。同时计算机技术和自动控制理论的发展也为研究新型励磁调节器和励磁系统提供了良好的技术基础。国外从 20 世纪 70 年代开始研究数字式励磁调节器，到 80 年代中期进入成熟阶段。

目前数字式励磁调节器的主导产品是以微型计算机为核心构成的。它具有以下优点：

1. 可靠性高

由于大规模数字集成电路制造质量的提高和硬件技术的成熟，也由于可以用软件对电源故障、硬件及软件故障实行自动检测，对一般软件故障自动恢复，使微机励磁调节器具有很高的可靠性。

2. 功能多、性能好

微机励磁的功能主要由软件实现。这有以下优点：

（1）功能多

微机励磁不仅可以实现模拟式励磁的全部功能，而且实现了许多模拟式励磁调节器难以实现的功能，如各种励磁电流限制及保护功能等。

（2）通用性好

微机励磁可以根据用户的不同要求选取硬件和软件模块，构造出不同功能的微机励磁调节器来满足不同发电机及其励磁功率单元以及电力系统对发电机励磁的要求。一台设计良好的微机励磁调节器可以适用于各种不同的励磁系统。

（3）性能好

微机励磁调节器可以很方便地在机组运行过程中根据机组和电力系统的运行状态实时地在线修改励磁控制系统的控制结构和参数，以提高励磁控制系统的性能。

3. 运行维护方便

微机励磁调节器的发展方向是使硬件尽量简化，而调节功能尽量由软件实现。如电压给定、控制参数整定等用数字式代替了模拟式励磁调节器中的电位器，使维护量大大减少。发电机数字励磁调节系统是由专用控制计算机组成的计算机控制系统。如果按计算机控制系统划分，可将这个系统分为硬件和软件两部分。

（二）硬件

数字式励磁系统的最本质特征是它的励磁调节器是数字式的，而励磁功率单元可以是本节中介绍的任何一种形式。各种型式的微机励磁调节器和不同形式的励磁功率单元的不同组合，构成了各种不同型式的励磁系统。下面仅对自并励式微机励磁系统进行说明，以求对数字式励磁系统的硬件构成有基本了解。

1. 模拟量输入和电量变送器

一般说来，发电机数字式励磁系统的输入为发电机电压、电流。有的产品还输入发电机有功功率和无功功率、频率和励磁电流。输入两路发电机电压和是为了防止电压互感器断线（如保险丝熔断）时产生误调节。发电机励磁电流可以取自可控硅整流电路的交流侧；也可以取自可控硅整流电路的直流侧，由直流互感器供给。输入数字式励磁调节器的这些模拟电量需转换成数字量才能输入数字式励磁调节器的核心——微型计算机。模拟电量输入计算机的方式有两种，即采用电量变送器和交流采样。

2. 工业控制微型计算机

数字励磁调节器配用的工业控制微型计算机。由于大规模数字集成电路技术进步非常快，计算机技术也随之不断发展，使微机励磁调节器硬件系统不断推陈出新，并从单微处理器、多微处理器向多微机分布式和网络化方向发展。微机励磁调节器的一种原则性结构示意。微处理器和RAM、ROM合在一起通常又称为主机。发电机运行状态变量的实时采样数据、控制计算过程中的一些中间数据和主程序中控制的计数值等存放在可读写的随机存储器RAM中。固定系数、设定值、应用软件和系统软件等则事先固化存放在只读存储器ROM或EPROM、E2PROM中。主机是励磁调节器的核心部件。它根据从输入通道采集的发电机运行状态变量的实时数据，进行控制计算和逻辑判断，求得控制量。该控制量即为要求将可控硅的控制角 a 控制到多少度。该控制量输入到"同步和数字触发控制"单元，发出载有控制角 a 的触发脉冲信号，经脉冲放大器放大和脉冲变压器整形后送到可控硅整流器，从而实现对发电机励磁电流的控制。

3. 同步和数字触发控制电路

同步和数字触发控制电路是数字励磁调节器的一个专用输出过程通道。它的作用是将微型计算机 CPU 计算出来的、用数字量表示的可控硅控制角转换成可控硅的触发脉冲。实现上述转换有两种方式：其一，是将 CPU 输出的表征可控硅控制角的数字量转换成模拟量，再经过模拟式触发电路产生触发脉冲，经放大后去触发可控硅整流桥中的可控硅；其二，是用数字电路将

CPU 输出的表征可控硅控制角的数字量直接转换成触发脉冲，经放大后去触发可控硅。

（三）软件

1. 软件的组成

微机励磁调节器的软件由监控程序和应用程序组成。监控程序就是计算机系统软件，主要为程序的编制、调试和修改等服务，而与励磁调节没有直接关系，但仍作为软件的组成部分安置在微机励磁调节器中。应用程序包括主程序和调节控制程序，是实现励磁调节和保护等功能的程序。微机励磁调节器软件设计主要集中在这一部分。

2. 主程序的流程及功能

（1）系统初始化

系统初始化就是在微机励磁调节器接通电源后，正式工作前，对主机以及开关量、模拟量输入输出等各个部分进行模式和初始状态设置，包括对中断初始化、串行口和并行口初始化等。系统初始化程序运行结束就意味着微机励磁调节器已准备就绪，随时可以进入调节控制状态。

（2）开机条件判别及开机前设置

现假定微机励磁调节器用于水轮发电机励磁系统。首先判别是否有开机令。若无开机令，则检查发电机断路器分、合状态：分，表明发电机尚未具备开机条件，程序转入开机前设置，然后重新进行开机条件判别；合，表明发电机已经并入电网运行，转速一定在 95% 以上，程序退出开机条件判别。若有开机令，则反复不断地查询发电机转速是否达到了 95%，一旦达到了，表明开机条件满足，结束开机条件判别，进入下一阶段。开机前设置主要是将电压给定值置于空载额定位置以及将一些故障限制复位。

（3）开中断

微机励磁调节器的调节控制程序是作为中断程序调用的。因此，主程序中"开中断"一框表示微机励磁调节器在此将调用各种调节控制程序实现各种功能。开中断后，中断信号一出现，CPU 即中断主程序转而执行中断程序，中断程序执行完毕，返回，继续执行主程序。"单稳"的输出就是一个中断信号，一出现就中断执行主程序转而执行电压调节计算程序。

（4）故障检测及检测设置

微机励磁调节器中配备了对励磁系统故障的检测及处理程序，它包括断线判别、工作电源检测、硬件检测信号、自恢复等。检测设置就是设置一个标志，表明励磁系统已经出现了故障，以便执行故障处理程序。

（5）终端显示和人机接口命令

为了监视发电机和微机励磁调节器的运行情况，可通过动态地将发电机和励磁调节器的一些状态变量显示在屏幕上。终端显示程序将需要监视的量从计算机存储器中按一定格式送往终端显示出来。

在调试过程中，往往需要对一些参数进行修改。为此，设计了人机接口命令程序。该程序能实现对参数、调差系数等在线修改。此外，通过人机接口命令还能进行一些动态试验，如10%阶跃响应试验等。

第六章 变电站与配电网自动化

第一节 变电站自动化

一、变电站二次回路

变电站是电力网中线路的连接点，作用是变换电压、变换功率和汇集、分配电能。变电站中的电气部分通常被分为一次设备和二次设备。属于一次设备的有不同电压的配电装置和电力变压器。配电装置是交换功率和汇集、分配电能的电气装置的组合设施，它包括母线、断路器、隔离开关、电压互感器、电流互感器、避雷器等。电力变压器是变电站中变换电压的设备，它连接着不同电压的配电装置。有些变电站中还由于无功平衡、系统稳定和限制过电压等因素，装有同步调相机、并联电容器、并联电抗器、静止补偿装置、串联补偿装置等。为了保证变电站电气设备安全、可靠和经济运行，还装有一系列的辅助电气设备，如监视测量仪表、控制及信号器具、继电保护装置、自动装置、远动装置等。上述这些设备通常被称为二次设备。表明变电站中二次设备相互连接关系的电路称为变电站二次回路，也称为变电站二次接线或二次系统。

（一）变电站常规二次回路的主要内容

变电站的电气设备比较简单，因此变电站的自动化问题长期以来没有受到重视。在变电站中除了备用电源自动投入、低频自动减负荷等自动装置之外，运行监视、操作、参数记录等工作基本上都是由人工完成的。在微机变电站自动装置投入运行之前，变电站二次回路是由有触点的继电器、分立电子元器件或集成电路构成的。在微机变电站自动装置投入运行之后，为了区别两种二次回路（或系统），通常将前者称为常规二次回路或常规二次系统。变电站常规二次回路的主要内容有变电站的控制系统、信号系统、测量系统、同期并列系统、继电保护和二次电源等。

1. 控制系统

变电站的值班方式分为有人值班和无人值班两种。有人值班方式由值班人员在控制室内集中操作电气设备，也可以设置遥控回路由调度所对变电站实行遥控。无人值班方式通常由调度所通过远动装置对变电站实行监控。在变电站内只设控制小室或在屏（柜）旁就地操作电气设备，作为遥控的备用。

　　控制系统主要完成断路器的分、合闸操作。断路器的控制回路除完成断路器的分、合闸操作外，还能指示断路器的分闸和合闸状态、显示自动合闸和事故分闸；同时还具有监视分、合闸线圈完整性和防止"跳跃"的闭锁回路。所谓"跳跃"是指断路器合闸到故障设备时产生的断路器连续交替合闸和分闸现象。只能在断路器跳开、已将电流遮断的情况下才能拉开隔离开关；在断路器闭合之前先闭合隔离开关。上述操作顺序一旦搞错，就会造成重大的人身伤亡和设备损坏。例如在断路器没有断开之前拉开隔离开关，就会产生强大的电弧而烧伤操作人员，烧损隔离开关。为了防止误操作隔离开关,在隔离开关控制方面设有断路器与相应的隔离开关之间相互闭锁设施。

　　2. 信号系统

　　变电站中设置事故警报信号、预告信号和事故分析信号，它们都由中央信号装置来实现。在我国，中央信号装置多数以冲击继电器为核心构成。它设置有若干信号小母线。事故和预告信号通过相应的小母线使冲击继电器动作，发出音响及灯光显示信号。我国和世界各国在信号系统中广泛采用音响报警装置。它由单个信号元件构成，采用积木式结构，具有确认、复归、试验和消音等功能。预告信号或事故分析信号的灯光能闪光，信号的出现和消失都有明显的表示。事故警报信号要求能重复动作，并能延时自动或手动解除音响。在设备故障发出事故音响信号的同时，事故跳闸的断路器位置信号灯发出闪光，表示事故发生的地点。预告信号通常只设置瞬时预告信号。当发生异常运行情况时，在发出音响信号的同时，光字牌显示灯光信号。预告信号的音响可以手动复归，也可以采用音响自动延时复归的接线。事故分析信号是在事故警报信号发出音响的同时，在光字牌上直接显示事故性质，以便于远动人员及时判断和处理事故。断路器的位置信号有灯光监视和音响监视两种。灯光监视通常设红绿灯。红灯表示合闸状态，绿灯表示分闸状态。音响监视断路器位置时，一般用镶嵌在控制开关把手内的灯表示断路器位置。大型变电站中用于倒闸操作的隔离开关要求设置自动位置信号。对变压器调压装置的分接头切换开关也要求设置自动的位置指示信号。

　　3. 测量系统

　　根据运行监视的需要，需针对变电站中的电气设备配置测量表计，这便形成测量系统。对测量表计的要求是准确、可靠和监视方便。测量表计有常测表计和选测表计两类。变电站值班人员通常不需经常监视表计，所以变电站常测表计很少，多数为选测表计。

　　4. 同期系统

　　当需要用变电站中的断路器并列和解列电力系统时，要求在该变电站中装设带有同期闭锁的手动准同期并列装置，也可以装设半自动准同期并列装置或捕捉同期装置。当变电站中装有同步调相机时，通常装设自动准同期并列装置。

　　5. 二次回路电源系统

　　在变电站中，二次回路的工作电源有蓄电池电源、交流电源、复式整流电源和电容储能电源等数种。二次回路电源及其监控回路一起构成二次回路系统，它是变电站二次回路的组成部分。

6. 继电保护

变电站继电保护也是变电站二次回路的重要组成部分。这部分内容已超出了本书的规定范围，故不叙述。

（二）变电站常规二次系统的特点

1. 按功能分别设置

完成测量、控制、保护等功能的二次回路或装置分立设置，分别完成各自的功能，彼此间相关性甚少，互不兼容。

2. 设备和元器件类别庞杂

二次回路主要由有触点的电磁式设备和元器件组成，也有的由半导体元器件组成，但功能是分立的。不同功能的二次回路设计和设备选择也是分别进行的。这样就使得同一变电站内二次回路的元器件和设备的类别庞杂，很难标准化。

3. 没有自检功能

常规二次系统是一个被动系统，它不能对自己的状态进行检测，因而也不能发现并指示自身的故障。这种情况使得必须定期对二次设备和回路的功能进行测试和校验。这不仅使工作量增加，而且更重要的是不能保证工作的可靠性。因为设备故障可能发生在刚刚测试和校验之后。

4. 工作量大

由于实现不同功能的二次回路是分立设置的，二次设备和元器件之间需要大量的连接电缆和端子。这既增加了投资，又要花费大量的人力去从事众多装置和元器件之间的连接设计、配线、安装、调试、修改工作。

二、变电站自动化

由于常规二次系统有不少不足，因此，随着数字技术和计算机技术的发展，人们开始研究用计算机解决二次回路存在的问题。在有人值班的 500 kV 变电站采用微处理机进行监控和完成部分管理任务之后，将变电站的二次系统提高到了一个新的水平，出现了变电站自动化。变电站中的微处理机通常配置屏幕显示器、事故打印机、报表打印机、输入打字机等外围设备。

变电站中微处理机的功能主要有：

（1）进行巡回监视和召唤测量；

（2）对输入数据进行校验和用软件滤波，对脉冲量进行计数，对开关量的状态进行判别，对被测量进行越限判别、功率总加和电量累计等；

（3）用彩色显示电力网接线图及实时数据、计划负荷和实际负荷、潮流方向以及电压等，当开关变位时，自动显示对应的网络画面，并通过音响和闪光显示提醒运行人员注意，进行报警打印，还能对被测量越限情况和事故顺序进行显示和打印；

（4）进行报表打印，有每隔一小时打印、每天运行日志报表打印、每月典型报表打印、每月电量总和报表打印、开关状态一览表随机显示打印等。

（5）具有汉字人机对话及提示功能，可随机方便地在线修改断路器和隔离开关的状态，修改有关系数和限值，可随机打印和显示测量数据与图形画面，如果条件允许，也可以增加一些管理功能，如定值修改、操作票制作、保护的配置、反事故对策、检修任务单和故障管理等。在微机监控引入变电站的同时，微机远动装置也在变电站中应用，出现了变电站微机远动终端装置。微机继电保护装置在变电站中应用，出现了变电站微机继电保护装置。至此，变电站二次系统实现了微机化，进入了变电站自动化阶段。

三、变电站综合自动化

在变电站二次系统实现微机化以前的很长时期内，变电站常规二次系统的监控、保护和远动装置是分开设置的。这些装置不仅功能不同，实现的原理和技术也完全不同。它们之间互不相关、互不兼容，彼此独立存在且自成体系。因此，逐步形成了自动、远动和保护等不同的专业和相应的技术部门。

在变电站采用微机监控、微机继电保护和微机远动装置之后，人们发现，尽管这三种装置的功能不一样，但硬件配置却大体相同。除了微机系统本身外，无非是对各种模拟量的数据采集设备以及回路；实现装置功能的手段也基本相同——使用软件；并且各种不同功能的装置所采集的量和要控制的对象也有许多是共同的。例如，微机监控、微机保护和微机远动装置就都要采集电压和电流，而且都控制断路器的分、合。显然，微机监控、微机保护和微机远动等微机装置分立设置存在设备重复、不能充分发挥微机的作用以及存在设备间互联复杂等缺点。人们自然提出这样一个问题：在当今的技术条件下，是否应该跳出历史造成的专业框框，从全局出发来考虑已经实现了微机化的变电站二次系统的优化问题？工业发达国家都相继开展了将微机监控、微机继电保护和微机远动功能统一进行考虑的研究，从充分发挥微机作用、提高变电站自动化水平、提高变电站自动装置的可靠性、减少变电站二次系统连接线等方面对变电站的二次系统进行全面的研究工作。

第二节 变电站综合自动化

变电站综合自动化是一个新生事物，目前尚处在进一步发展和完善之中，其结构和工作模式呈多样化态势。由于篇幅限制，本书不能全面介绍变电站综合自动化的各种方案。下面介绍一种多微机分布式变电站综合自动化系统，以下称该系统为 BZZX。

一、BZZX 的构成

BZZX 结构由主控（站控级）和现场（现场级）两大部分组成。主控部分是 BZZX 的核心，由主单元及其人工机联系设备组成，安装在主控室。现场部分完成 BZZX 的控制功能，由控制单元、开关闭锁单元和保护单元组成，按变电站中的操作间隔设置，安装在开关屏上或户外高压开关附近。构成 BZZX 时，注意以下几个问题：

（一）抗电磁干扰

由于 BZZX 工作在强电磁场和强电磁干扰环境之中，因此必须具有很强的抗电磁干扰能力，故各组件单元间采用串行传输和光缆通信。

（二）高可靠性

采用高档 32 位、16 位微处理器芯片和各种专用芯片，提高了模件的自身性能和可靠性。

（三）每个间隔单元集中在一起

现场每个间隔单元做在一块屏上，可节省大量的二次接线和相应的控制电缆。每个间隔单元上有数字显示，可以代替开关屏上的表计。

（四）系统配置灵活

系统采用多 CPU 分散式结构，内部模块采用总线连接。同时软硬件结构实行模块化和分散处理方式。可以很方便地配置成适用于大、中、小变电站的综合自动化系统。

二、BZZX 的功能

（一）主单元的功能

主单元是 BZZX 的核心，其功能和特性决定 BZZX 的性能，因此配置了 80486 高档 32 位微机。主单元主要完成以下任务：

（1）同上级调度中心通信，处理全站信息归档，协调 BZZX 内部通信；

（2）1 ms 或 10 ms 的事件分辨率；

（3）测量数据和故障记录；

（4）完成时钟同步，可采用无线电时钟同步，也可采用来自较高一级调度中心送来的软件时钟同步；

（5）完成两块或多块开关屏之间的自动控制，如同期并列；

（6）参数的设置与修改；

（7）自我检测和系统检测，当检测出错误时，实时做出反应。

（二）控制单元的功能

控制单元一般配置 16 位微处理器，完成以下任务：

（1）内部通过光纤电缆与主单元实行串行通信；

（2）采集开关量、模拟量和数字量；

（3）执行来自主单元的命令；

（4）把保护单元的信息送往主单元。

三、变电站综合自动化的发展趋势

由于变电站综合自动化优越性十分突出，因而在国内外很受重视，人们提出了各种设想和方案，并且有许多按新概念设计的变电站综合自动化系统投入了运行。变电站综合自动化展现了极强的生命力。目前，关于变电站综合自动化的设计原则在以下几个方面已逐步形成了一致意见。

（一）总体结构

采用分布式结构，引入计算机局域网技术，将站内所有的智能化装置连接起来。网上节点可分成两大类：主站和子站。主站，例如就地监控主站和远方通信主站，可以同网上任一个子站通信，但是它们本身不需要设置数据采集系统，而是通过 LAN 收集由各子站采集的数据；不需要任何控制执行机构，通过 LAN 可将命令传送到相应子站去执行，因而主站实际上只是一个规约转换器。子站原则上按一次设备组织，例如一条线路、一台变压器等。每一个子站应包括保护、录波、测量及控制等所有功能。设计原则是：凡是可以在子站完成的功能，尽量由子站就地独立处理，不要依赖通信网和主站，特别是像继电保护那样特别重要而又要求快速决策的功能，更必须如此。这里不排除由主站通过 LAN 提供一些额外的不要求快速的综合后备保护和其他类似功能。

（二）局域网（LAN）

计算机局域网技术发展很快，种类也很多。针对变电站综合自动化的具体应用环境，以下几点已被越来越多的人所共识：

1. 网络拓扑

网络拓扑结构倾向于采用网络中各节点都平等的结构，例如总线形网，每一个节点都可以同网上任一个其他节点直接通信。不平等的网络，例如星形网，只能有一个主站，从而形成瓶颈，并且灵活性大大降低。

2. 通信规约

总线形网络（介质共享型网络）主要有两种标准规约，一种是 IEEE 中 802.3 标准，载波侦听多路访问及冲撞检测方法；另一种是 IEEE 中 802.4 标准通行证总线方式。对于后者，网上各节点按预定的顺序传递一个特定的数码，称通行证，各节点只有在收到通行证后才有发言权，如无言可发就将通行证传给下一节点。这种方式各节点发言机会均等，但是当网上节点数很多时，等待时间可能相当长。另外，通行证方式在系统要增加或减少节点时比较麻烦，特别是因干扰而使通行证"丢失"时更麻烦，因而普遍倾向于采用 CSMA/CD 方式，例如以太网就是这种方式。CSMA/CD 是一种竞争性规约，任一节点要发言时，只要听到当时网上无其他节点正在发言，就开始发话，如果碰巧有两个（或多个）同时发言，在检测到冲撞后各节点都停止，并且各自等待一个随机时间后（相同的概率很小）再竞争。在网络繁忙时，由于冲撞机会增多，这种方式使有的节点等待时间比通行证方式更长，但是 CSMA/CD 可以允许对重要信息加优先权，使优先信息的随机等待时间比非优先者短，因而总可以保证重要信息很快通过，这对变电站综合自动化是很重要的。此外，CSMA/CD 方式的灵活性最高，通信效率也最高。

3. 通信媒介

通信媒介普遍倾向于使用光纤，因为它有不怕电磁干扰这一突出优点，尤其是当子站设在室外开关场的小间时，因距离较远，干扰严重，更应选用光纤。光纤的缺点是：它属于点对点的通信媒介，不像通信电缆那样可以方便地支接，用光纤构成总线形网时要采用星形耦合器，实际是把各个连至星形耦合器的光信号在耦合器中先变成电信号，再连成总线。星形耦合器是有源的，因而也增加了一个不可靠因素，此外光纤在安装和维护方面也较电缆复杂。因而，国外的许多变电站综合自动化系统，特别是用于配电变电站的综合自动化系统，一般都采用电缆作为媒介。但在电缆接口一般都有隔离变压器，以抑制共模干扰。

（三）子站的设计原则

从世界各主要继电器制造商最近推出的新一代产品可以看到一种明确的趋向——多功能保护装置正在兴起。它不仅提供配电线的各种保护和重合闸功能，还可以经过通信网利用保护的跳、合闸出口操作断路器，还可利用保护的测量功能向 SCADA 系统提供电压、电流、有功、无功等模拟量以及各种状态量数据。这种装置的设计意图是一条配电线的所有二次功能都可由它完成。应当指出，由保护装置提供的模拟量测量值供 SCADA 系统使用是完全可以满足精度要求的，但是计费用的电能表（一般在用户侧）应当另外装设，并且与仪表用的 CT 连接。国外许多公司提供的配电线微机保护都是这种多功能的，如 GE 的 DDP 配电线保护和美国 SEL 公司的各种继电器等。对于更高电压的场合，例如超高压输电线子站，保护装置仍然可以用于提供对模拟量的测量，但常常要另外设置一个可编程控制器，用于对断路器和隔离刀闸等进行控制，特别是当主接线比较复杂，隔离刀闸又是电动操作的场合。控制功能还包括防止误操作的闭锁措施等。把这些功能都加到保护装置内并不合适。但值得注意的是，ABB 公司最新推出的 REL500 系列的超高压输电线保护装置，却是一个高度综合的装置，它包括了子站要求的所有功能。预计，随着硬件制造水平的不断提高，这一综合性装置将得到越来越多的应用。

另一个趋势是多功能保护装置通常还兼有故障录波功能。由于 RAM 单片容量不断增大，保护装置利用现成的数据采集系统兼录波是轻而易举之事。这种分散录波的方法还可互为备用，可靠性更高。分散记录在各保护装置中的数据可通过通信网在站内公用的一台 PC 机存盘并可通过公用电话网供继电保护部门调用分析。分散录波可以省去集中式录波的大量电缆，也避免了硬件重复。

（四）保护装置"下放"问题

对于配电线路，多功能微机保护装置安装在配电开关柜上，已经是公认的做法。对于更高电压设备的保护装置，各国做法不同。西欧国家对于常规保护也习惯于装设在坐落于室外开关场的保护小间内，这样可以大大节省强电控制电缆，也减小 CT 负担，在微机化后，由于保护的通信功能增强以及维修简单，更增加了这样安排的理由。美国大多习惯于将保护装置设在控制楼，认为环境条件好，检修也方便。日本不同的电力公司有不同的做法，最大的东京电力公司甚至连保护小间也没有，直接把带防雨密闭罩的 500kV 的保护柜布置在室外开关设备近旁。

四、变电站综合自动化的优点

变电站综合自动化大大地简化了变电站二次部分的硬件配置，避免了重复。因为各子站采集数据后，可通过 LAN 共享。例如，就地监控和远动所需要的数据不再需要自己采集硬件，专用的故障录波器也可以省去，常规的控制屏、中央信号屏、站内的主接线模拟屏等等都可以取消。

另外一个优点是大大地简化了变电站各二次设备之间的连线。因为系统的设计思想是子站按一次设备为单元组织，例如一条出线一个子站，而每个子站将所有二次功能组织成一个或几个箱体，装在一起。不同子站之间除用通信媒介连成 LAN 以外，几乎不再需要任何连线。从而使变电站二次部分连线变得非常简单和清晰，尤其是当保护下放时，所节省的强电电缆数量是相当可观的。第三个优点是大大减轻了安装施工和维护工作量，也降低了总造价。由于各子站之间没有互联线，而每个子站都应在制造厂调试完毕，再加上电缆数量大大减小，显然安装施工和现场调试时间大大缩短，控制室面积也大大减小，实践证明总造价可以下降。实际上还应计算因维护工作量下降（可无人值班）减少的运行费用。最后，变电站综合自动化为运行管理自动化水平的提高打下了基础。

第三节 配电网的构成

一、配电网

电力网分为输电网和配电网。从发电厂发出的电能通过输电网送往消费电能的地区，再由配电网将电力分配至用户。所谓配电网就是从输电网接受电能，再分配给各用户的电力网。配电网也称为配电系统。

配电网和输电网，原则上是按照它们发展阶段的功能划分的，而具体到一个电力系统中，是按照电压等级确定的。不同的国家对输电网和配电网的电压等级划分是不一致的。我国规定：输（送）电电压为 220 kV 及以上为输电网；配电电压等级分为三类，即高压配电电压、中压配电电压、低压配电电压。与上述电压等级相对应，配电网按电压等级又可分为高压配电网、中压配电网和低压配电网。配电网由配电变电站和配电线路组成。通过各种电力元件（包括变压器、母线、断路器、隔离开关、配电线路）可以将配电网连成不同结构。配电网基本上分为放射式和网式两大类型。在放射式结构中，电能只能通过单一路径从电源点送至用电点；在网式结构中，电能可以通过两个以上的路径从电源点送往用电点。网式结构又可分为多回路式、环式和网络式三种。

二、配电变电站

配电变电站是变换供电电压、分配电力并对配电线路及配电设备实现控制和保护的配电设施。它与配电线路组成配电网，实现分配电力的功能。配电变电站接受电力的进线电压通常较高，经过变压之后以一种或两种较低的电压为出线电压输出电力。配电变电站的连接电路不同，其中110kV 和 35kV 的变电站称为高压变电站。对于不具备变电功能而只具备配电功能的配电装置简称为开关站。安装在架空配电线路上用作配电的变压器实际上是一种最简单的中压配电变电所。这种变压器接线简单，一路中压进线，经变压后的低压线路沿街道的各个方向分成几路向用户供电。这种变压器通常放在电线杆上（也有放在地面上的），在变压器的高、低压侧分别装有跌落式熔断器和熔丝作为过电流保护，装有避雷器作为防雷保护。这种中压配电变压器通常被称为配电变压器。

三、配电线路

配电线路是向用户分配电能的电力线路。我国将110kV及以下的电力线路都列为配电线路，其中较高电压等级的配电线路，在农村配电网和小城市中往往成为该配电网的唯一电源线，因而也会起到输电作用。特别是110～150 kV线路，在国外常被称作次输电线路。按运行电压不同配电线路可分为高压配电线路35～110 kV（或称次输电线路）、中压配电线路（10kV）（或称一次配电线路）和低压配电线路（220/380 V）（或称二次配电线路）三类。各级电压的配电线路可以构成配电网，也可以直接以专线向用户供电。按结构不同，配电线路可分为架空配电线路与电缆配电线路；按供电对象不同，可分为城市配电线路与农村配电线路。

四、配电网的特点

（一）点多、面广、分散

配电网处于电力网的末端。它一头连着电力系统的输电网，一头连着电能用户，直接与城乡企、事业单位以及千家万户的用电设备和电器相连接。这就决定了配电网是电力系统中分布面积最广、电力设备数量最多、线路最长的一部分。

（二）配电线路、开关电器和变压器结合在一起

在输电网和高压配电网中，电力线路从一座变电站（或发电厂）出来接到另一座变电站去，中间除了电力线路以外就不再经过其他电力元件了。而在中压配电网和低压配电网中则不完全是这样。一条配电线路从高压配电变电站出来（出线电压在我国为10 kV）往往就进入城市的一条街道。配电线沿街道延伸的同时，会在电线杆上留下一个个杆上变压器、断路器和跌落式熔断器。这些杆上电力元件和配电线结合在一起，像是配电线路的一部分。这些杆上电力元件不仅数量多、分散，而且工作环境恶劣（日晒、雨淋、冰雪、霜冻、风吹、结露等）。

第四节 配电网自动化

配电网自动化通常称为配电自动化，是指以实时方式就地或远方对配电网进行数据收集、控制、调节和事故处理。配电自动化的目的在于保证配电网安全运行、改善电压质量、降低电能损耗、快速处理事故和提高供电可靠性。配电网自动化包括配电网调度自动化、配电变电站自动化、配电线自动化和用户自动化等。

20世纪50年代以前，配电变电站中除了继电保护装置外，设备的运行监视、控制等工作均由运行人员人工完成。以后逐步发展了一些当地自动化装置，如断路器重合闸、调压变压器分接头控制、电力电容器自动投切、低频自动减负荷和备用电源自动投入等自动装置，但设备运行监视和控制、抄表等工作仍由人工完成。从50年代后期开始在配电网中配备远动装置，实现配电

网调度所与配电变电站之间的遥信、遥测和遥控。70 年代后期，以计算机为基础的各种电力系统自动化装置大量在配电网中应用，出现了配电网调度自动化和配电变电站自动化。目前已经有配电网综合自动化系统投入运行，进入了配电综合自动化阶段。

一、配电网调度运行和调度自动化

配电网调度运行是指为了维持配电网正常运行，由调度所指挥和管理的电网运行工作，主要内容如下：

（一）配电网运行情况的实时监控

随时掌握所管辖的配电网的运行状态，如配电网的功率平衡、电能质量、事故和越限报警情况等，并据此及时调整配电网设备的运行，使有功功率潮流合理；及时调节无功补偿设备的运行，保证电压质量；降低网损，提高配电网运行的经济性；进行负荷控制，保证重要用户用电，努力做好供用电平衡，提高日负荷率；定时记录一些重要的运行参数。

（二）安排和实现配电网的最佳运行方式

按照配电网安全经济运行要求、检修需要等情况，安排配电网的运行方式，指挥操作人员具体实施。

（三）制订设备停开计划

主要是安排设备停止运行和恢复运行的计划。

（四）配电网操作管理

这是为改变配电网运行方式所需进行的操作管理。例如，发布操作命令或审批操作票，指挥操作人员正确执行操作步骤等。配电网操作管理是配电调度所的主要日常工作。

（五）配电网事故处理

对因设备故障已造成开关跳闸并已停电的事故进行隔离和恢复供电以及对异常情况进行处理。异常情况通常包括设备过负荷发热、绝缘损坏但未造成跳闸、电压监视点的电压偏离规定值等情况。

（六）继电保护管理

对新设计的配电网或原有配电网改造时，以及对现有继电保护装置进行改进时，提出或审核继电保护原理图和继电保护整定计算书，并交基层继电保护人员执行。配电网调度自动化是由中央处理计算机和远动装置等组成的配电网监视、控制和数据收集系统。其作用是辅助调度员做好配电网的调度工作。配电网调度工作由地区调度所和县级调度所完成。

二、配电变电站自动化

由于配电网中高压变电站的电压等级较高、设备贵重、接线也较复杂，因此这种变电站的自动化与本章第一节和第二节介绍的"变电站自动化"基本上无多大区别。配电网中的中压变电站的电压等级低、设备较少、接线也较简单，自动化一直没有受到足够重视，自动化水平很低。中压配电变电站自动化水平低的另一个原因是：在一个配电网中这种变电站的数量太多，且分散在城市的大街、小巷和农村的田野、山地，对如此大量和分散的配电变电站实现自动化，唯一的办法是集中管理。集中管理在技术上应该说是没有问题的，而问题的关键在于远动信道。远动信道的关键也不在于技术问题，而在于通信信道的性能价格比——性能好的需经费太多，花钱少时性能又不满意。不过，第六节介绍的某城市配电网综合自动化系统比较好地解决了用中低压配电线载波作为配电网自动化的信道问题，使通信信道的性能价格比达到了可以接受的程度，为实现中压配电变电站自动化奠定了物质基础。

三、用户自动化

用户自动化主要包括自动读表和负荷控制。

（一）自动读表

在用户中安装的各种表计中，供电部门最关心的是用户用电量的计量表计——电能表。这是因为用电量直接关系到供电公司的经济效益，同时收取电费也是供电公司占用人力较多的一项工作。自动读表可以实现用户用电电费的自动结算，减少大量抄表和收费人员。鉴于此，电能计量的自动化首先出现并取得了快速的发展，主要有以下几种方式：

1. 先付费后用电方式

各国都已经有先付费后用电的预算电度表。安装有预算电度表的用户，用电前需将流通的硬币投入电度表内，或将充磁卡上的信息输入电度表，然后按输入的信息用电。磁卡可以多次使用。供电公司的营业部门设有充磁机。用户磁卡上无钱时，应到营业部门的充磁机交费充磁，以便继续用电。

2. 分时电价方式

用户安装有分时电价的分时电度表，按照预先编好的程序自动切换用户电度表的计数器，或由营业部门用音频脉冲或无线电进行切换。

3. 自动读表方式

用户安装智能电度表或将传统的电度表的计量转换成脉冲存储于记录器中，营业部门利用电话线作为通道，按预先编制的程序由计算机系统接收和处理，输出电度数和其他数据。电费账单的打印、欠费警告和最终断电通知等，则均由计算机网络处理。这不仅节省了人力，而且可避免差错。

目前已有公司研制出偷漏电监测系统。该系统由远程抄表终端和用户电度表探头组成。用户电度表探头不只有向上（配电变电站或营业所的计算机系统）发送脉冲的功能，而且有接收来自上面命令的功能。该系统能通过广播校时获得几乎是同一时刻配电变压器和用户的电度数值，并进行两者电度量的平衡检查，从而实现对漏电和偷电的监测。

（二）负荷控制

负荷控制是在负荷高峰期间断开一些不直接影响工农业生产的负荷，将它移至低谷。负荷控制的目的是使系统负荷的总需求不超过系统的发电能力以维持系统频率为额定值。负荷控制还可提高负荷率，充分利用电力系统的设备容量，有利于停电后恢复供电时减轻冷负荷启动时的冲击。因此，负荷控制对于保证电网的安全和提高电网运行的经济性是很有好处的。冷负荷启动是指在大于 20min 的停电以后，重新恢复配电线供电时，为防止短时冲击性负荷超过配电线的允许值，采用切除部分用户负荷并在配电线正常运行后逐步按次序恢复对用户供电的控制。

四、配电网的信息传输

配电网自动化需要可靠、有效和经济的信息传输系统传递控制中心与大量远动终端之间的数据和控制信息。原则上第五章列出的"电力系统常用的信息传输方式"都可以在配电网自动化系统中采用。但是每一种方式都有应用的合理范围和环境，在选用时必须根据配电网的具体情况进行比较，然后确定。确定信息传输方式时应从技术经济指标、可靠性和可持续发展性等方面综合考虑。

（一）电力载波

利用电力载波传输信息是一项技术比较成熟的传输方式。在配电网中，由于配电网接线复杂，存在大量的变压器及并联电容器，因而易使载波频率发生变化。因此，在配电网中，载波频率要比输电网中的低得多，通常在 5 ~ 20 KHz 之间，传输的速率大多为 300 Bd 或更低一些。这对于多数配电网自动化系统的信息传输还是能够满足要求的。配电网调度所到高压配电变电站之间的信道采用电力载波通信是没有问题的，也是一种比较好的信道。但是，从高压配电变电站出来到中压配电变电站以至低压用户的信道采用传统的电力载波通信方式会产生一些问题。对于高压配电网，由于在两台断路器之间的线路上不支接任何电力元件，在线路的两端装设阻波器之后就可以将已调制的载波信号限制在一条线路上传输。而对于中压配电网，在两台断路器之间常有供电支路。这些供电支路的存在使得需要装设多只阻波器，而且即使安装了多只阻波器也不能将已调制的载波信号限制在一条配电线路上。另一方面，中压配电网的负荷点非常多（多达数十万个），而且在一条线路上装有多台断路器将线路分成若干段。这就使得采用电力载波通信时，需要安装数量巨大的阻波器，这会增加信道投资。对于低压配电网，用户以数千万计，配电线要通往数千万个用户。因此，如果在低压配电网上采用电力载波，阻波器的数量就太多了，这需要可观的经费。

根据中低压配电网的特点，经过长期努力，现在已经研究成功配电线载波通信。配电线载波通信不需阻波器。已经调制的载波信号经过结合设备送往配电线路之后，就任其沿着配电线传输，然后在需要这些信号的地方将其接收下来。配电线载波通道应用配电线传输信息，不需要另外架设通信线路，不需安装阻波器，因此比较经济。目前，欧美和日本等工业发达国家 80% 配电网自动化系统采用配电线载波作为信道，我国自行研制开发的配电线载波信道也已经正式投入运行。

（二）电话线

电话是一种技术高度成熟的信息传输方式。它提供高速数据传输，且具有双向传输能力。因此，利用电话线路完全可满足配电网自动化系统的信息传输要求。问题是电话线不属于电力部门，租用电话线费用昂贵。电力部门自己架设电话线路投资也很大。

（三）无线电

无线电信息传输不需要通信线路且具有双向传输能力，还可以方便地与停电地区传输信息。因此，它是适应性很广、功能较强的信息传输方式。其中调幅广播可以传输信息给大量的负荷控制接收机。信息是用调相技术编码的，不会被普通收音机接收。配电网调度控制中心通过广播站和天线，可在一个广阔的地域内传输信息。设置在各用户处的接收机可按预先设计的调谐频率接收信息。与特高频相比，它的波长较长，易于绕过地平线。因此，调幅广播适用于地理上较分散的远方接收器通信。采用调幅广播的负荷控制系统示意图。调频广播是用信号对一个副载波进行调频，然后进行广播，特殊的接收机才可将信号接收。这是一种单通道带外信息传输系统，适用于视距范围内通信。由于波长较短，易引起失真和阴影效应，因此在地势高低不平或高楼林立的地区信息传输质量较差。甚高频无线电通信的频率在 30 ~ 300 MHz 之间，使用的频率应取得国家无线电管理委员会的批准。虽然这种信息传输方式覆盖的面积有限且易于引起多通道失真与阴影效应，但投资少，因而在一些单向的负荷控制中亦有应用。特高频无线电信息传输的频率范围在 300 ~ 3000 MHz 之间。特高频信息传输相当可靠，它们相互之间不易干扰，电波基本上是直线传播，适用于平原地区，但同样存在多通道失真及阴影效应，较易被大气层吸收。特高频无线电信息传输的速率较高，已有速率达 9600 Bd 的信息传输设备。

微波信息传输在电力调度自动控制系统中广泛采用。但由于价格贵，配电网中应用较少。在配电网自动控制系统的不同层次中，信息传输对带宽和可靠性的要求是不同的。越是上面的层次对带宽和可靠性的要求越高。因此，一个配电网的信息传输系统通常可以由若干种信息传输方式构成，形成一个混合的信息传输系统。例如，用租用的电话线连接配电网调度中心和变电站的运动终端 RTU，从变电站的运动终端 RTU 到配电线的控制设备可用配电线载波，负荷控制可以在调度中心通过无线电实现。

第五节　负荷控制

电力负荷在一天中是不断变化的，一般每天上午和傍晚负荷较大（尖峰），深夜负荷较小（低谷）。有的电力系统的日最小负荷约为日最大负荷的40% ~ 50%，这使电力系统运行很不经济。为了满足尖峰负荷的需要，电力系统的发电、输电和配电设备容量都必须大于尖峰负荷；而在非尖峰负荷时间，设备容量就不能充分利用。电力系统运行时，发电设备要随负荷的增减而频繁地启动和停运，这对于电力设备，特别是火电机组的安全运行和寿命都是不利的，同时又增加了燃料消耗。因此，为了电力系统安全、可靠运行，满足国民经济各生产部门和人民日常生活对供电的需要，同时亦尽可能地节约资金，提高电力工业的经济效益，通常从两个方面采取措施：其一是在电力系统中安装调峰机组或由部分水电厂承担调峰任务；其二是实施负荷控制，削峰谷。

目前，我国电力系统装机容量每年均以较快的速度增长，但电力供应仍较紧张。在没有实行负荷控制时采用"拉路限电"的方法，即在缺电时采用断开某些线路来限制负荷，以缓解供电紧张局面。但这种方法无法对线路上重要程度不同的用户区别对待。采用负荷控制，就可以根据每个用户甚至每台用电设备的重要程度分类控制。这样就可以保证重要用户的供电，可以提高综合效益。对用户来说，也由于避峰用电降低了电费支出。

我国目前主要的调节负荷措施是：实施按行业或地区分配用电指标，超指标时实行拉路限电；一些较大的用户安装电力定量器，限制其最大负荷功率和最大用电量；对一些可以定时工作的用电设备，如路灯、电容器组等配置电力定时开关；工矿企业错开厂休日或部分企业在夜间生产；实行分时电价制，高峰电量高价，低谷电量低价，鼓励低谷时用电等。这些措施在电力供应不足和负荷控制技术落后的情况下，在解决电力供需矛盾上发挥了一定作用，但毕竟给生产和生活带来不便。从国外的经验来看，今后应发展先进的负荷控制技术，对负荷实行分类控制，并与现行的计划用电管理相结合，使电力负荷控制成为配电网调度自动控制系统中的重要组成部分。

在我国，工农业负荷约占 80% ~ 90%，民用负荷约占 10% ~ 20%。所以，我国负荷控制的对象主要是工农业负荷。工农业负荷按重要程度可分为四级。

一级负荷，系指一些非常重要的电力负荷，如医院手术室、机场、码头、火车站用电，重要的化工企业、工厂的生产用电等。这类用户一旦停电将造成人身伤亡或重大事故。对这类负荷，除非电网出现特别严重故障，否则是不能停电的。

二级负荷，系指一些连续生产的用电负荷，如纺织厂用电、化工产品自动生产线用电等。这些负荷一旦中断供电，将造成重大损失。对这类负荷，只有在电网发生故障时才停止电力供应。

三级负荷，系指一些可以间断供电，但停电会对生产造成一些不良影响和带来一定经济损失的负荷，如机械加工车间、电弧炉和农业等。对这类负荷可以避峰供电，但也应按计划保证供应，使其完成生产任务。

四级负荷，系指可以随时投切的负荷，停电一段不太长的时间对用户无明显的不良影响，如热水器、冷冻库、空调机及一般的电热器等。对这类负荷可以分组分批间断性停电。

电力负荷又可分为可控负荷和不可控负荷。负荷控制是指对可控负荷的控制，一般是指三、四级负荷。对于这些负荷可以根据电网的要求调节用电时间，安排避峰用电。按事先规定的负荷等级，对各种负荷进行分类分级编组，在负荷峰值期间依次对各组负荷轮换切除，也就是在同一时间，对不同地区、不同用户内的同一级负荷进行分组投切。

目前，电力系统中运行的负荷控制装置分为分散负荷控制和远方集中负荷控制系统两种模式。分散的负荷控制装置功能有限，不灵活，但价格便宜，用于一些简单的负荷控制。例如，用定时开关控制路灯和固定让峰设备；用电力定量器控制一些用电指标比较固定的负荷等。远方集中负荷控制系统的种类比较多，有音频负荷控制、工频负荷控制、载波负荷控制和无线电负荷控制。这些负荷控制系统的构成基本相同，区别在于远方控制所采用的信息传输方式不同。

在我国，负荷控制方式主要有无线电负荷控制和音频负荷控制，此外还有过零负荷控制、配电线载波负荷控制和电话线负荷控制等。在欧洲较多地采用音频负荷控制，在北美较多采用无线电控制方式。一般都是在调度所或配电变电站中进行控制。

第六节 配电网综合自动化

配电网综合自动化是近几年才出现的，基本特点是综合考虑配电网的监控、保护、远动和管理等工作，构成一个综合系统来完成传统方式中由分立的监控、保护、远动和管理装置完成的工作。为了对配电网综合自动化有一个较系统的了解，下面介绍一个我国自行研制开发的"城市配电网综合自动化系统"。该系统是针对城市配电网的中低压配电网研发的，主要有以下三个特点：

柱上开关综合远动装置具有远动终端（RTU）、断路器控制和继电保护装置的功能，这是"综合"的第一层含义；实现了配电线载波通信，经济可靠，较好地解决了配电网自动化中的通信问题，为实现配电网综合自动化提供了物质保证；实现了配电网自动监视与控制、配电网在线管理、用户用电量自动化抄表和偷漏电自动监测三者的协调统一，这是"综合"的第二层含义。

一、系统结构

（一）总体构成

中压（10kV）配电网是环网或双端供电结构，每台中压配电变压器都能从两侧获得电源。中压配电网沿城市街道配置。低压（220/380 V）配电网配置在大街小巷向用户供电。整个配电网由设在配电网调度所的 4 台微型计算机控制和管理。柱上开关综合远动装置、变压器终端、远程抄表终端、电表探头等完成现场任务。它们都是以微处理器为核心构成的。

（二）计算机通信网络

计算机通信网络是由一系列主机、用户终端、具有交换和处理功能的节点以及节点之间的传输链路等组成的。就网络覆盖的地理范围从小到大，计算机通信网可分为局域网、城域网和广域网。该系统由局域网、城域网、中压通信网和低压通信网构成。

上述四种网络的信息传输介质是不同的，但都是总线网。由于该配电网自动化系统的二次设备均以微处理器为基础构成，实际上每一个终端设备都是一台微型计算机。局域网的主要特点是信息传输距离比较近，把较小范围内的数据设备连接起来，相互通信。局域网大多用于企事业单位的管理和办公自动化。局域网可以和其他局域网或远程网相连。局域网有如下特点：

（1）传输距离较近，一般为 0.1 ~ 10 km；

（2）数据传输速率较高，通常为 1 ~ 20 Mbit/s；

（3）误码率较低，一般为 10^{-7} ~ 10^{-8}。

该系统配电网调度所内的调度控制计算机、配电管理计算机、用电管理计算机以及公用外设（如打印机管理站、电子模拟盘接口）等设备之间采用局域网方式通信。该局域网还可与上级调度所 SCADA 系统、中压通信网等网络通过网关和网桥联网。

数据通信网的用户之间进行通信必须遵守一定的约定和规则。通信双方进行对话的约定和规则称为网络通信协议。不同网络的通信协议是不一样的。协议不相容的网络互联时需要有一个接口完成协议转换和信息转发。这个接口就是网关，也称为信关和网络连接器。如果互联的网络类型相同，使用同样的内部协议和接口，网关可以简化。这种网关称为桥接器，也称为网桥。网桥主要起存储和转发作用。城域网是指配电网调度所到高压配电站之间的数据信息通信网。城域网的通信信道在城市中压配电网自动化系统建设之前即已经形成，它可是电缆、载波或微波。在城域网中，各变电站网关与配电网调度所的局域网相连，无中继时通信距离达 30 km。中压通信网是系统数据通信网的第三级。它以 10 kV 电力线载波做信道，将众多柱上开关的综合远动装置、变压器远动终端、远程抄表终端与高压变电站网关按总线方式连接。每个变电站构成一个中压通信网络。

低压通信网是该系统数据通信网的第四级。它以 220/380 V 配电线路作为载波通道，主要用于低压远程抄表和偷漏电监测。每个用户变压器的低压侧构成一个总线式低压通信网。

二、系统功能

（一）配电网自动化

配电网自动化是配电网综合自动化系统的最重要的子系统。它由配电调度所的调度控制计算机、变电站网关和柱上开关综合远动装置构成，信息在城域网、中压通信网和局域网中传输。调度控制计算机采用双机配置，互为备用，除实时控制外，还兼做计算机通信网络管理机。配电网自动化系统可实现如下功能。

1.遥控柱上开关跳闸和合闸

调度员在配电网调度所通过鼠标操作，在大屏幕显示的模拟图上点取开关图形，调度控制计算机即将命令通过城域网发送至设在变电站的网关，再由网关进行通信协议转换并将信息转发到中压通信网，最后传送到柱上开关综合远动装置，发出跳闸或合闸命令，使开关动作。

2.遥信和遥测

由柱上开关综合远动装置检测通过该断路器的电流及断路器的分、合状态，并不断地将测得的信息通过中压通信网设在变电站的网关、城域网传送到配电网调度所。最后将配电网的运行结构和参数显示在调度所的屏幕显示器上。

3.故障区段隔离

某段线路发生短路故障时，配电网自动系统动作如下：

（1）变电站出线断路器速断或延时跳开；

（2）因变电站出线断路器跳开而失电，线路的柱上开关综合远动装置自动发出跳闸脉冲，跳开它所控制的开关；

（3）变电站出线断路器自动重合；

（4）由调度人员调试有关的断路器，隔离故障，恢复供电。由于柱上开关和变电站出线断路器的分合状态、重合闸动作等信号能够及时传到配电网调度所的调度控制计算机，并实时地显示在显示屏幕上，因此调度人员可以根据画面上显示的故障区段和重合闸情况，通过调度控制计算机遥控相应开关的分合来隔离故障，恢复非故障区段供电。

4. 继电保护和合闸监护

柱上开关综合远动装置具有短路保护功能，如果由它控制的柱上开关具有切断短路电流的能力，可以实现合闸监护。无论是隔离故障，还是因需要改变运行方式，在遥控闭合开关时，由配电网调度中心向柱上开关综合远动装置发令，使开关闭合。如果有故障，柱上开关综合远动装置的继电保护装置动作自动切除它控制的开关，而不跳开变电站的断路器。这对供电可靠性是很有好处的。

5. 单相接地区段判断

柱上开关综合远动装置会"感知"到单相接地故障，并自动对它所监控开关上通过的电流采样录波。配电网自动化系统将配电网中诸开关处的电流波形汇集到调度控制计算机。调度控制计算机通过分析、计算即可判断出接地的线路区段，并显示在大屏上，同时发出音响报警，通知检修人员处理。运行经验表明，配电网 90% 以上的故障是单相接地。本项功能能够有效地缩短查找接地点所需的时间并减轻劳动强度。

6. 越限报警

如果配电网出现电流越限，配电网调度中心的调度控制计算机的多媒体音响发出越限报警声音，大屏幕显示器上电流越限的线路及其通过的电流值闪烁。

7. 事故报警

配电网发生故障时，配电网调度中心的调度控制计算机的多媒体音响发出事故报警声音，大屏幕上故障线路段闪烁。

8. 操作记录

配电网中所有开关操作都自动记录在配电网调度中心（所）调度控制计算机的数据库中，可定时或根据需要打印报表。

9. 事故记录

事故报警和越限报警事件均按顺序记录在配电网调度控制计算机的数据库中，可定时或根据需要打印报表。

10. 配电网电压监控

监视配电网电压水平，通过遥控投切电力电容器、改变变压器分接头位置，控制配电网电压水平。

11. 配电网运行方式优化

改变配电网环网的开环运行点，调整线路负荷，使配电网的总网损最小。

12. 负荷控制

不仅能远方控制大用户负荷的切除和投入，而且也能对中小用户的负荷进行控制。

（二）在线配电管理

由于中低压配电网中变电点、负荷点多，线路长且分布面广，设备的运行条件差，所以，中低压配电网的远动装置长期不能很好地解决，加上中低压配电设备的运行状态多变，使调度所很难获得中低压配电网在线运行状态和参数，配电管理工作一直处于十分落后的状态。该系统较好地解决了配电网调度自动化的通信问题，加上多功能的柱上开关综合远动装置和变压器远动终端的成功应用，也为在线配电管理创造了条件。在线配电管理的功能如下：

1. 配电变压器远方数据采集

变压器终端采集电压、电流、有功、无功和电量，并具有平时累计、定时冻结、分时段和峰谷统计等功能，然后经中压通信网送到网关，再送到设在配电网调度所的配电管理计算机数据库中。

2. 网损分析，统计配电管理

计算机对所有配电变压器的在线运行数据进行分析统计，计算整个城市配电网以及各子网和每条线路的网损等各种技术经济指标。

3. 在线地理信息系统

在屏幕上显示街区图和符合地理位置的配电线路和变压器符号，以及配电线、配电变压器的技术数据和投入运行的时间等技术管理资料，并可进行打印。

4. 在线进行系统变动设计

因为有在线地理信息系统，所以在进行已有设备更换和新增设备、用户时，可以在屏幕上进行研究和设计，并且在工程完成后及时修改在线地理信息，保证现场系统、设备的技术数据及地理位置与图纸资料一致。

（三）远程自动抄表和用电监测

1. 远程自动抄表

远程抄表终端经 220/380 V 低压载波数据通信网从用户电表探头处获得各用户电度表上的用电量，再经中压通信网、网关、城域网送入配电网调度所的用电管理机，最后由用电管理机建立用电数据库，进行统计分析、计算电费、打印结算清单。

2. 用电监测

该项功能对用户偷电（用电而电度表不走"字"或减"字"）、漏电（电度计量不准）进行监控。该系统通过广播对时能获得几乎是同一时刻的配电变压器所送电量和用户用电电量，然后据此进行电量平衡检查，以发现偷电者和漏电者。

第七章 继电保护与安全自动装置

第一节 继电保护概述

继电保护，是指电力系统中的元件或系统本身发生了故障或危及安全运行的事件时，向运行值班人员及时发出警告信号，或者直接向所控制的断路器发出跳闸命令，以切除故障或终止危险事件发展的一种自动化措施和设备。

传统意义上，实现这种自动化措施的成套硬件设备，用于保护电力元件（发电机、变压器和线路等）的，通称为继电保护装置；而用于保护电力系统的，则通称为电力系统安全自动装置。换言之，继电保护装置是一种能反映电力系统中电气元件发生故障或不正常运行状态，并动作于断路器跳闸或发出信号的一种反事故自动装置，是保证电力元件安全运行的基本装备；而电力系统安全自动装置则用以快速恢复电力系统的完整性，防止发生长期大面积停电的重大系统事故，如系统失去稳定、电压崩溃和频率崩溃等。

必须指出，随着微机继电保护的发展，继电保护装置与电力系统安全自动装置之间的传统界限日益模糊，应一起满足最新国家标准 GB/T 14285《继电保护及安全自动装置技术规程》。先正确理解它们不同的内涵，对深入理解继电保护的原理和作用仍有实际意义。

一、继电保护的作用

继电保护装置应当能够自动、迅速、有选择地将故障元件从电力系统中切除，使其他非故障部分迅速恢复正常运行；能够正确反映电气设备的不正常运行状态，并根据要求发出报警信号、减负荷或延时跳闸。

简而言之，继电保护的作用是预防事故的发生和缩小事故影响范围，保证电能质量和供电可靠性。

二、继电保护的基本原理

继电保护的基本原理是：测量电力系统故障时的参数（电流、电压、相角等，统称为故障量），与正常运行时的参数进行比较，根据它们之间的差别，按照规定的逻辑结构进行状态判别，从而发出警告信号或发出断路器跳闸命令。

测量部分的作用是从被保护对象输入有关信号，并与给定的整定值进行比较，决定保护是否动作。逻辑部分的作用是根据测量部分各输出量的大小、性质、输出的逻辑状态、出现的顺序或它们的组合，进行逻辑判断，以确定保护装置是否应该动作。执行部分的作用是根据逻辑部分做出的判断，执行保护装置所担负的任务（跳闸或发信号）。

三、继电保护的分类

继电保护有多种分类方法，常见下述四种分法。

（一）按构成原理分类

根据所提取的用于判别系统是否正常的信息量，继电保护从原理上可分为以下七类：①电流保护；②电压保护；③阻抗保护（距离保护）；④方向保护；⑤纵联保护；⑥序分量保护；⑦其他保护，如瓦斯保护、行波保护。

（二）按构成元件分类

按构成元件可分为电磁型保护、感应型保护、整流型保护、晶体管型保护、集成电路型保护和微机保护等类型。

（三）按被保护设备分类

按被保护设备可分为线路保护、发电机保护、变压器保护、母线保护和电容补偿装置保护。

（四）按职责分类

按职责可分为主保护、后备保护和辅助保护。

（1）主保护：能以最短时限动作、有选择地切除全保护范围内故障的保护。

（2）后备保护：当本设备主保护或下一级相邻设备保护拒动时，能保证在一定时延切除故障的保护称为后备保护。其中，在本设备上加设的后备保护，称为近后备；而用上一级相邻设备的保护作后备保护，则称为远后备。

（3）辅助保护：为弥补主保护与后备保护的不足而增设的简单保护，称为辅助保护。

四、微机继电保护

（一）微机保护的发展

继电保护的发展，从直接动作式的电磁脱扣机构，到机电型距离继电保护大概经历了50年时间；从电子管型的高频保护开始到集成型静态继电保护用了20多年的时间。这些继电保护装置的输入、输出量，以及在继电保护装置各环节的"流通"过程中的"信息"都是"模拟量"，因此统称为"模拟型继电保护装置"。

从20世纪70年代开始，计算机技术的迅猛发展带来了新的工业革命，出现了微机继电保护装置，简称"微机保护"。它们除了输入量及部分输出量仍以"模拟量"形式出现外，在继电保护装置各环节的"流通"过程中的"信息"已经变为"数字量"，因此又称为"数字型继电保护装置"。

计算机在继电保护领域中的应用从20世纪50年代开始，首先计算机用于离线故障分析及继电保护装置整定计算。然后有人尝试直接用计算机构成继电保护。20 世纪 70 年代，世界上掀起了计算机保护的研究热潮。而计算机继电保护的真正的工程应用出现在 20 世纪 80 年代。

我国在这方面起步相对较晚，但进展迅速。1984 年，华北电力学院（今华北电力大学）杨奇逊教授主持研制的第一套微机保护的样机，在河北马头电厂试运行后通过鉴定。目前，我国已经基本完成了传统的"模拟型继电保护装置"的更新换代工作，微机保护已在各电压等级继电保护中占绝对统治地位。

（二）微机保护的特点

与传统的模拟型继电保护装置相比较，微机保护主要有以下五方面的优点。

（1）性能优越。微机强大的记忆、运算和逻辑判断能力，使微机保护能够更好地实现各种保护，解决更多传统继电保护的难题。

（2）灵活性好。只要修改相应的软件，就可以方便地改变各种特性和功能。

（3）维护调试方便。软件维护调试，比传统复杂的器件接线维护，要简便可靠许多。

（4）可靠性高。由于可实现自诊断、自纠错、抗干扰、冗余等功能，因此，微机保护具有很高的可靠性。

（5）附加功能多。微机保护可实现诸如显示、打印和存储等附加功能。

微机保护的主要问题是其标准化问题。一是硬件结构的标准化，二是通信规约的标准化。国际标准 IEC 61850 的实施，将有助于解决通信规约标准化的问题。

总之，微机保护技术先进，易于智能化和网络化，有助于实现电力系统遥测、遥控、遥信和遥调功能，提高系统管理水平，保障电力系统安全、稳定、可靠、经济运行。

（三）微机保护的基本构成

微机保护的基本构成，可以看成由"软件"和"硬件"两部分构成。

微机保护的"软件"由初始化模块、数据采集管理模块、故障检出模块、故障计算模块与自检模块等组成。根据保护的功能与性能的不同，模块的数量与内容也有所区别，这些程序一般都已经固化在芯片中。微机保护的"软件"的核心部分是故障检出模块和故障计算模块。

微机保护的"硬件"，根据功能一般分为数据采集系统、微型计算机系统、输入 / 输出接口电路、通信接口电路、人机接口电路和供电电源六个部分。

1. 数据采集系统

数据采集系统又称模拟量输入系统，由电压形成、模拟滤波器（ALF）、采样保持（S/H）、多路转换开关（MPX）与模数转换器（ADC）几个环节组成。其作用是将电压互感器（TV）和电流互感器（TA）二次输出的电压、电流模拟量经过上述环节转化为计算机能接受与识别的，而且大小与输入量成比例、相位不失真的数字量，然后送入微型计算机系统进行数据处理及运算。

2. 微型计算机系统

微型计算机系统是微机保护的硬件核心部分，通常由微处理器、程序存储器、数据存储器、接口芯片及定时器等组成。

3.输入/输出接口电路

将各种开关量通过光电耦合电路、并行接口电路输入到微机保护，并将处理结果通过开关量输出电路驱动中间继电器以完成各种保护的出口跳闸、信号警报等功能。

4.通信接口电路

微机保护的通信接口是实现变电站综合自动化的必要条件，因此，每个保护装置都带有相对标准的通信接口电路。

5.人机接口电路

包括显示、键盘、各种面板开关、打印与报警等，其主要功能用于调试、整定定值与变比等。

6.供电电源

通常采用逆变稳压电源，即将直流逆变为交流，再把交流整流为微机保护所需直流工作电压。

五、对继电保护的基本要求

对继电保护主要有四方面的基本要求，即选择性、速动性、灵敏性和可靠性，简称"四性"要求。通常，"四性"要求既相互联系，又相互矛盾。例如，保护快速动作有利于提高自身的可靠性，但与选择性往往发生冲突，而选择性应当是第一位的。大多数情况下，为了保证选择性，只好牺牲部分速动性。

正确全面理解"四性"要求非常重要。它是分析、研究、设计和评价继电保护装置的依据，也是学习继电保护的基本思路。

1.选择性

保护装置动作时，仅将故障元件从电力系统中切除，使停电范围尽量缩小，最大限度地保证系统中的非故障部分继续运行。

2.速动性

继电保护装置应以尽可能快的速度将故障元件从电网中切除。

3.灵敏性

指保护装置对其保护范围内的故障或不正常运行状态的反映能力。保护装置的灵敏性，通常用灵敏系数 K_S 来衡量。

对于反映故障时参数量增加的保护（如过电流保护）

K_S= 保护区内故障时反映量的最小值 / 保护动作的整定值

对于反映故障时参数量降低的保护（如低电压保护）

K_S= 保护动作的整定值 / 保护区内故障时反映量的最大值

（四）可靠性

可靠性是指保护范围内故障，保护装置该动时不能拒动；保护范围外故障，不该动的时候不能误动。

第二节 电力线路的继电保护

电力线路因各种原因可能发生相间和相地短路故障。因此，必须有相应的保护装置来反映这些故障并控制断路器跳闸，以切除故障。本节主要阐述电力线路保护的原理和保护的整定计算。为便于学习，先介绍几个继电保护的基本概念。

启动电流：对反映于电流升高而动作的电流速断保护而言，能使该保护装置启动的最小电流值，称为保护装置的启动电流。

返回电流：能使继电器返回原位的最大电流值，称为继电器的返回电流。

继电特性：无论启动和返回，继电器的动作都是明确干脆的，它不可能停留在某一个中间位置，这种特性称为继电特性。

系统最大运行方式：对每一套保护装置来讲，通过该保护装置的短路电流为最大的方式，称为系统最大运行方式。

系统最小运行方式：对每一套保护装置来讲，通过该保护装置的短路电流为最小的方式，称为系统最小运行方式。

电压死区：当功率方向继电器正方向出口附近发生三相短路、两相接地短路以及单相短路时，由于故障相电压数值很小，使继电器不能动作，这称为继电器的电压死区。

一、三段式电流保护

根据线路故障对主、后备保护的要求，线路相间短路的电流保护有三种，即无时限电流速断保护、限时电流速断保护和定时限过电流保护。这三种电流保护分别称为相间短路电流保护第 I 段、第 II 段和第 III 段。其中，第 I 、II 段作为线路主保护，第 III 段作为本线路主保护的近后备保护和相邻线路或元件的远后备保护。第 I 、II 、III 段保护，统称为线路相间短路的三段式电流保护。

（一）电流速断保护（电流 I 段）

电力线路上发生相间短路时，故障相的电流会增大，当线路电流超过规定值时，继电器将会动作于跳闸，这就是线路的电流保护。其中，最简单、能瞬时动作的，按流过相邻元件首端短路整定的一种电流保护，叫作无时限电流速断保护。

（二）限时电流速断保护（电流 II 段）

电流速断保护（电流 I 段）不能保护线路的全长，因此，必须加装限时电流速断保护（电流 II 段），用来切除本线路上电流 I 段保护范围以外的故障，同时也作为电流 I 段的后备保护。这样，线路上的电流保护第 I 段和第 II 段共同构成整个被保护线路的主保护，以尽可能快的速度、可靠并有选择性地切除本线路上任一处包括被保护线路末端的相间短路故障。

由于本线路末端和相邻下一线路首端的电气距离完全一样，因此，保护范围必须延伸至相邻的下一线路，方可保证在有各种误差的情况下仍能保护本线路的全长。

为了保证在相邻下一线路出口处短路时保护的选择性，本线路的电流Ⅱ段在动作时间和动作电流两个方面均必须和相邻线的无时限电流速断保护配合。

当该保护灵敏度不满足要求时，动作电流可采用和相邻线路电流保护第Ⅱ段整定值配合方案，以降低本线路电流保护第Ⅱ段的整定值而提高其灵敏度，整定值为动作时间亦和相邻线电流保护第Ⅱ段动作时间配合。这种提高灵敏度的办法牺牲了断路器1QF处电流保护第Ⅱ段的速动性。当上述电流保护仍不满足灵敏度或动作时间要求时，应考虑采用基于其他原理而灵敏度更高的继电保护，如距离保护、纵联保护等。

（三）定时限过电流保护（电流Ⅲ段）

定时限过电流保护简称过电流保护或过负荷保护。它一般用作本线路主保护的后备保护即近后备保护，并作相邻下一线路（或元件）的后备保护即远后备保护，因此，它的保护范围要求超过相邻线路（或元件）的末端。

由于电流Ⅲ段的动作值只考虑在最大负荷电流情况下保护不动作和保护能可靠返回，而无时限电流速断保护和带时限电流速断保护的动作电流必须躲过某一个短路电流，因此，电流Ⅲ段动作电流通常比电流Ⅰ段和电流Ⅱ段的动作电流小得多，故其灵敏度比电流Ⅰ段和电流Ⅱ段更高。在线路中某处发生短路故障时，从故障点至电源之间所有线路上的电流保护第Ⅲ段的电测量元件均可能动作。为了保证选择性，各线路第Ⅲ段电流保护均需增加延时元件且各线路第Ⅲ段保护的延时必须相互配合。

对于所计算的动作电流必须按其保护范围末端最小可能的短路电流进行灵敏度校验。例如，断路器1QF处定时限过电流保护的灵敏度校验：当它作为近后备保护时，灵敏度要求大于1.3；当它作为远后备保护时，灵敏度要求大于1.2。当灵敏度不满足要求时，可采用低电压启动的过电流保护或基于其他原理而灵敏度更高的继电保护。

电流Ⅲ段的主要优点是只需躲过最大负荷电流，因而动作电流小、灵敏度好；其主要缺点是，当故障越靠近电源端，短路电流越大，此时，过电流保护动作切除故障的时限反而越长。正因为如此，过电流保护很少用作主保护。

（四）电流保护的基本接线方式

电流保护的接线方式，是指保护中电流继电器与电流互感器二次线圈之间的连接方式。

目前广泛应用的是三相星形接线和两相星形接线。

三相星形接线是将三个电流互感器与三个电流继电器分别按相连接在一起，互感器和继电器均接成星形，在中线上流回的电流正常时为零，在发生接地短路时，则为三倍零序电流。三个继电器的触点是并联接线的，相当于"或"回路，当其中任一触点闭合后，均可动作于跳闸或启动时间继电器等。由于在每相上均有电流继电器，因此，它可以反映各种相间短路和中性点直接接地电网中的单相接地短路。

三相星形接线广泛应用于发电机、变压器等大型贵重电力设备的保护中，因为它能提高保护动作的可靠性和灵敏度。此外，它也可用于中性点直接接地电网中，作为相间短路和单相接地短路的保护。由于两相星形接线较为简单经济，因此，在中性点直接接地电网和非直接接地电网中，都是广泛地采用它作为相间短路的保护，此外，在分布很广的中性点非直接接地电网中，采用两相星形可以保证有2/3的机会只切除一条线路，这一点比使用三相星形接线是有优越性的。当电网中的电流保护采用两相星形接线方式时，应在所有的线路上将保护装置安装在相同的两相上，以保证在不同线路上发生两点及多点接地时，能切除故障。

（五）阶段性电流保护总体评价

电流速断（电流Ⅰ段）、限时电流速断（电流Ⅱ段）和过电流保护（电流Ⅲ段）都是反应于电流升高而动作的保护装置。它们之间的区别主要在于按照不同的原则来选择启动电流，即速断是按照躲开某一点的最大短路电流来整定，限时速断是按照躲开前方各相邻元件电流速断保护的动作电流来整定，而过电流保护则是按照躲开最大负荷电流来整定。

由于电流速断不能保护线路全长，限时电流速断又不能作为相邻元件的后备保护，因此，为保证迅速而有选择性地切除故障，常常将电流速断、限时电流速断和过电流保护组合在一起，构成阶段式电流保护。具体应用时，可以只采用速断加过电流保护，或限时速断加过电流保护，也可以三者同时采用。

电流速断（电流Ⅰ段）、限时电流速断（电流n段）和过电流保护（电流Ⅲ段）组成的三段式电流保护，最主要的优点就是简单、可靠，且在一般情况下也能够满足快速切除故障的要求。因此，在电网中，特别是在35 kV及以下的较低电压的网络中获得了广泛的应用。三段式电流保护的缺点是它直接受电网的接线，以及电力系统运行方式变化的影响，例如，整定值必须按系统最大运行方式来选择，而灵敏度则必须用系统最小运行方式来校验，这就使它往往不能满足灵敏系数或保护范围的要求。

二、方向电流保护

（一）方向电流保护的提出

现代电力系统是多电源系统。三段式电流保护应用于多电源网络时，存在固有的选择性难题。

为了消除这种无选择性的动作，需要在可能误动作的保护上装设一个功率方向闭锁元件，该元件只当短路功率方向由母线流向线路（规定此方向为正）时动作，由线路流向母线（规定此方向为负）时不动作，从而继电保护的动作具有一定的方向性。主要由方向元件、电流元件和时间元件组成。方向元件和电流元件必须都动作以后，才能启动时间元件，再经过预定延时后动作于跳闸。

（二）方向电流保护的构成

为简化保护接线和提高保护的可靠性，电流保护每相的第Ⅰ、Ⅱ、Ⅲ段可共用一个方向元件。实际上各开关处电流保护并非一定装设方向元件，而仅在动作电流、动作时间不满足选择性时才加方向元件。一般来说，电流保护的第Ⅰ段在动作电流满足选择性时，不加方向元件，电流保护的第Ⅱ段在动作电流和动作时间能满足选择性时，不加方向元件。

（三）功率方向元件

方向电流保护与一般电流保护的差别仅多了一个功率方向元件。功率方向元件原理是利用在保护正、反方向短路时，保护安装处母线电压和流过保护的电流之间的相位变化构成的。

为了保证功率方向元件的方向性和灵敏度，相间短路的功率方向元件一般采用90°接线的方式。

所谓90°接线方式是指系统在三相对称且功率因数为1的情况下，接入功率方向元件的电流超前所加电压90°的接线。

三、零序电流保护

前述电流保护如果采用三相完全星形接线，虽然也可以反映中性点接地电网的单相接地短路，但灵敏度不够理想，时限也较长，因此，要考虑装设专用的接地保护即零序电流保护。至于中性点不接地或经高阻抗接地的系统，由于接地电容电流相对较小，同时尚无较完善的保护方式，此处只作简略介绍。

接地短路是电力系统中架空线路上出现最多的一类故障，尤其是单相接地故障可能占所有故障中的90%左右。对于大接地电流系统中的单相接地短路，用完全星形接线的相间电流保护可能不满足灵敏度要求，因此，必须装设专门的接地短路保护。反映接地短路的保护主要有反映零序电流、零序电压和零序功率方向的电流保护，接地距离保护及纵联保护等。

（一）中性点直接接地系统中，接地时零序分量的特点

当中性点直接接地电网（或者大接地电流系统）中发生接地短路时，系统中将出现很大的零序电流，这在正常运行时是不存在的，因此，利用零序电流来构成接地保护就具有非常大的优点。

在大接地电流系统中发生接地短路时，可以利用对称分量法将电流、电压分解为正序、负序和零序分量，并利用复合序网表示它们之间的关系。

当发生单相接地时，故障点出现了零序电压，规定零序电压的方向是线路高于大地为正。零序电流可以看成是由故障点的零序电压所产生的，它们经过变压器中性点构成回路。零序电流的正方向，仍然采用由母线流向故障点为正。

零序分量具有以下特点。

（1）故障点的零序电压最高，离故障点越远处的零序电压越低，到变压器接地的中性点处零序电压为0。

（2）由于零序电流是由零序电压产生的，因此，零序电流的大小和相位由零序电压和电网中性点至接地故障点的零序阻抗所决定。换言之，零序电流的分布主要取决于线路的零序阻抗和中性点接地变压器的零序阻抗，而与电源的数目和位置无关。

同时也应指出，即使中性点接地数不变、零序网络及零序阻抗不变，但当电力系统运行方式

变化时，由于正序阻抗及负序阻抗的改变，也会间接影响零序电流的大小，但这个影响一般不大。

（3）零序功率的正方向与正序功率的正方向相反，而是由故障点指向母线。正序电流滞后正序电压 90°，而零序电流却超前零序电压 90°，都以电压为参考相量时，两者电流方向相差 180°，所以它们的功率方向相反。

（二）大接地电流系统中的零序电流保护

在大接地电流系统中的零序电流保护是利用中性点直接接地，电网中发生接地故障时出现零序电流的特点而构成。在 110 kV 以上的单电源辐射形网络，常常采用无方向的三段式零序电流保护作为接地故障的主保护及后备保护。通常三段式零序电流保护由以下三部分组成。

（1）无时限零序电流速断保护，又称零序Ⅰ段保护。

（2）带时限零序电流速断保护，又称零序Ⅱ段保护。

（3）零序过电流保护，又称零序Ⅲ段保护。

从保护构成情况看，三段式零序电流保护与三段式相间电流保护相类似，其主要区别在于零序电流保护的测量元件（电流继电器）接入的电流量的性质不同，零序电流保护的测量元件是接在零序电流滤过器的出口。

1.零序电流Ⅰ段

无时限零序电流速断保护与反映相间短路的电流Ⅰ段在动作原理上是相似的。

当在被保护线路 AB± 发生接地短路时，流过保护 A 的最大三倍零序电流。为了保证保护的选择性，其动作电流按下述原则整定。

（1）躲过被保护线路末端单相或两相接地短路时，流过保护的最大零序电流。

零序Ⅰ段与电流Ⅰ段一样，它是躲开末端短路整定，因此，它也只能保护本线路的一部分，但是由于线路的零序阻抗远比正序阻抗大（约为三倍），因此，零序Ⅰ段的保护范围比相间电流Ⅰ段的保护范围大得多。另一方面由于零序电流受运行方式的变化影响小，因此，它的保护范围也比较稳定。

在零序保护中还有一个特殊的问题，那就是即使在单侧电源供电网络中，如果线路末端处的变压器中性点也是接地的，就出现了一个类似"双端供电"网络的状况，因此，零序Ⅰ段的整定动作电流也必须大于最大的值，以免发生误动。

（2）躲过断路器三相触头不同时闭合时所出现的最大零序电流。若保护动作时间大于断路器三相不同期时间（快速开关），本条件可不考虑。

（3）在 220 kV 及以上的电网中普遍采用综合重合闸，若在非全相运行时又发生振荡，此时将出现较大的零序电流，有可能使零序保护误动。为此，用综合重合闸闭锁零序Ⅰ段（动作电流按条件（1）（2）所整定的零序Ⅰ段，称为灵敏Ⅰ段），为了保证此时仍有快速的零序保护，特专门增设一个不灵敏的零序Ⅰ段，它按躲过非全相振荡时出现的最大零序电流整定。

综上所述，零序电流Ⅰ段可分为两种，灵敏零序Ⅰ段的动作电流按（1）（2）条件中的大的来整定；不灵敏零序Ⅰ段的动作电流按第（3）条件整定。

零序Ⅰ段的灵敏度应按保护安装处接地短路时的最小零序电流校验，要求大于2。

2.零序电流Ⅱ段

零序Ⅱ段即带时限零序电流速断保护，它的原埋及整定计算与用于相间短路保护的电流Ⅱ段相似。它能够保护线路全长，但在时间上要比相邻下一线路的零序Ⅰ段长一个时限。它的动作电流应与下一线路的零序Ⅰ段相配合，其保护范围不应超过下一线路的零序Ⅰ段的保护范围。

零序Ⅱ段的灵敏系数应按最小运行方式下，被保护线路AB末端发生非对称接地故障时，流经保护安装点的最小零序电流进行校验。

若灵敏度校验不合格，可考虑与相邻线路零序Ⅱ段相配合。

零序Ⅱ段动作时间的整定方法如下：零序Ⅱ段与相邻下一线路零序Ⅰ段相配合时，其动作时限一般为0.5 s；而当零序Ⅱ段与相邻下一线路零序Ⅱ段相配合时，时限再抬高一级，取为1~1.2 s。

3.零序Ⅲ段

零序Ⅲ段的作用与相间短路过电流保护类似，在一般情况下用作本线路接地故障的近后备保护和相邻元件接地故障的远后备保护。但在中性点直接接地电网中的终端线路上，它也可以作为接地短路的主保护使用。

零序Ⅲ段动作电流的整定可以分为以下三种情况。

（1）本线路零序过电流保护的电流继电器的动作电流原则上应躲开下一条线路出口处发生三相短路时，保护装置零序电流滤过器中的最大不平衡电流。根据运行经验，一般取零序Ⅲ段电流继电器的动作电流为2~4 A就可以躲开不平衡电流，又能保证保护的灵敏度。

（2）与相邻线路零序Ⅲ段保护进行灵敏度配合，即本级灵敏系数一定要小于下一级的灵敏系数。为此，零序Ⅲ段的启动电流必须进行逐级配合。

（3）如果在被保护的安装电网中，任一线路允许非全相运行，则动作电流应躲过非全相运行时出现的零序电流。

根据上述三条件所确定的整定值，取较大者作为保护1零序Ⅲ段的整定值。

零序Ⅲ段的灵敏度按保护范围末端接地短路时，流过本保护的最小零序电流来校验。作为近后备保护时，灵敏度校验点选在本线末端，要求大于1.3~1.5；作为相邻线路的远后备保护时，灵敏度校验点选在相邻线路的末端，要求大于1.2。

（三）中性点直接接地电网接地短路的零序方向电流保护

在双侧或多侧电源中性点直接接地电网中，电源处变压器中性点一般至少有一台是接地的。由于零序电流的实际流向是由故障点流向各个中性点接地的变压器，因此，在变压器接地数目比较多的复杂网络中，如果仅配置无方向的零序电流保护，就可能失去选择性，导致保护的误动作。为了解决这一矛盾，应在零序电流保护的基础上，加装方向元件，以判别正、反方向的故障，这样的保护称之为零序方向电流保护。

取保护安装处零序电流的正方向为由母线指向线路，零序电压的方向是线路高于大地的电压为正方向。通常保护背侧系统零序阻抗角为 70° ~ 80°，故零序电流超前零序电压的相角一般为 95° ~ 110°。

（四）中性点非直接接地系统保护

1. 中性点不接地系统单相接地的特点

当发生单相接地时，接地相（如 A 相）的对地电容被短接，则 A 相电位变为 0，此时大地的电位不再和电网中性点等电位，而 B、C 两相对地电压将升高 3 倍，而电网中性点电压则由 0 升高至相电压。

由于故障相（本例 A 相）电压为 0，所以，电网内所有线路 A 相对地电容电流均为 0，而非故障相（本例 B、C 相）由于电压升高其电容电流不为 0，从而出现了零序电容电流。

而所有零序电流将全部汇流到接地点（即故障点），亦即接地点处的电流为各条线路非故障相对地电容电流的总和。

所有非故障相的电流都是从母线流向线路的。故障线路始端的零序电流为整个电网非故障线路的零序电流之和，其方向由线路流向母线。

根据对中性点不接地系统接地时电流电压分析，可以总结为以下几点：

（1）接地相电压为 0，非接地相电压升高 3 倍，系统内出现零序电压，其大小等于故障前电网的相电压，且系统各处零序电压相等。

（2）非故障线路的保护安装处通过的零序电流为该线路本身非故障相对地电容电流之和，方向从母线流向线路，超前零序电压 90°。

（3）故障线路的保护通过的零序电流为所有非故障线路零序电流之和，其方向从线路指向母线，滞后零序电压 90°。

根据以上分析，又考虑到单相接地故障时，故障电流数值不大，三个线电压仍然对称，对负荷供电短时不致有很大影响，线路可以继续供电 1 ~ 2 h。

2. 中性点不接地系统的接地保护对策

（1）安装绝缘监视装置

利用单相接地时，系统会出现零序电压这一特征而构成的绝缘监视装置是最简单实用的中性点不接地系统单相接地保护方式。

绝缘监视装置的核心是一个零序电压滤过器，在零序电压滤过器出口接上一个电压继电器及相应的出口回路就可以在系统接地时发出信号。值班人员根据这个信号结合电压表的指示，可以判定接地的相别。如要查寻接地线路，运行人员可依次断开线路，根据零序电压信号是否消失来找到故障线路。根据这个原理，目前已开发了多种形式的自动接地寻找装置，已在部分变电站中使用。

（2）采用零序电流保护

利用故障线路的零序电流大于非故障线路零序电流的特点，可以构成有选择性的零序电流保护并可动作于信号或跳闸。

保护装置动作电流，应按躲开本线路的零序电流来整定。

保护的灵敏度，应按在被保护线路上发生单相接地故障时，流过保护的最小零序电流校验，要求灵敏度大于 1.25。

显然，电网中的线路越多、越长，保护的灵敏度越高，但电网的电容电流过大，就会在接地处产生电弧，引起间歇性弧光过电压，导致非故障相绝缘破坏，这是我们不希望的。我国国标规定，35 kV 电网接地电容电流不得大于 10 A，10 kV 电网接地电容电流不大于 20 A，因此，这种保护的灵敏度不可能很高。

（3）采用零序方向保护

利用接地时故障线路与非故障线路保护安装处零序电流的方向恰好相差 180° 的特点，可以构成有选择性的零序方向保护。

零序功率方向继电器的零序电流及零序电压均由装在保护安装处的零序滤过器取得。

从理论上说，零序方向保护的灵敏度要高于零序电流保护，而且不受运行方式变化影响。

3. 中性点经消弧线圈接地的系统单相接地的特点及其保护

我国对小电流接地系统规定了接地电容电流的限制，那么，当电网实际的电容电流超过限值时，就必须采取措施，即在电源中性点处接入消弧线圈，使系统变为中性点经消弧线圈接地系统。

消弧线圈是一种带铁芯的特殊电抗器。在中性点经消弧线圈接地的系统中发生单相接地时，零序电容电流的分布与未接消弧线圈前是相同的，其不同点在于，当系统出现零序电压时，消弧线圈中有一感性电流流过，这样流过接地点的电流变成电感电流和电容电流的向量和。

因为电感电流与电容电流的方向相反，故电感电流实际上起"补偿作用"，从而使接地电流减小。根据电感电流对电容电流的补偿程度，可分为完全补偿、欠补偿和过补偿三种补偿方式。为避免谐振，一般采用过补偿方式。此时接地电流将呈感性，流经故障线路和非故障线路保护装置安装处的零序电流都是本线路的电容电流，其方向均为母线指向线路，其大小差异也不大，因此，原来用以构成单相接地保护的方式已不再适用。在这类系统中，主要依靠零序电压的监视来检测接地。

四、高频保护

高频保护是以输电线载波通道作为通信通道的保护。高频保护广泛应用于高压和超高压输电线路，是比较成熟和完善的一种无时限快速保护。

高频保护将线路两端的电流相位（或功率方向）转化为高频信号，然后利用输电线路本身构成一高频（载波）电流的通道，将此信号送至对端，进行比较。因为它不反映被保护输电线范围以外的故障，在定值选择上也无须与下一条线路相配合，故可不带动作延时。

利用输电线路本身作为高频通道时，在传送 50 Hz 工频电流的输电线上，叠加传送一个高频信号（或称载波信号），高频信号一般采用 40 ~ 300 kHz 的频率，以便与输电线路的工频相区别。输电线经高频加工后就可作为高频通道。高频加工所需的设备称高频加工设备。

目前广泛采用的高频保护，按工作原理的不同可分为两大类，即方向高频保护和相差高频保护。方向高频保护的基本原理是比较线路两端的功率方向，而相差高频保护的基本原理则是比较两端电流的相位。在实现上述两类保护的过程中，都需要解决一个如何将功率方向或电流相位转化为高频信号，以及如何进行比较的问题。

（一）高频闭锁方向保护

目前广泛应用的高频闭锁方向保护，是以高频通道经常无电流而在外部故障时发出闭锁信号的方式构成的。此闭锁信号由短路功率方向为负的一端发出，这个信号被两端的受信机所接收，而把保护闭锁，故称为高频闭锁方向保护。

这种保护的工作原理是利用非故障线路的一端发出闭锁该线路两端保护的高频信号，而对于故障线路的两端则不需要发出高频信号使保护动作于跳闸，这样就可以保证在内部故障并伴随有通道的破坏时（如通道所在的一相接地或是断线），保护装置仍能够正确动作，这是它的主要优点，也是这种高频信号工作方式得到广泛应用的主要原因之一。

对接于相电流和相电压（或线电压）上的功率方向元件，当系统发生振荡且振荡中心位于保护范围以内时，由于两端的功率方向均为正，保护将要误动，这是一个严重的缺点。而对于反映负序或另序的功率方向元件，则不受振荡的影响。

由以上分析可以看出，距故障点较远一端的保护所感觉到的情况，和内部故障时完全一样，此时主要是利用靠近故障点一端的保护发出的高频闭锁信号，来防止远端保护的误动作。因此，在外部故障时，保护正确动作的必要条件是靠近故障点一端的高频发信机必须启动，而如果两端启动元件的灵敏度不相配合时，就可能发生误动作。

由于采用了两个灵敏度不同的启动元件，在内部故障时，必须启动远端元件，使之动作后断路器才能跳闸，因而降低了整套保护的灵敏度，同时也使接线复杂化。此外，对于这种工作方式，当外部故障时，在远离故障点一端的保护，为了等待对端发来的高频闭锁信号，还必须要求启动元件远端的动作时间大于近端启动元件的动作时间，这样就降低了整套保护的动作速度。以上便是这种保护的主要缺点。

（二）相差动高频保护

其基本原理在于比较被保护线路两端短路电流的相位。在此仍采用电流的给定正方向是由母线流向线路。当保护范围内部故障时，理想情况下，两端电流相位相同，两端保护装置应动作，使两端的断路器跳闸；当保护范围外部故障时，两端电流相位相差接近 180°，保护装置则不应动作。

为了满足以上要求，当高频通道经常无电流，而在外部故障时发出高频电流（即闭锁信号）

的方式来构成保护时，在实际上可以做成当短路电流为正半周，使它操作高频发信机发出高频电流，而在负半周则不发，如此不断地交替进行。

这样当保护范围内部故障时，由于两端的电流同相位，它们将同时发出闭锁信号，也同时停止闭锁信号，因此，两端收信机所收到的高频电流是间断的。

当保护范围外部故障时，由于两端电流的相位相反，两个电流仍然在它们自己的正半周发出高频信号。因此，两个高频电流发出的时间就相差半个周期（0.01 s）。这样，从两端收信机中所收到的总信号就是一个连续不断的高频电流。相差动高频保护也是一种传送闭锁信号的保护，也具有闭锁式保护所具有的缺点，需要两套启动元件。用来鉴别高频电流信号是连续的还是间断的，并鉴别间断角度的大小，完成这一功能的回路称为相位比较回路。

第三节　变压器保护

一、变压器常见故障与保护配置

电力变压器是电力系统的重要组成元件，它的故障将对供电可靠性和系统的正常运行带来严重的影响。

电力变压器的故障可以分为油箱内部故障和油箱外部故障。油箱内部故障包括绕组的相间短路、中性点直接接地侧的接地短路和匝间短路。变压器油箱内部故障的危害很大，故障处的电弧不仅烧坏绕组绝缘和铁芯，而且使绝缘材料和变压器油强烈气化，严重时可能引起油箱爆炸。油箱外部故障，主要是绝缘套管和引出线上发生的相间短路和中性点直接接地侧的接地短路。

变压器的异常运行状态主要有过负荷、外部短路引起的过电流、外部接地短路引起中性点过电压、油面降低及过电压或频率降低引起的过励磁等。

为了保证电力系统安全可靠地运行，针对上述故障和异常运行状态，电力变压器应装设下列保护。

（1）瓦斯保护。0.8 MVA 及以上的油浸式变压器和 0.4 MVA 及以上的车间内油浸式变压器，均应装设瓦斯保护。

（2）纵差动保护或电流速断保护。纵差动保护或电流速断保护用来反映变压器绕组、套管及引出线的短路故障，保护动作于跳开各电源侧断路器。

纵差动保护适用于 6.3 MVA 及以上的并列运行变压器、发电厂厂用工作变压器和工业企业中的重要变压器，10 MVA 及以上的单独运行变压器和发电厂厂用备用变压器。

（3）相间短路的后备保护。相间短路的后备保护用来防御外部相间短路引起的过电流，并作为瓦斯保护和纵差动保护（或电流速断保护）的后备。保护延时动作于跳开断路器。

（4）零序保护。对于中性点直接接地系统中的变压器，一般应装设零序保护，用来反映变压器高压绕组及引出线和相邻元件（母线和线路）的接地短路。

（5）过负荷保护。对于 0.4 MVA 及以上的变压器，当数台并列运行或单独运行并作为其他负荷的备用电源时，应装设过负荷保护。对于自耦变压器或多绕组变压器，保护装置应能反映公共绕组及各侧的过负荷情况。过负荷保护经延时动作于信号元件。

（6）过励磁保护。现代大型变压器，额定工作磁密与饱和磁密接近。当电压升高或频率降低时，工作磁密增加，使励磁电流增加。特别是铁芯饱和之后，励磁电流急剧增大，造成过励磁，将使变压器温度升高而遭受损坏。因此，对于大型变压器应装设过励磁保护，按其过励磁的严重程度，保护装置的输出动作于信号元件或跳开断路器。

二、变压器瓦斯保护

当油浸式变压器油箱内部发生故障时，由于故障点电流和电弧的作用，使变压器油及其他绝缘材料分解，产生气体，它们将从油箱流向油枕。故障程度越严重，产生气体越多，流速越快，甚至气流中还夹杂着变压器油。利用这种气体实现的保护称为瓦斯保护。

瓦斯保护动作迅速、灵敏度高、接线简单，能反映油箱内部发生的各种故障，但不能反映油箱外的套管及引出线上的故障。

三、变压器纵差动保护

（一）纵差动保护的不平衡电流

由于引起变压器纵差动保护不平衡电流的因素增多，使得不平衡电流增大，因此，需要采取相应的措施，以减少不平衡电流对纵差动保护的影响。

（1）电流互感器计算变比与实际变比不同引起的不平衡电流。理论上计算出来的变比称计算变比。实际上，电流互感器的变比已标准化，实际变比选得比计算变比大。这样，在正常运行时，两侧保护臂的电流不等，在差动回路引起不平衡电流。

（2）变压器调压分接头改变引起的不平衡电流。当电力系统运行方式变化时，往往需要调节变压器的调压分接头，以保证系统的电压水平。调压分接头的改变将引起新的不平衡电流。

（3）两侧电流互感器的型号不同引起的不平衡电流。

（4）励磁涌流引起的不平衡电流。变压器在正常运行时，励磁电流很小，一般不超过额定电流的 2% ~ 10%。当变压器空载合闸或外部故障切除后电压恢复时，励磁电流大大增加，其值可达到变压器额定电流的 6 ~ 8 倍，这种励磁电流称为励磁涌流。励磁涌流的大小和衰减速度与电压的初相位、剩磁的大小和方向、电源和变压器的容量等有关。例如，在电压瞬时值为最大时合闸，就不会出现励磁涌流。

励磁涌流是单侧电流，且数值很大，经过电流互感器传变至差动回路形成另一种暂态不平衡电流。若不采取措施，会导致纵差动保护误动作。在变压器纵差动保护中，消除励磁涌流影响的方法主要有：采用具有速饱和铁芯的差动继电器；利用二次谐波将纵差动保护制动；鉴别短路电流和励磁涌流波形的差别。

（二）采用 BCH-2 型继电器构成的差动保护

为了减少暂态过程中不平衡电流的影响，常用的方法是在差动回路中接入速饱和变流器。速饱和变流器的铁芯截面小，极容易饱和。

速饱和变流器的工作原理，在外部故障时，暂态不平衡电流流过速饱和变流器的一次线圈，它不容易变换到二次侧，从而防止了保护误动。在内部故障的暂态过程中，短路电流也含有非周期分量，继电器不能立即动作，待非周期分量衰减后，保护才能动作将故障切除，这影响差动保护的快速性。

第四节 发电机保护

发电机是电力系统中最主要的设备，其安全运行对保证电力系统的正常工作和电能质量起着决定性的作用，同时发电机本身也是一个十分贵重的电器设备，因此，应该针对各种不同的故障和不正常运行状态，装设性能完善的继电保护装置。

一、发电机常见故障与保护配置

（一）发电机常见故障与不正常运行状态

故障类型包括定子绕组相间短路、定子绕组一相的匝间短路、定子绕组单相接地、转子绕组一点接地或两点接地、转子励磁回路励磁电流消失等。

不正常运行状态主要有：由于外部短路引起的定子绕组过电流；由于负荷等超过发电机额定容量而引起的三相对称过负荷；由于外部不对称短路或不对称负荷而引起的发电机负序过电流和过负荷；由于突然甩负荷引起的定子绕组过电压；由于励磁回路故障或强励时间过长而引起的转子绕组过负荷；由于汽轮机主气门突然关闭而引起的发电机逆功等。

（二）发电机保护配置

对 1 MW 以上发电机的定子绕组及其引出线的相间短路，应装设纵差动保护。

对直接连于母线的发电机定子绕组单相接地故障，当发电机电压网络的接地电容电流大于或等于 5 A 时（不考虑消弧线圈的补偿作用），应装设动作于断路器跳闸的零序电流保护，小于 5 A 时，则装设作用于信号元件的接地保护。

对定子绕组的匝间短路，当绕组接成星形且每相中有引出的并联支路时，应装设单继电器式的横联差动保护。

对发电机外部短路而引起的过电流，可采用下列保护：负序过电流及单相式低电压启动过电流保护，一般用于 50 MW 及以上的发电机；复合电压启动的过电流保护（负序电压及线电压）；过电流保护，用于 1 MW 以下的小发电机。

对由不对称负荷或外部不对称短路而引起的负序过电流，一般在 50 MW 及以上的发电机上装设负序电流保护。

对由对称负荷引起的发电机定子绕组过电流，应装设接于一相电流的过负荷保护。

对水轮发电机定子绕组过电压，应装设带延时的过电压保护。

对发电机励磁回路的接地故障，水轮发电机装设一点接地保护，小容量机组可采用定期检测装置。

对汽轮机励磁回路的一点接地，一般采用定期检测装置，对大容量机组则可装设一点接地保护，对两点接地故障，应装设两点接地保护，在励磁回路发生一点接地后投入。

对发电机励磁消失的故障，在发电机不允许失磁运行时，应在自动灭磁开关断开时连锁断开发电机的断路器，对采用半导体励磁以及 100 MW 以上采用电机励磁的发电机，应增设反映发电机失磁时电气参数变化的专用失磁保护。

对转子回路过负荷，在 100 MW 及以上并采用半导体励磁系统的发电机上应装设转子过负荷保护。

对汽轮机主气门突然关闭，为防止汽轮机遭到破坏，对大容量机组可考虑装设逆功率保护。

当电力系统振荡影响机组安全运行时，在 300 MW 机组上，应装设失步保护。

当汽轮机低频运行造成机械振动、叶片损伤等可装设低频保护。

当水冷却发电机如有可能断水时，可装设断水保护。

二、发电机纵差动保护

该保护是发电机内部相间短路的主保护，根据启动电流的不同有两种选取原则，与其相对应的接线方式也有一些差别。因为该保护可以无延时地切除保护范围内的各种故障，同时又不反映发电机的过负荷和系统振荡，且灵敏系数一般较高，所以，纵差动保护毫无例外地用作容量在 1MW 以上发电机的主保护。

在正常运行情况下，电流互感器的二次回路断线时保护装置不应误动。为防止差动保护装置误动作，应整定保护装置的启动电流大于发电机的额定电流。

如在断线后又发生了外部短路，则继电器回路中要流过短路电流，保护装置仍要误动作，故差动保护中一般装设断线监视装置，使得纵差动保护在此情况下能及时退出工作。

保护装置的启动电流按躲开外部故障时的最大不平衡电流整定。

按躲开不平衡电流条件整定的差动保护，其启动值都远较按躲开电流互感器二次回路断线的条件为小，因此，保护的灵敏性就高。但是这样整定后，在正常运行条件下发生电流互感器二次回路断线时，在负荷电流的作用下，差动保护装置就可能误动作，就这点来看其可靠性是较差的。因此，是否需要考虑断线的情况在目前还是有争议的问题。

三、发电机横差动保护

在大容量发电机中，由于额定电流很大，其每相都是由两个并联的绕组组成的，在正常情况下，两个绕组中的电势相等，各供出一半的负荷电流，而当任一个绕组中发生匝间短路时，两个绕组中的电势就不再相等，因而会由于出现电势差而产生一个均衡电流，在两个绕组中环流。因此，利用反映两个支路电流之差的原理，即可为实现对发电机定子绕组匝间短路的保护，即横差动保护。

第五节 安全自动装置

一、自动重合闸装置

（一）自动重合闸的作用

自动重合闸装置是指断路器跳闸之后，经过整定的动作时限，能够使断路器重新合闸的自动装置。自动重合闸装置的英文名称为 Automatic Recloser，缩写为 AR。

现代电力系统发生的故障，大多数属瞬时性故障。这些瞬时性故障是大气过电压造成的绝缘子闪络、线路对树枝放电、大风引起的碰线、鸟害等造成的短路，约占总故障次数的 80% ~ 90% 以上。当故障线路中的断路器被继电保护装置作用于跳闸之后，电弧熄灭，故障点去游离，绝缘强度恢复到故障前的水平，此时若能在线路断路器断开之后再进行一次重新合闸即可恢复供电，从而提高了供电可靠性。当然，重新合上断路器的工作也可由运行人员手动操作，但手动操作缓慢，延长了停电时间，大多数用户的电动机可能停转，因而重新合闸所取得的效果并不显著，并且加重了运行人员的劳动强度。为此，在电力系统中广泛采用自动重合闸装置，当断路器跳闸之后，它能自动地将断路器重新合闸。虽然电力线路的故障多为瞬时性故障，但也存在永久性故障的可能性，如倒杆、绝缘子击穿等引起的故障。因此，若重合于瞬时性故障，则重合成功，恢复供电；若重合于永久性故障，线路还要被继电保护再次断开，不能恢复正常的供电，则重合不成功。可用重合闸成功的次数与总动作次数之比来表示重合闸的成功率，多年运行资料的统计，成功率一般可达 60% ~ 90%。

显然，电力线路采用了自动重合闸装置会给电力系统带来显著的技术经济效益，它的主要作用有以下几点：

（1）大大提高了供电的可靠性，减少了线路停电的次数，特别是对单侧电源的单回线路尤为显著。

（2）在高压线路上采用重合闸，还可以提高电力系统并列运行的稳定性。因而，自动重合闸技术被列为提高电力系统暂态稳定的重要措施之一。

（3）在电网的设计与建设过程中，有些情况下由于采用重合闸，可以暂缓架设双回线路，以节约投资。

（4）对断路器本身由于机构不良或继电保护装置误动作而引起的误跳闸，也能起到纠正的作用。

对于自动重合闸的经济效益，应该用无重合闸时因停电而造成的国民经济损失来衡量。由于自动重合闸装置本身的投资很低，工作可靠，因此，在我国各种电压等级的线路上获得了极为广泛的应用。

（二）对自动重合闸的基本要求

为充分发挥自动重合闸装置的效益，装置应满足以下几点基本要求。

（1）自动重合闸装置动作应迅速。即在满足故障点去游离（介质绝缘强度恢复）所需的时间和断路器消弧室及断路器的传动机构准备好再次动作所必需时间的条件下，自动重合闸动作时间应尽可能短。从而减轻故障对用户和系统带来的不良影响。

（2）重合闸装置应能自动启动。启动方式可按控制开关的位置与断路器的位置不对应原则来启动（简称不对应启动方式），或由保护装置来启动（简称保护启动方式）。前者的优点是断路器因任何意外原因跳闸，都能进行自动重合，可使"误碰"引起跳闸的断路器迅速合上，提高供电的可靠性。保护启动方式是仅在保护装置动作情况下启动自动重合闸装置，不能挽救"误碰"引起的断路器跳闸。采用保护方式启动时，应注意到保护装置在断路器跳闸后复归的情况，因此，为保证可靠地启动重合闸装置，必须采用附加回路来保证重合闸装置的可靠工作。

（3）自动重合闸装置动作的次数应符合预先的规定。如一次重合闸就只应该动作一次，当重合于永久性故障而断路器被继电保护再次动作跳开后，不应再重合。

（4）自动重合闸装置应有闭锁回路。

（5）在双侧电源的线路上实现重合闸时，应考虑合闸时两侧电源间的同步问题。

（6）自动重合闸在动作以后，应能自动复归，准备好下次动作。

（7）自动重合闸装置应有在重合闸之后或重合闸之前加速继电保护装置动作的可能。但应注意，在进行三相重合时，断路器三相不同时合闸会产生零序电流，故应采取措施防止零序电流保护误动。

（三）自动重合闸的分类

自动重合闸可以按不同方法进行分类。按其功能可分为三相自动重合闸，单相自动重合闸装置和综合自动重合闸装置；按允许动作的次数多少可分为一次动作的自动重合闸，两次动作的自动重合闸等；按电力线路所连接的电源情况，可分为单电源线路的自动重合闸和双电源线路的自动重合闸。

对于双电源线路的三相自动重合闸，根据系统的情况，按不同的重合闸方式，可分为三相快速重合闸、非同步自动重合闸、检查线路无压和检查同步的三相自动重合闸、检查平行线路有电流的三相自动重合闸和自同步三相自动重合闸。

按与继电保护配合，可分为重合闸前加速继电保护动作的自动重合闸和重合闸动作后加速继电保护动作的自动重合闸。

二、单侧电源供电的三相一次重合闸

单侧电源线路是指单电源的辐射状单回线路、平行线路和环状线路，这种线路的重合闸不存在非同步的问题，一般采用三相一次重合闸，即无论线路上发生何种故障，继电保护装置将断路器三相一起断开，然后重合闸装置自动将断路器三相一起合上，当故障为瞬时性时，则重合成功；当故障为永久性时，则继电保护装置再次将断路器断开，不再重合。

目前，在我国电力系统中所使用的重合闸装置有电磁型、晶体管型和微机型三种，由于电磁型自动重合闸装置具有结构简单、工作可靠的优点，仍在110kV及以下的电力线路上广泛采用。晶体管型和微机型自动重合闸常与晶体管继电保护装置和微机型继电保护装置构成成套保护装置，广泛用于220 kV及以上高压电力线路。

（一）单侧电源线路自动重合闸时限选择

1. 重合闸动作时限的选择原则

应保证断路器重合时故障点及其周围介质去游离，使绝缘恢复到故障前的水平；应大于断路器操作机构准备好重合的时间；本线路的短路故障切除后，重合时应保证本线路电源侧所有保护装置可靠返回；对于装设在单电源环形网络或并列运行的平行线路上的自动重合闸装置，其动作时限还应大于线路对侧可靠切除故障的时限。

为可靠切除瞬时性故障，提高重合闸成功率，单电源线路的重合闸动作时限一般不小于0.8 s，取0.8 ~ 1 s。

2. 重合闸复归时间

重合闸复归时间就是电容充电到继电器启动电压的时间。整定时，应保证重合到永久性故障、最长时间段的保护装置以切除故障时断路器不会再次重合闸，确保只重合一次。当重合成功后，准备好再一次动作的时间不小于断路器第二个跳合闸的间隔时间，以确保断路器切断能力的恢复。为满足上述两方面的要求，重合闸复归时间一般取15 ~ 25 s。

（二）自动重合闸与继电保护的配合

输电线路的电流保护、距离保护从原理上不能实现全线速动。但当与自动重合闸装置配合使用时，可以加速切除故障，以保证系统安全、可靠运行。通常有重合闸前加速保护和重合闸后加速保护两种方式来切除故障。

1. 重合闸前加速保护

重合闸前加速保护简称"前加速"。所谓重合闸前加速就是在重合闸动作之前加速继电保护装置跳闸。任何线路故障，都由保护无时限地跳开断路器，如为瞬时性故障，则线路恢复工作；如是永久性故障，则由带时限的过电流保护有选择地将故障线路切除。前加速保护主要用于35 kV以下的线路。

2. 重合闸后加速保护

重合闸后加速保护一般又简称"后加速"。所谓后加速就是重合闸装置动作之后加速继电保护装置跳闸。当线路第一次故障时，保护装置有选择性地动作，然后进行重合。如果重合于永久性故障上，则在断路器合闸后，加速保护装置再动作，瞬时切除故障，与第一次动作是否带时限无关。

"后加速"的配合方式，广泛地用于 35 kV 以上的网络及对重要负荷供电的送电线路上。因为，在这些线路上一般都装有性能比较完善的保护装置，如三段式电流保护、距离保护等。因此，第一次有选择性地切除故障的时间（瞬时动作或带有 0.5s 的延时）均为系统运行所允许，而在重合闸以后加速继电保护装置的动作（一般是加速第Ⅱ段，也可以加速第Ⅲ段的动作），就可以更快地切除永久性故障。

三、备用电源自动投入装置

（一）备用电源自动投入的意义

为了提高对电力系统重要用户供电的可靠性，在用户变电所的电源线路侧，通常采用环形电网或双回线路供电。但是，当采用环形电网或双回线路供电时，如果两路电源同时投入运行，则短路电流激增，同时使继电保护更为复杂。很多情况下，电力系统只准投入一路电源。为此，将两路电源线路分为工作电源线路和备用电源线路。仅当工作电源线路发生故障退出运行时，备用电源线路才自动投入运行。

采用备用电源自动投入，一方面可以提高供电可靠性，另一方面可以限制短路电流，简化继电保护装置。因此，备用电源自动投入在电力系统中得到广泛应用。

（二）对备用电源自动投入的基本要求

（1）任何原因引起工作电源断电时，备用电源都应可靠地自动投入，以保障对用户正常供电的连续性。

（2）在工作电源线路断路器尚未断开的情况下，不允许备用电源投入。

（3）在工作电源线路由人工操作分闸时，不允许备用电源投入。

（4）在工作电源线路失压后，首先应延时断开工作电源线路断路器。该延时的时限应当满足于电力系统继电保护和自动重合闸动作时限配合的需要。

（5）电压互感器回路断线时，不应引起备用电源自动投入装置误动作。

第八章 电气工程自动化中智能感知技术的应用

第一节 智能感知技术概述

在电气工程中，特别是电气工程自动控制系统中，智能技术的应用就是将智能化和信息化紧密结合，利用计算机终端实现电气设备的自动化控制、诊断、决策、运行。智能感知技术在电气工程中的应用价值主要有以下几个方面。

一、数据获取更方便、全面

电气工程中设备种类繁多，工作条件复杂，数据获取困难，利用先进传感器及传感网络可以方便、准确、全面的获取系统各项数据。

二、数据处理能力得到根本性突破

电气工程系统中的数据比较复杂，而且数据之间的关系的处理也比较难以让人理解。智能感知中的数据融合技术能够高效、准确的处理数据关系。

三、电气工程系统实现自动调控

在电气工程中引入机器视觉等智能感知技术能够实现电气工程操作的自适应，也就是说能够根据外界环境的变化而对操作做出调整，以此来适应变化发展的环境。比如智能控制系统中通过布置温度传感器及相应的自动控制系统能够对系统温度进行调节，当机器操作到一定阶段后会造成机器的升温，智能系统则会自动调控电气设备中的散热装置，当温度降低到适宜数据时又会自动关闭散热装置。

四、电气工程系统实现自我决策

智能感知技术还能够根据外界的刺激反应不同而自我生成不同的决策行为，从而具有一定的决策能力。在电气工程自动控制系统中，智能感知技术自我决策最突出的表现便是故障的诊断。电气故障是电气工程系统中必然会出现的一个局面，我们不能保证零故障，但我们能够运用智能化技术实现故障的最快诊断。利用智能化技术，能够及时发现电气设备中的故障源，及时对故障的原因进行分析，并自我决策，做出解决故障的命令。

第二节 多传感器数据融合技术在变压器故障诊断中的应用

在电力系统中，大型变压器运行出现异常的情况时有发生，对电网的安全运行造成了严重威胁。变压器故障诊断是根据故障现象确定其产生原因，通过检测信息，判断故障类型和故障程度，为状态维修提供智能化的决策。新的理论和方法应用于电力设备故障诊断的研究越来越多。

一、变压器故障诊断

变压器故障诊断：对要发生或已发生的故障进行预报和分析、判断，确定故障的性质和类型。变压器故障诊断是根据状态监测所获得的信息，结合已知的参数、结构特性和环境条件获得的信息。故障诊断方法很多，气体色谱分析法、绝缘监测法及低压脉冲响应、脉冲频谱和扫频频谱法等，这些方法在实际应用中不断地完善。

二、故障诊断与数据融合的关系

对于故障监测、报警与诊断系统，数据层的融合包括多传感器系统反映的直接数据及其必要的预处理或分析等过程，如信号滤波、各种谱分析、小波分析等。特征层包括对数据层融合的结果进行有效的决策，大致对应各种故障诊断方法。决策层对应故障隔离、系统降额使用等针对诊断结果所做的各种故障对策。

传感器系统（或分布式传感器系统）获得的信息存入数据库，进行数据采掘，并进行检测层的数据融合，实现故障监测、报警等初级诊断功能。特征层融合需要检测层的融合结果及变压器诊断知识的融合结果。诊断知识包括各种先验知识及数据采掘系统得到的有关对象运行的新知识。结合诊断知识融合结果和检测层的数据融合结果，进行特征层数据融合，实现故障诊断系统中的诊断功能。

决策层融合的信息来源是特征层的数据融合结果和对策知识融合的结果，根据决策层数据融合的结果，采取相应的故障隔离策略，实现故障检测、故障诊断等。故障诊断系统的最终目的就是故障状态下的对策。

三、变压器故障诊断系统结构

变压器故障诊断系统包括数据融合、知识融合及由数据到知识的融合。先融合处理来自多传感器的数据，将融合后的信息及来自变压器本体和其他方面的信息，按照一定的规则推理，即进行知识融合，同时将有关信息存入数据库系统，为利用数据采掘技术发现知识做必要的数据储备。然后利用大量的数据，从中发现潜在而未知的新知识，并根据现有的运行状态来修正原有的知识，实现更迅速、准确、全面的故障监测、报警和诊断。

监测诊断系统在实用中时常发生虚警、误报、漏报等情况，除了在监测原理和设备硬件方面可能存在缺陷外，另一原因是对监测信息缺乏综合统一的分析和判断。这种对监测信息处理不的主要表现是：

（1）设备状态或故障的信息群出现了矛盾；

（2）信息处理方法与信息数据之间的不匹配；

（3）存在环境及其变化的干扰信息。从对信息的获取、变换、传输、处理、识别的整个过程来看，缺少"融合"环节，所获取的信息源越多，发生信息矛盾及信息熵增的可能性越大，所以必须进行信息融合。

根据变压器故障以及信息融合技术的特点，在变压器故障诊断系统中，采用信息融合故障诊断模型。由于变压器监测的实时性要求，在模型中，应遵循时域快速特征提取准则进行特征提取，有效表述状态的特征数据，形成统一的特征表述，以便数据匹配和特征关联的一致性，保证信息融合的成功。特征信息与变压器故障信息间存在一定的关联性质，它依赖于故障机理等内在因素。采用匹配知识规则，引入模糊推理进行决策融合和故障诊断。

引起变压器故障原因的多样性、交叉性，仅根据单一的原因或征兆，采用一种方法和参数难以对故障进行可靠准确的诊断，多传感器能提供变压器多方面的信息，向多传感器信息融合发展是必然之路。信息融合技术应用于变压器故障诊断，将对提高诊断结果的可靠性和准确性发挥重要作用。

第三节 机器视觉在包装印刷中的应用

一、机器视觉印刷检测系统概述

随着现代科技和信息技术的发展，人们在日常生活和工作中越来越离不开各种印刷品，例如书刊、报纸、杂志、生活中的产品包装以及纸币，人们的生活和这些印刷品息息相关。伴随着社会的进步，人们对印刷品质量和印刷效率有了更高的要求。然而，在印刷过程中，由于印刷工艺及机械精度等原因，印刷品常会出现这样或那样的缺陷，从而导致印刷次品的出现。常见的印刷品缺陷主要有：飞墨、针孔、偏色、漏印、黑点、刮擦、套印不准等。这些缺陷的检测以前普遍采用的是人工目测的手段，劳动强度大，费时费力，检测标准不统一。特别是随着印刷速度的提高，已逐渐无法满足生产的需求。因此，印刷品缺陷的自动检测逐渐成为行业的趋势。一般印刷品的质量有四个控制要素：

（1）颜色：颜色是产品质量的基础，直接决定了产品质量的优劣；

（2）层次：即阶调，指图像可辨认的颜色浓淡梯级的变化，它是实现颜色准确复制的基础；

（3）清晰度：指的是图像的清晰程度，包括三个方面：图像细微层次的清晰程度、图像轮廓边缘的清晰程度以及图像细节的清晰程度；

（4）一致性：一方面指同一批次的印刷品不同部位，即不同墨区的墨量的一致程度，一般用印刷品纵向和横向实地密度的一致程度来衡量，它反映了同一时间印刷出来的印刷品不同部位的稳定性；另一方面指的是不同批次的印刷品在同一个部位的密度的一致程度，它反映了印刷机的稳定性。

机器视觉印刷检测系统根据待测图像中像素的灰度值或灰度分布特征等与对应的标准图像进行对比，判定待测图像中是否存在色差、斑点、条痕、套印偏差等印刷缺陷。

在系统设计之前，需要考虑以下几个问题。

①检测的对象是什么？是检测柱形物体表面，还是球形物体表面，抑或连续平面？

②被测对象的大小是多大？摄像机到被检测物体之间的距离有多远？

③要求看清楚物体多大的细节？检测面积的是多大？要求的分辨率是多大？

④速度要求多快？每分钟检测多少个样品？或者连续的被检品的速度为每秒多少米？

⑤是否检测颜色？是要准确测定颜色，还是要进行区别就行？

⑥检测环境如何？如灰尘、光照的情况影响等。

在实际检测过程中，印刷缺陷检测的精确度很难达到100%，这主要受检测工艺、图像处理算法、外界环境以及机器视觉硬件设备的影响。在实际应用中，只要检测精度在一定误差范围内，便可认为待测产品为合格产品，也就是说只要待测产品表面在色度或灰度上与标准图像相比较时的差异保持在一定程度之内，便认为待测图像不存在缺陷。在处理算法中通常采用规定色度或灰度差阈值的办法，设定误差允许范围，该阈值大小可根据检测精度的要求和订单客户的要求决定，也可通过对采集的待测图像进行离线实验分析来进行标定。

基于对以上问题的考虑，结合印刷企业的共性要求，系统性能为：

（1）检测对象：单纸张印品。

（2）检测面积：240 mm × 200 mm。

（3）图像分辨率：图像分辨应为可检测到的最小缺陷尺寸的一半，在本案例里约为 0.1mm/pixel。

（4）检测精度：精检测：最小可检测到的缺陷面积不小于 $0.1mm^2$，约为 3×3 个像素；粗检测：最小可检测到的缺陷面积不小于 $1mm^2$，约为 10×10 个像素。

（5）图像类型：灰度图像。

（6）检测速度：14.4m/min，要求每秒钟处理 1 帧图像。

（7）缺陷类型：漏印、墨点、划痕等形状缺陷。

（8）检测结果：分析、显示缺陷图案，记录缺陷信息。

（9）系统可靠性：硬件系统需满足长期稳定工作而不出现大的故障，软件系统要满足软件性能的鲁棒性，能够长时间稳定运行并结果可靠。

（10）人性化的人机界面设计，方便工人操作等。

二、系统设计

通过飞达装置递送纸张，通过传送装置在输纸台上匀速传送纸张，由编码器根据传输速度控制相机曝光时间,并由光源、相机设备、图像采集卡等图像采集设备实时采集输纸台上传输的印品图像,之后由 PC 机中开发的检测系统实现对印品图像质量的分析与检测,判定印品是否存在缺陷,若印品存在缺陷,由分拣装置分离有缺陷的印品,若印品无缺陷,则继续传送,最后由收纸装置收纸,完成整个印品的质量检测操作。

硬件系统的设计涉及到硬件设备的选型与结构方案的设计。机器视觉硬件系统的设备主要有工业镜头、相机、图像采集卡与工业光源等。硬件设备的性能决定了图像采集单元采集图像的质量、采集速度、精度与稳定性。适当地选择光源与设计照明方案,使图像的目标信息与背景信息得到最佳分离,可以大大降低图像处理算法分割、识别的难度,同时提高系统的定位、测量精度,使系统的可靠性和综合性得到提高。

针对的是彩色印刷图像缺陷的检测,检测产品的宽度为 1024mm,需要达到的精度是最小缺陷不大于 0.2mm×0.2mm,拍摄距离 600mm ~ 800mm,为动态拍摄,检测速度不小于 3m/s 等。根据以上几个方面要求,本案例选用彩色的工业相机,扫描制式为线阵扫描,

高分辨率与扫描速度,高通信接口传输速度等。根据目前工业相机厂家的产品性能情况,选用加拿大 DALSA 公司(工业相机方面的权威企业)的 Piranha 系列的三线彩色相机 PC-30-04K80。其性能如下:CCD 分辨率:4096pixel;最大行频:17.6kHz(每秒钟扫描行数);数据传输速率:3×80MHz。

在选择镜头时,除了要满足跟相机接口匹配外,最主要的是畸变要小,光谱分布要适当地宽一些,在条件许可下尽量采用较短的焦距和物距,以保证照明强度和减少环境光影响,尽量采用定焦镜头,光圈可以采用手动光圈以降低成本。

三、算法设计

(一)图像配准

机器视觉印刷检测系统把要检测的图像分为纯文本图像、非纯文本图像(带画面)两类。针对这两种情况,分别采用不同的算法进行图像配准:对纯文本图像而言,首先采用基于形态学和霍夫变换的方法进行旋转角检测,检测到旋转角之后将待检图像逆方向旋转进行倾斜校正;然后采用基于傅立叶相位相关原理的方法求取待检图像和标准图像之间的相对偏移量,最后反方向平移待检测图像即可得到配准图像;对非纯文本图像(带画面),采用改进的双模版匹配算法求取其配准参数。

1.纯文本图像配准

纯文本图像最大的特点就是,整幅图像的倾斜方向与图像中文字行的倾斜方向完全一致,进一步地,文字行的边缘像素组成的直线,与文字行本身的倾斜方向也一致。基于这个想法,本案例采用数学形态学的方法提取文字上边缘像素所组成的直线,然后利用霍夫变换的方法检测这些方向性很强的直线的倾斜角,从而得到整幅图像的旋转角。检测到旋转角之后,进行旋转校正。

实际应用中倾斜角检测以及倾斜校正的过程中均可能存在误差,所以倾斜校正之后的待检图

像和标准的模板图像之间并不是只存在一个偏移量。故将检测出最大峰值所在的位置作为实验的偏移量检测结果。

2.非纯文本图像的配准算法

采用双模版匹配算法对带有画面的印刷图像进行空间位置上的校正。双模版匹配的基本原理：在标准图像中，选取两个ROI区域，一个是T1区域，中心坐标为（x_1，y_1），另一个是T2区域，中心坐标为（x_2，y_2）。这两个ROI区域中心点连线与水平方向的夹角为：

$$\theta = arctg\frac{y_2 - y_1}{x_2 - x_1}$$

当系统采集到待检印品的实时图像时，分别用模板T1、T2在此图像上进行基于归一化互相关的单模板匹配，找到模板T1、T2在该图像上的相应位置，并分别记录其中心坐标为（x_1'，y_1'）和（x_2'，y_2'）由此可以计算出在待检图像中这两个区域中心点连线与水平方向的夹角：

$$\theta' = arctg\frac{y_2' - y_1'}{x_2' - x_1'}$$

则把标准图像作为基准图像时，待检图像的旋转角度为：

$$\alpha = \theta' - \theta$$

由上述分析得到，待检测图像相对于标准图像的旋转角度为α，将待测图像旋转角度-α之后，图像的配准问题就简化为求两幅图像之间的相对偏移量。为了旋转图像，必须确定一个旋转中心点，选取待测图像的中心位置作为旋转中心。

（二）缺陷检测算法的设计

用相同大小的矩形窗口分别遍历待检测图像和标准图像中相对应的位置，利用矩形窗口内所有像素点的灰度信息共同来确定矩形窗口中心点的差异信息。

利用上述基于滑动矩形窗的方法的到差分图像之后，对差分图像进行二值化，得到二值缺陷图像。对该二值图像进行形态学处理，去掉面积比较小、人眼不能识别出来的缺陷，然后对具有一定面积的缺陷区域进行统计，这样即可得到缺陷区域的总个数N。若N＞0，则该印刷品为缺陷品；若N=0，则该印刷品为合格品。

考虑了图像配准误差对后续缺陷检测的影响，采用滑动窗口分别遍历待检测图像和标准的模板图像，用窗口内所有像素点的灰度平均值代替窗口中心点的灰度值来做图像差分得到差值图像。这样做，首先能够有效克服配准误差对直接图像差分进行缺陷检测的影响，另外，系统也包括人眼识别缺陷也是具有一定面积的，而不是单个孤立的像素点，因此基于滑动窗口的图像差分法也考虑了邻域像素的灰度值变化。

此处，窗口大小的选择是关键，要根据缺陷检测的精度要求来确定窗口的大小，这里采用窗口内所有像素点灰度值的平均值代替窗口中心点像素的灰度值，实际上是有平滑滤波的效果，所以窗口的尺寸一定要小于缺陷的最小尺寸，否则，缺陷有可能被平滑滤掉，导致漏检。

第四节 机器视觉在工业机器人工件自动分拣中的应用

随着机器人与自动化技术不断向前发展，越来越多的工业机器人被应用于搬运、装配、分拣、码垛、喷涂等工业现场，代替人类完成那些危险、枯燥或者繁重的工作。然而，目前工厂实际应用的工业机器人绝大部分仍是以示教—再现的工作方式运行，缺乏对外部信息的了解，无法根据外部条件变化实时地调整其运动轨迹，缺乏灵活性和适应性。随着"工业 4.0""中国制造2025"的提出，迫切需要提升生产线的柔性和自动化程度，将机器视觉技术引入到机器人生产线，使得机器人具有类似人眼的功能，是有效的解决方案之一。

一、系统设计

基于机器视觉的工业机器人工件自动分拣系统首先利用机器视觉技术获得工件的几何中心、形状、颜色和旋转角度信息，然后规划出最优抓取顺序和最优路径，最后根据上述信息驱动工业机器人抓取工件，并移动到目标位置放下工件。首先由工业相机采集工件的静态图像，然后由PC 对其进行预处理，包括灰度变换、二值变换、形态学及多目标分块，接着检测出工件的几何中心、形状、颜色和旋转角度，PC 得到上述信息后对路径进行优化，得到最优的抓取路径，最后通过 TCP 通信来控制工业机器人完成工件的分拣操作。

本系统的实验平台由内圆和外环两部分组成，材质均为硬塑料。内圆有 9 个孔位，正三角形、正五角星形和圆形各 3 个。其中外环是可旋转的，而内圆是固定不动的。工件共有 9 个，正三角形、圆形、五角星形各 3 个，每种形状的工件又有蓝色、黄色和橙色各 1 个。所有工件由上、下两部分构成：上半部分分为三棱柱、圆柱和上下底面为正五角星形的柱体，材质均为铁磁体；下半部分均为底面积较小的圆柱体，材质为硬塑料。

分拣任务描述：初始状态下，9 个工件均放置于外环上，摆放顺序是任意的，同时由于外环不固定，所以外环上工件的朝向与内圆相应孔位存在一定的夹角。分拣任务是利用机器人在最短时间内抓取 9 个工件，并放回到内圆中颜色、形状匹配的位置。

二、算法设计

（一）摄像机标定

摄像机标定是建立像素点与场景点之间对应关系的求解过程。通过标定可从图像坐标中还原出其在三维场景中的物理位置。

视觉系统主要由摄像机、图像采集卡及计算机组成。

（二）图像预处理

一般情况下，受采集环境及设备的影响，图像采集装置获取的图像往往含有各种各样的噪声，不能直接用于图像识别。图像预处理是图像识别过程的一个必要环节，目的是最大限度地消除图像中无关的信息，以便于更准确地提取图像有用信息，其效果的好坏对特征提取和识别结果有着至关重要的影响。图像预处理主要包括灰度变换、二值变换、形态学处理和多目标分块处理四个环节。

相机获取的图像一般为 RGB 彩色图像，由 R、G、B 三个分量表示，若每个分量是 8bits，那么表示一个像素点需要 24bits，因此彩色图像的信息量较大，不利于图像的后续处理。结合系统的实时性需求，本案例需对彩色图像进行灰度变换，即将彩色图像转化为灰度图像。为了在灰度图像中可以区分不同颜色的工件，采用文献的方法将彩色图像转化为灰度图像，使灰度图像保留彩色图像的亮度、色度和饱和度信息。

结合本案例研究对象中目标和背景分布均匀的实际情况，采用大津法对图像进行二值化处理。Canny 算子具有较高的信噪比和定位精度，因此采用 Canny 算子进行边缘检测。

通过对图像进行开闭操作，可以过滤散点或游丝线、毛刺，缝合断裂处，使图像中目标工件的边缘更加平滑，且面积较小的非目标区域也被消除了，有利于后续的工件识别。

在图像分析中，本案例采用连通域判定各区域的连通属性，将图像分为不同的目标区域，进行多目标分块处理，然后分别进行处理，找到每个目标的外接矩形及四个顶点坐标，从而大大降低了运算量。

（三）图像识别

对目标进行识别包括对目标的几何中心、颜色、形状及位姿的识别。

1. 几何中心识别

在工件的分拣操作中，工件的位置信息通常采用质心坐标来表示，从而方便机械手臂抓取目标工件。首先保存每个目标的外接矩形四个顶点坐标，然后针对单一目标采用如下公式得到质心坐标。

2. 颜色识别

针对红、黄、蓝三种颜色工件的识别，本案例首先在图像预处理和几何中心识别的基础上，得到各个工件的几何中心，然后在未预处理的彩色图像中，找到这些几何中心所对应的像素点，最后将几何中心处像素点的颜色作为当前目标的颜色。

3. 形状识别

形状是人类视觉系统分析与识别物体的基础。本案例采用基于边界的边缘曲线等价方法来识别规则几何工件的形状。边缘等价曲线不受形状旋转或畸变的影响，故这种方法具有较好的鲁棒性。通常情况下，形状边界上的点用笛卡尔坐标表示，由于形状边缘一般为封闭曲线，所以也可以用极坐标表示。

4. 旋转角度识别

工件形状识别完成后，下一步需计算工件的旋转角度，而角点是最适合计算工件旋转角度的特征。由于 Harris 算法具有旋转不变性、尺度不变性与准确性高等优点，因此本案例采用 Harris 算法来计算工件的旋转角度。尽管 Harris 算法是一种经典的角点检测算法，应用非常广泛，但在实际应用中，受光照、对比度等因素的影响，该算法容易检测出伪角点或漏检角点，因此仅仅依靠 Harris 算法并不能准确地得出规则几何工件的旋转角度。在前述形状识别的基础上，本案例首先选取位于目标工件外接矩形上的角点（此角点为正确角点），然后分别计算各角点与几何中心连线的偏转角度，最后取各旋转角度的平均值作为此工件的旋转角度，从而使其不受伪角点或者漏检角点的影响。

（四）路径规划

工件自动分拣系统根据第四章算法所得数据，自动完成工作台上工件的分拣。为了减少工业机器人工件分拣的时间，提高分拣效率，需要对机器人的分拣进行合理的路径规划，即获取最优路径。本案例采用的工业机器人其运行速度固定，并按直线运动，机械手从原点出发，需要遍历所有工件一次并返回原点，因而，该路径优化问题就转换为典型的旅行商问题（Traveling Salesman Problem，TSP）。本案例采用基于抽屉原理的分支定界算法进行分拣路径优化。

抽屉原理一般表述为："把个数大于 kn+1（k 为正整数）的东西任意放进 n 个抽屉里，则一定有一个抽屉放置的东西至少为 k+1 个。"应用抽屉原理的解题步骤可以分为以下三步：首先分析题意，确定什么是"抽屉"，什么是"东西"；然后根据题目要求设计解决问题所需的抽屉，并确定其个数；最后运用抽屉原理解决问题。

实验任务是将外环的 9 个不同形状的工件放置于内圆相应形状的位置内，且使相同颜色的工件放置在一起。根据抽屉原理，可将放置的样式想象成抽屉，经分析可知共有四种抽屉。

在确定了抽屉及其个数后，应用分支定界算法对最优路径进行求解，其搜索策略如下：

（1）产生当前扩展节点的所有子节点。若当前节点在内圆时，拓展节点为外环没有被使用的节点；若当前节点在外环，可根据内圆存不存在与当前节点相同颜色的节点，分如下情况：①存在：因为抽屉式样定下来了，只需要在此抽屉下该颜色区域放置即可；②不存在：则可在形状匹配的任意处放置。

（2）在产生的节点中，抛弃那些不可能为可行解的节点，即剪枝。在计算过程中保存上一次的距离极小值，若当前距离大于该极小值，则不必在此节点处再进行下一步拓展。

（3）将其余节点加入活节点表。

（4）从活节点表中选择下一个节点作为新的拓展节点。

（5）如此循环，直到找到问题的最优解。

由于在此过程中，为了不断向前推进，改变了状态，但当执行完该抽屉解的后续过程后，还需要返回到执行前状态，故需要回溯来进行复原，并进入下一个解的计算。

第九章 电气工程运行与维护

第一节 运行维护电工安全技术要点

电气安全工作是一项综合性工作，有工程技术的一面，也有组织管理的一面。工程技术与组织管理相辅相成，有着十分密切的联系。没有严格的组织措施，技术措施得不到可靠的保证；没有完善的技术措施，组织措施则只是一纸空洞的条文。由此可见，必须重视电气安全综合措施，做好电气安全工作。本章除介绍传统电气安全管理措施外，还将简单介绍电气事故树分析和电气安全评价方面的内容。

一、电气安全组织管理

（一）管理机构和人员

电工是特殊工种，又是危险工种。首先，电工作业过程和工作质量不仅关联着电工本身的安全，而且关联着他人和周围设施的安全；其次，电工工作点分散，工作性质不专一，不便于跟班检查和追踪检查。这些都反映了电气安全管理工作的重要性。应当根据本部门电气设备的构成和状态、本部门电气专业人员的组成和素质，以及本部门的用电特点和操作特点，建立相应的管理机构，并确定管理人员和管理方式。专职管理人员应具备一定的电气知识和电气安全知识。安全管理部门、动力部门必须互相配合，共同做好电气安全管理工作。

从事电工作业的人员必须满足我国对电工作业人员的资质资格要求。

（1）年满18岁，经医师鉴定，无妨碍工作的病症（体格检查至少每两年一次）。凡是患有癫痫、精神疾病、高血压、心脏病、突发性昏厥及其他妨碍电工作业的疾病和生理缺陷者，均不能直接从事电工作业。

（2）具备必要的电气知识和业务技能，熟悉电气设备及其系统。

（3）具备必要的安全生产知识和技能，从事电气作业的人员应掌握触电急救等救护法。

（4）从事特定电工工种的作业人员，除具有电工特种作业上岗证外，还要具备有关部门颁发的不同的电工作业工种操作证，如高压电工证、低压电工证、维修电工证等。

安全用电管理机构除了对安全用电进行全面管理之外，尤其要加强电工人员的资质审核及动态管理。对电工人员管理要求如下。

（1）电工作业人员必须持证上岗，且每两年由当地主管部门对上岗资格进行复审。

（2）脱离本岗工作连续超过 6 个月者，电工上岗资格须获得当地有关部门的复审。连续脱岗 3 个月以上者，须获得本单位用电安全管理机构的审核、批准后才可继续从事电工作业。

（3）新参加电工作业的人员，须经有经验和资质级别较高的人员对其进行实习培训和实际操作指导，不能独立进行电工作业。

（4）对带电作业，须经当地有关部门考试，获得带电作业操作证后方可从事带电作业。

（二）规章制度

合理的规章制度是保证安全、促进生产的有效手段。安全操作规程、运行管理规程、电气安装规程等规章制度都与整个企业的安全运转有直接关系。

企业必须执行国家、主管部门和所在地区制定的标准、规程和规范，并根据这些标准、规程和规范制定本部门、本企业、本单位的标准、规程、规范及实施细则。

应根据不同工种的特点，建立相应的安全操作规程。非电工工种的安全操作规程中，不能忽略电气方面的内容，应根据企业性质和环境特点，建立相适应的电气设备运行管理规程和电气设备安装规程。

对于重要设备，应建立专人管理的责任制。对控制范围较宽或控制回路多元化的开关设备、临时线路和临时性设备等比较容易发生事故的设备，都应建立专人管理的责任制。特别是临时线路和临时性设备，应当结合具体情况，明确地规定其允许长度、使用期限、安装要求等项目。

为了保证检修工作，特别是高压检修工作的安全，必须坚持执行必要的安全工作制度，如工作票制度、工作监护制度、工作许可制度等。

（三）安全检查

电气安全检查的内容包括：电气设备的绝缘是否老化、是否受潮或破损，绝缘电阻是否合格；电气设备裸露带电部分是否有防护，保护装置是否符合安全要求；安全间距是否足够；保护接地或保护接零是否正确和可靠；保护装置是否符合安全要求；携带式照明灯和局部照明灯是否采用了安全电压或其他安全措施；安全用具和防火器材是否齐全；电气设备选型是否正确，安装是否合格，安装位置是否合理；电气连接部位是否完好；电气设备和电气线路温度是否适宜；熔断器熔体的选用及其他过流保护的整定值是否正确；各项维修制度和管理制度是否健全；电工是否经过专业培训，等等。

对变压器等重要的电气设备应建立巡视检查制度，坚持巡视检查，并做好必要的记录。

对于使用中的电气设备，应定期测定其绝缘电阻；对于各种接地装置，应定期测定其接地电阻；对于安全用具、避雷器、变压器油及其他一些保护电器，也应定期检查、测定或进行耐压试验。对于新安装的电气设备，特别是自制的电气设备的验收工作更应坚持原则，一丝不苟。

（四）安全教育

安全教育的目的是提高工作人员的安全意识，充分认识安全用电的重要性；同时，使工作人员懂得用电的基本知识，掌握安全用电的基本方法，从而能安全地、有效地进行工作。新入厂的工作人员应接受厂、车间、生产班组三级的安全教育。对普通职工，应当要求懂得关于电和安全用电的一般知识；对于使用电气设备的生产工人，除应懂得一般性知识外，还应当懂得与安全用电相关联的安全规程；对于独立工作的电气专业工作人员，更应当懂得电气装置在安装、使用、维护、检修过程中的安全要求，应当熟知电气安全操作规程及其他相关联的规程，应当学会触电急救和电气灭火的方法，并通过培训和考试，取得操作合格证。

新参加电气工作的人员、实习人员和临时参加劳动的人员，都必须经过安全知识教育后方可到现场随同参加指定的工作，不得单独工作。特别应当注意加强对合同工和临时工的安全教育。

对外单位派来支援的电气工作人员，工作前应介绍现场电气设备和接线情况，以及有关安全措施。

（五）安全资料

安全资料是做好电气安全工作的重要依据。很多技术性资料对于安全工作也是十分必要的，应当注意收集和保存。

为了工作方便和便于检查，应当绘制和保存高压系统图、厂区内架空线路和电缆线路配置电路图、配电平面安装图及其他图纸资料。

对重要设备应单独建立资料档案。每次检修和试验记录应作为资料保存。设备事故和人身事故的记录也应当作为资料保存。

应当注意收集各种安全标准、规范和法规；应当注意收集国内外电气安全信息并予以分类，作为资料保存。

应当注意各种资料的完整性和连续性，并应存档，按照档案管理的要求，进行分类保管。随时可以查阅、检索、复印，为电气系统的安全运行提供可靠的信息。

二、电工安全用具

电工安全用具是防止触电、坠落、灼伤等危险，保障工作人员安全的电工专用工具和用具。包括起绝缘作用、起验电和测量作用的绝缘安全用具、登高作业的登高安全用具，以及检修工作中应用的临时接地线、遮栏、标示牌等检修安全用具。

（一）绝缘安全用具

绝缘安全用具包括绝缘杆、绝缘夹钳、绝缘靴、绝缘手套、绝缘垫和绝缘站台。绝缘安全用具分为基本安全用具和辅助安全用具。前者的绝缘强度能长时间承受电气设备的工作电压，能直接用来操作电气设备；后者的绝缘强度不足以承受电气设备的工作电压，只能加强基本安全用具的作用。

1.绝缘杆和绝缘夹钳

绝缘杆和绝缘夹钳都是基本安全用具。绝缘杆和绝缘夹钳都由工作部分、绝缘部分和握手部分组成。绝缘部分和握手部分用浸过绝缘漆的木材、硬塑料、胶木或玻璃钢制成，其间有护环分开。

配备不同工作部分的绝缘杆可用来操作高压隔离开关，操作跌落式熔断器，安装和拆除临时接地线以及进行测量和试验等工作。绝缘夹钳主要用来安装和拆除熔断器及其他需要有夹持力的电气作业。

2.绝缘手套和绝缘靴

绝缘靴可大大降低加在人体的接触电压，在存在跨步电压的情况下，绝缘靴还可降低加到人体的跨步电压。绝缘靴的面料有皮革、橡胶、塑料和帆布。

绝缘手套同样可以大大降低加到人体的接触电压，一般用于高压电气设备带电作业。其性能有别于一般的劳动保护或安全防护手套，具有良好的电气性能和机械性能，同时又具有良好的柔软性。绝缘手套用合成橡胶或天然橡胶制成。

按照其在不同电压等级的电气设备上使用，带电作业绝缘手套分为1、2、3三种型号。1型适合在3kV及以下电气设备上使用；2型适合在6kV及以下电气设备上使用；3型适合在10kV及以下电气设备上使用。进行带电作业时必须按照设备或线路电压选择合适的绝缘手套。

3.绝缘垫和绝缘站台

绝缘垫和绝缘站台只作为辅助安全用具。

绝缘垫用厚度5mm以上，表面有防滑条纹的橡胶制成。其最小尺寸不宜小于0.8m×0.8m。

绝缘站台用木板或木条制成，相邻板条之间的距离不得大于2.50cm，以免鞋跟陷入；站台上不得有金属零件。台面板用支持绝缘子与地面绝缘，支持绝缘子高度不得小于100m；台面板边缘不得伸出绝缘子以外，以免站台翻倾，人员摔倒，绝缘站台最小尺寸不宜小于0.8m×0.8m，但为了便于移动和检查，最大尺寸也不宜大于1.5m×1.5m。

（二）携带式电压指示器和电流指示器

1.携带式电压指示器

携带式电压指示器也叫验电器，分为高压和低压两种，用来检验导体是否有电。

老式验电器都靠氖灯发光指示有电。新式高压验电器采用集成电路或单片机作为检测和控制的核心，在验电提醒时兼有视觉和语音提示，并可连接计算机系统实施监控。

高压验电器不应直接接触带电体，而只能逐渐接近带电体，至指示为止。验电器不应受邻近带电体的影响而错误指示。验电时应注意防止短路，验电器的发光电压不应高于额定电压的25%。

2.携带式电流指示器

携带式电流指示器通常叫作钳表或钳形电流表，有高压钳表和低压钳表之分，用来在不断开线路的情况下测量线路电流，该钳表除用来测量电流外，还可用于测量电压。

使用钳表时，应注意保持人体与带电体有足够的距离。对于高压，不得用手直接拿着钳表进行测量，而必须佩戴安全用具，并接用相应等级的绝缘杆之后再进行测量。在潮湿和雷雨天气，禁止在户外用钳表进行测量。

（三）登高安全用具

登高安全用具包括梯子、高凳、脚扣、登高板、安全腰带等专用用具。

1. 梯子和高凳

梯子和高凳应坚固可靠，应能起受工作人员及其所携带工具的总重量。

梯子分人字梯和靠梯两种。为了避免靠梯翻倒，靠梯梯脚与墙之间的距离不应小于梯长的1/4；为了避免滑落，其间距离不得大于梯长的1/2。为了限制人字梯的开脚度，其两侧之间应加拉链或拉绳。为了防滑，在光滑地面上使用的梯子，梯脚应加绝缘套或橡胶垫；在泥土地面上使用的梯子，梯脚应加铁尖。

在梯子上作业时，梯顶应高于人的腰部，或者作业人员站在距梯顶不小于1m的横档上作业，切忌站在最高处或上面一、二级横档上作业，以防梯子翻倒。对于人字梯，切不可采取骑马式站立，防止人体重心超出梯脚范围翻倒。

2. 脚扣和安全带

脚扣是登杆用具，其主要部分用钢材制成。木杆用脚扣的半圆环和根部均有突出入的小齿，以刺入木杆起防滑作用。水泥杆用脚扣的半圆环和根部装有橡胶套或橡胶垫，起防滑作用。脚扣有大小号之分，以适应电杆粗细不同的需要。

登高板也是登高安全用具，主要由坚硬的木板和结实、柔软的绳子组成。

安全腰带是防止坠落的安全用具，它是用皮革、帆布或化纤材料制成的。安全腰带有两根带子，大的绕在电杆或其他牢固的构件上起防止坠落的作用，小的系在腰部偏下部位，起人体固定及保护作用。安全腰带的宽度不应小于60mm。绕电杆带的单根拉力不应小于2206N。

（四）临时接地线、遮栏和标示牌

1. 临时接地线

临时接地线装设在被检修区段两端的电源线路上，用来防止突然来电，防止邻近高压线路的感应电；临时接地线也用作放尽线路或设备上残留电荷的安全器材。

临时接地线主要由软导线和接线夹组成。三根短的软导线是接向三相导体用的，一根长的软导线是接向接地线用的。临时接地线的接线夹必须坚固有力，软导线应采用截面积为25mm² 以上的软铜线，各部分连接必须牢固。

2. 遮栏

遮栏主要用来防止工作人员无意碰到或过分接近带电体，也用作检修安全距离不够时的安全隔离装置。遮栏一般用绝缘材料制成，高度不得低于1.7m，下部边缘离地不应超过100m。遮栏必须安装牢固稳定，不易倾倒，所在位置不应影响正常工作。在过道和隔离入口等处，可采用栅状遮栏，其高度在室外不应低于 1.5m，在室内不应低于 1.2m。

配电设备部分停电的工作，工作人员与未停电设备安全距离不符合规定时应装设临时遮栏。其与带电部分的距离应符合相关的规定。临时遮栏应装设牢固，并悬挂"止步，高压危险！"的标示牌。35kV 及以下设备可用与带电部分直接接触的绝缘隔板代替临时遮栏。

在室外高压设备上工作，应在工作地点四周装设遮栏，遮栏上悬挂适当数量朝向里面的"止步，高压危险！"标示牌，遮栏出入口要围至临近道路旁边，并设有"从此进出！"的标示牌。

在城区、人口密集区、通行道路上或交通道口施工时，工作场所周围应装设遮栏，并在相应部位装设交通警示牌。

3. 标示牌

标示牌用绝缘材料制成。其作用是警告工作人员不得过分接近带电部分，指明工作人员准确的工作地点，提醒工作人员应当注意的问题，以及禁止向某段线路送电等。标示牌种类很多，如"止步，高压危险！""在此工作""已接地""有人工作，禁止合闸"等。

（五）安全用具的使用和试验

安全用具是直接保护人身安全的，必须保持良好的性能和状态。为此，必须正确使用和保管安全用具，并进行经常及定期的检查和试验。

1. 安全用具的使用和保管

应根据工作条件选用适当的安全用具。操作高压跌落式熔断器或其他高压开关时，必须使用相应电压等级的绝缘杆，并戴绝缘手套或干燥的线手套进行；如雨雪天气在户外操作，必须戴绝缘手套、穿绝缘靴或站在绝缘台上操作：更换熔断器的熔体时，应戴护目眼镜和绝缘手套，必要时还应使用绝缘夹钳；空中作业时，应使用合格的登高用具、安全腰带并戴上安全帽。

每次使用安全用具前必须认真检查，检查安全用具规格是否与线路条件相符，检查安全用具有无破损、有无变形，绝缘件表面有无裂纹、啮痕、是否脏污、是否受潮，检查各部分连接是否可靠等。例如，使用绝缘手套前应做简单的充气检查；验电器每次使用前都应先在有电部位验试其是否完好，以免给出错误指示。

安全用具使用完毕应擦拭干净。安全用具不能任意作为他用，也不能用其他工具代替安全用具。例如，不能用医疗手套或化学手套代替绝缘手套，不得把绝缘手套或绝缘靴作其他用途，不能用短路法代替临时接地线，不能用不合格的普通绳、带代替安全腰带。安全用具应妥善保管，应注意防止受潮、脏污或破坏。绝缘杆应放在专用木架上，而不应斜靠在墙上或平放在地上。绝缘手套、绝缘靴、绝缘鞋应放在箱、柜内，而不应放在过冷、过热、阳光暴晒或有酸、碱、油的地方，以防胶质老化，也不应与坚硬、带刺或脏污物件放在一起或压以重物。验电器应放在盒内，并置于干燥之处。

2. 安全用具的试验

防止触电的安全用具的试验包括耐压试验和泄漏电流试验。除几种辅助安全用具要求做两种试验外，一般只要求做耐压试验。对于新的安全用具，要求更应当严格一些。例如，新的高压绝缘手套的试验电压为12kV、泄漏电流为12mA；新的高压绝缘靴的试验电压为20kV、泄漏电流为10mA等。

三、检修安全措施

检修工作大体可分为全部停电检修、部分停电检修和不停电检修等。为了保证检修工作的安全，应当建立和执行各项检修制度。常见的检修安全制度有工作票制度，操作票制度，工作许可制度，工作监护制度，工作间断、转移与终结制度等。

（一）安全工作制度

1. 工作票制度

工作票有三种，即第一种工作票（停电作业工作票）、第二种工作票（不停电作业工作票）和电气带电作业工作票。

根据不同的检修任务、不同的设备条件以及不同的管理机构，可选用或制定适当格式的工作票。例如，检修线路的工作票与检修设备的工作票就小有区别。不论哪种工作票，都必须以保证检修工作的安全为原则。

工作票签发人应由熟悉情况的生产领导人担任。工作票签发人必须对工作人员的安全负责，应在工作票中注明应拉开开关、应装设临时接地线及其他所有应采取的安全措施。工作负责人（电工班长）应在工作票上填写检修项目、工作地点、停电范围、计划工作时间等有关内容，必要时应绘制简图。工作许可人（值班员）应按工作票停电，并完成有关安全措施。然后，工作许可人应向工作负责人交代并一起检查停电范围和安全措施，并指明带电部位，说明有关安全注意事项，移交工作现场，双方签名后才许可工作。工作完毕后，工作人员应清理现场，清查工具；工作负责人应清点人数，带领撤出现场，将工作票交给工作许可人，双方签名后检修工作才算结束。值班人员在送电前还应仔细检查现场并通知有关单位。

工作票应编号，每次使用时一式两份，工作完毕后，一份由工作许可人收存，一份交回给工作票签发人。已结束的工作票，保存3个月。

紧急事故处理可不填用工作票，但应履行工作许可手续，并执行监护制度及其他有关安全工作制度。

无须填用工作票的检修工作应执行口头命令或电话命令。口头或电话命令必须清楚、准确。值班员应将发令人、负责人及工作任务详细记入记录簿上，并向发令人复诵核对一遍。

在检修工作中，工作人员应明确工作任务、工作范围、安全措施、带电部位等安全注意事项。工作负责人必须始终留在现场，对工作人员的操作认真监护，随时提醒工作人员注意安全。对需要进行监护的工作，如不停电检修工作和部分停电检修工作，应指定专人监护。监护人应认真负责，集中精力，防止一切可能发生的意外事故。

2. 操作票制度

（1）高压倒闸操作应填用操作票。操作票是保证正确和安全地进行停、送电等倒闸操作的书面文件。事故处理、拉合开关的单一操作、拉开接地刀闸或拆除本单位仅有的一组临时接地线等无须办理操作票，但应将操作项目记入操作记录簿上。

（2）操作票上应填写日期、编号、发令人、受令人、下令时间、操作开始时间、操作结束时间、操作任务、操作顺序及项目、操作人、监护人及备注等项目。

每张操作票只能填写一项操作任务。操作项目应按顺序逐项填写，并应注意下列事项：拉开或合上各种高、低压开关之后应检查开关是否在断开或合闸位置；送电前应检查断路器是否在断开位置；电压互感器接通后及送电前后应检查母线电压；在并列运行等情况下应检查负荷分配；装设临时接地线前应检查设备（或线路）是否无电；送电前应检查临时接地线是否拆除；取下或装上熔断器，解除或恢复继电保护亦应填入操作票项目。操作程序决定于操作项目和接线方式。

送电操作应特别注意防止带地线合闸，并应遵循以下操作程序。

①检查为检修装设的各种临时安全措施和临时接地线是否完全拆除。

②检查有关的继电保护和自动装置是否已经按规定投入。

③检查断路器是否在分闸位置。

④合上操动能源，装上断路器控制回路直流熔断器。

⑤合上电源侧隔离开关。

⑥合上负载侧隔离开关。

⑦合上断路器。

⑧检查送电后的电压、负荷是否正常。

停电操作应特别注意防止带负荷拉隔离开关和带电挂地线，并应遵循以下操作程序。

①检查有关仪表指示是否允许拉闸。

②拉开断路器。

③检查断路器是否在断开位置。

④拉开负荷侧隔离开关。

⑤拉开电源侧隔离开关。

⑥切断断路器的操动能源。

⑦拉开断路器控制回路的熔断器。

⑧按照工作票的要求实施各项安全措施。

（3）操作票的发令人应为调度员或生产负责人，受令人一般为主要值班员，监护人一般为值班长，操作人一般为值班员。

（4）操作票也应编号。使用完了的操作票应注明"已执行"的字样，并保存3个月。

3. 工作监护制度

监护制度是保障检修工作人员人身安全和正确操作的基本措施。监护人应是技术级别较高的人员，一般由工作负责人担任。监护人不得不暂时离开现场时，应指定合适的人代理监护工作。监护人的主要职责有如下几个方面。

（1）监护人应检查各项安全措施是否正确和完善，是否与工作票所填写项目相符。

（2）监护人应组织现场工作，并给工作人员交代清楚工作任务、工作范围、带电部位及其他安全注意事项。

（3）监护人应始终留在现场，对工作人员认真监护。监护所有工作人员的活动范围和实际操作，包括工作人员及其所携带工具与带电体（或接地导体）之间是否保持足够的安全距离，工作人员站位是否合理，操作是否正确。监护人如发现工作人员的操作违反规程，应给予及时纠正，必要时令其停止工作。

（4）监护人应制止任何工作人员单独留在室内或检修区域内，并随时制止其他无关人员进入检修区域。

全部停电检修时，监护人可以参加检修工作；部分停电检修时，只有在安全措施可靠，工作人员集中在一个工作地点，不会因过失酿成事故的情况下监护人才可以参加检修工作；不停电检修时，监护人不得参加检修工作。

4. 工作许可制度

工作许可人完成检修现场的有关安全措施后，还应完成以下事宜。

（1）会同工作负责人到现场再次检查所实施的安全措施，用手触试，证明被检修部位确已无电。

（2）给工作负责人指明带电设备的位置和注意事项。

（3）与工作负责人一起在工作票上分别签名。

完成上述许可手续后，工作班人员方可开始工作。

工作负责人、工作许可人的任何一方不得擅自变更安全措施；值班人员不得变更被检修设备的运行接线方式；工作中遇到特殊情况需要变更时，应事先取得有关方面的同意。

5. 工作间断、转移和终结制度

（1）工作间断时，工作班人员应从检修现场撤出，所有安全措施应保持不动，工作票仍由工作负责人收执。间断后继续工作，无须通过工作许可人。每日收工，应清理检修现场，开放被封闭的通道，并将工作票交值班人员收执。次日复工时，应得到值班人员许可，取回工作票。复工之前，工作负责人还应检查各项安全措施是否与工作票相符，确实相符时方可开始工作。若无工作负责人带领，工作人员不得进入检修现场。

（2）在同一电气连接部分用同一工作票依次在几个工作地点转移检修工作时，全部安全措施应由值班人员在开工前一次做好，不需办理转移手续；但转移工作地点之前，工作负责人应向工作人员再次交代带电范围、安全措施及注意事项。

（3）全部工作完毕后，工作人员应清扫、整理现场。工作负责人应仔细检查现场，待工作人员全部撤离现场后，再向值班人员讲清所检修的项目、发现的问题、试验结果和存在的问题，并与值班人员共同检查设备状况，有无遗留物件，是否清洁等，然后在工作票上填明终结时间，经双方签名后，工作票方告终结。

对于同一停电系统，只有在所有工作票结束，拆除所有临时接地线、遮栏和标示牌，恢复常设遮栏，并得到调度人员或值班负责人的许可命令后，方可合闸送电。

在工作间断期间，若遇紧急情况，必须合闸送电，必须将工作人员已经全部离开现场的确切依据报告各有关负责人，在得到他们的答复和许可后方可送电。而且送电前应完成下列措施。

①拆除临时接地线、遮栏和标示牌，恢复常设遮栏，换挂"止步，高压危险！"的标示牌。

②必须在所有能够进入现场的通路派专人守候，以备告诉工作人员"已经送电，不得继续工作"；守候人员在工作票未交回以前不得离开守候地点。

（二）停电安全措施

全部停电和部分停电检修工作应采取下列步骤以保证安全。

1. 停电

检修工作中，被检修设备应当停电。如人体与其他带电设备之间的距离，10kV及其以下者小于0.35m，20～30kV者小于0.6m时，该设备应当停电；如距离大于上述数值，但分别小于0.7m和1m时，应设遮栏，否则也应停电。

停电时，应注意所有能给检修部位送电的电源均应停电。对于多回路的控制线路，应注意防止其他方面突然来电，特别应注意防止低压方面的反送电。为此，应将与停电有关的变压器和电压互感器的高压侧和低压侧都断开。对于柱上变压器，应取下跌落式熔断器的熔丝管。停电时，应将运行中的工作零线视为带电体，并与相线采取同样的措施。

停电操作顺序必须正确。对于低压断路器（或接触器）与刀开关串联安装的开关组，停电时应先拉开低压断路器（或接触器），后拉开刀开关；送电时合闸顺序与此相反。对于高压操作，停电时应先拉开断路器，后拉开隔离开关；送电时合闸顺序相反。如果断路器的电源侧和负载侧都装有隔离开关，停电操作时拉开断路器之后，应先拉开负载侧隔离开关，后拉开电源侧隔离开关；送电时应依次合上电源侧隔离开关、负载侧隔离开关、断路器。

对于有较大电容的电气设备或电气线路，停电后还须进行放电，以消除被检修设备上残存的电荷。放电应用配有专用导线的绝缘棒操作或用临时接地线操作，或用专用的接地刀闸操作。放电时人体不得与带电体接触。电容器和电缆可能残存的电荷较多，最好有专门的放电装置。

停电设备的各端应有明显的断开点，或应有能反映设备运行状态的电气和机械等指示，不应在只经断路器断开电源的设备上工作。

应断开停电设备各侧断路器、隔离开关的控制电源和合闸能源，闭锁隔离开关的操作机构。

高压开关柜的手车开关应拉至"试验"或"检修"位置。

2. 验电

对已停电的线路或设备，不论其经常接入的电压表或其他信号是否指示无电，均应进行验电。

应当按停电线路或设备的电压等级选用相应的、试验合格的验电器。验电前，应检查验电器，并在有电部位验试其是否完好。验电时，应将验电器逐渐接近带电体，至指示为止。对于多端带电体，应逐相、逐端，由近及远地验试。对于多层带电体，应先验低压，后验高压；先验下层，后验上层。验电时应注意保持各部分安全距离，防止短路。

应当指出，只有经合格的验电器验明无电，才能作为无电的依据。接在线路中的电压表无指示或信号指示断开状态，或用电设备合闸后不运转，都不能作为无电的依据。

直接验电应使用相应电压等级的验电器在设备的接地处逐相验电。验电前，验电器应先在有电设备上确证验电器良好。在恶劣气象条件时，对户外设备及其他无法直接验电的设备，可间接验电。330kV 及以上的电气设备可采用间接验电方法进行验电。高压验电应戴绝缘手套，人体与被验电设备的距离应符合相关的安全距离要求。

3. 装设临时接地线

为了防止给检修部位意外送电和可能的感应电，应在被检修部分的外端（开关的停电侧或停电的导线上）装设临时接地线。临时接地线应将三相导体接地并予短接。装设临时接地线应注意以下要求。

（1）凡可能给检修区间（或设备）突然送电的方面或可能产生感应电压的装置，均应在适当部位装临时接地线。

（2）先验明无电后方可挂装临时接地线。

（3）临时接地线应挂接于明显可见之处，临时接地线与带电体之间的距离应符合安全距离的要求。

（4）在硬母线上装临时接地线时，相线端应接在没有相色漆覆盖的专用位置。

（5）挂装临时接地线时应先接接地端（接地必须良好），后接相线导体端；拆除时顺序相反。对于同杆架设的多层线路，应先装低压，后装高压；先装下层，后装上层；拆时顺序相反。

（6）临时接地线与检修的线路或设备之间不得接有断路器或熔断器。

（7）接线夹应完好，连接应牢固，不得用缠结短路法代替临时接地线或接线。

（8）挂装好临时接地线，不得承受自重以外的拉力。

（9）装、拆临时接地线应使用绝缘杆操作或戴绝缘手套操作，并应由二人执行。

（10）成套接地线应由有透明护套的多股软铜线和专用线夹组成，接地线截面不应小于25mm²，并应满足装设地点短路电流的要求。

（11）在门型构架的线路侧停电检修，如工作地点与所装接地线或接地刀闸的距离小于10m，工作地点虽在接地线外侧，也可不另装接地线。

（12）在高压回路上工作，需要拆除部分接地线应征得运行人员或值班调度员的许可。工作完毕后立即恢复。

4.悬挂标示牌和装设遮栏

标示牌的作用是提醒人们注意安全，防止出现不安全行为。例如：户外高压设备的围栏上应悬挂"止步，高压危险！"的警告类标示牌；一经合闸即送电到被检修设备的开关操作手柄上应悬挂"有人工作，禁止合闸！"的禁止类标示牌；在检修地点应悬挂"在此工作"的提示类标示牌；蓄电池的门上应悬挂"严禁烟火"的警告类标示牌等。

遮栏属于能够防止工作人员无意识过分接近带电体，而不能防止工作人员有意识越过它的一种保护装置。在部分停电检修和不停电检修时，应将带电部分遮栏起来，以保证检修人员的安全。工作人员在工作中不得拆除或移动遮栏和标示牌。

（三）不停电检修

在一般工业企业，不停电检修工作主要是在带电设备附近或外壳上进行的工作；在电业部门，不停电检修工作还包括直接在不停电的带电体上进行的工作，如用绝缘杆工作、等电位工作、带电水冲洗等。不停电检修工作必须严格执行监护制度，必须保证足够的安全距离，而且带电部分只能位于工作人员的一侧；不停电检修的工作时间不宜太长，以免检修人员注意力分散而发生事故；不停电检修使用的工具应经过检查和试验；检修人员应经过严格训练，能熟练掌握不停电检修的技术。

不停电检修工作应注意以下几点。

（1）低压带电工作应设专人监护，应使用有绝缘柄的工具，并应站在干燥的绝缘物上操作；工作人员应穿长袖衣，并戴手套和安全帽；工作时不得使用有金属物的毛刷、毛掸等工具。

（2）高、低压线同杆架设，在低压线路上工作时，应先检查与高压线的距离，采取防止误触高压带电部分的措施（包括必要的保护措施）。

（3）在低压带电导线未采取绝缘措施时，检修人员不得穿越；在带电的低压配电装置上工作时，应采取防止相间短路和单相接地的隔离措施。

（4）上杆前应分清相线和零线，选好工作位置。断开导线时，应先断开相线后断开零线；搭接导线时，顺序应相反。一般不得带负荷断开或接通导线。

（5）人体不得同时接触两根线的线头。

（6）带电部分只能位于工作人员的一侧。

（7）人体与带电体之间必须保持足够的安全距离，满足相关的要求，否则必须采取可靠的绝缘隔离措施。

（8）绝缘杆、绝缘承力工具和绝缘绳等绝缘工具必须有足够的长度。

四、电气安全分析和评价

对企业或设备的生产过程、工艺过程或运行状态的安全程度，进行系统的安全分析和评价是安全管理的重要内容。企业或设备的安全运行是一个复杂的系统，仅依靠事故频率、事故损失来分析和评价是不够的。为了科学地了解和掌握生产中的不安全因素和危险程度，以便于采用最适当的安全对策，应当运用系统工程的方法，综合物的因素、人的因素和环境因素，对系统进行深入的分析和综合的评价。

五、事故树分析

事故树分析是以系统内最不希望发生的小件作为目标，表示其发生原因的由各种事件组成的逻辑模型。事故树分析是一种安全分析方法，这种方法对于分析电气事故也是有效的。

制作事故树之前应深刻了解所研究的系统，弄清系统中与设计、安装施工、运行管理、操作、维修等有关的问题，分析清楚在什么条件下会发生故障和事故；制作事故树应先列出有关的事故事件的正常事件，并将其他事件按时间、空间予以整理和分类；然后，运用"与"和"或"的逻辑推理，由顶端事件而下，逐步排列和展开中间事件，直至全部都是基本事件或没有必要展开的事件为止，至此，即可绘制事故树图。如已掌握诸底端事件的概率，可将其值写入相应的图形中，以便于进行定量分析。

（一）事故树的作用和计算

应用事故树可以比较方便地查出事故发生的原因和分析事故隐患。尽管在通常情况下，事故发生的原因比较隐蔽，但应用事故树分析的方法，根据所研究系统诸因素的组合和关键区域，可以对系统的安全性做出定性分析和比较准确的评价。如果收集中有足够的数据，即掌握各种事件发生的概率，事故树也可用于定量分析，用于求出顶端事件发生的概率。事故树还可用于评价和选择系统设计的最佳方案。

利用事故树做定量分析主要是计算顶端事件的概率。这个概率值是从基本事件逐层向上计算求得的。

对于一个完整的事故树，即使不知道基本事件的概率，也能通过最小割集的计算判断其危险性。割集是那些能够导致顶端事件发生的基本事件的组合。显然，割集是系统的故障模式。最小割集是那些能够导致顶端事件发生的最低限度的基本事件的组合。去掉割集中多余的事件和重复的组合，即得到最小割集。

当基本事件很少时，可以凭直观找出最小割集；当基本事件较多时，必须运用数学方法求得最小割集。各种方法中，行列法简单易行，应用广泛。行列法是从顶端事件的逻辑门开始，自上而下逐次展开和排列，直至不能继续展开到所有事件都是基本事件为止。如果逻辑门是"或"门，则将其输入事件纵向排列；如果逻辑门是"与"门，则将其输入事件横向排列。

（二）安全评价

安全评价包括危险性的确定、危险性的检测和分析、危险性的定量处理、危险性的对策和综合评价。有的安全评价以危险等级和事故频率作为标准，也有的以百万吨产品死亡人数作为标准。有的评价方法是先将系统划分为若干单元，分别确定危险性和危险性指数，再制定对策并加以综合评价；也有的评价方法是从资料和规划开始，逐步评价。前面介绍的事故树分析、事件树分析、安全检查表等方法均可用于安全评价。下面介绍的是利用模糊数学的理论对系统的电安全状况进行综合性评价的方法。

既然是综合评价，就必须对所研究的系统作全面的分析，必须考虑多种因素。就某区域的电气安全水平而言，在一定期间内的死亡人数必然作为评价的重要指标；但是，仅仅用触电死亡人数来确定电气安全水平是不恰当的。例如，如果某地区尚未通电，则不会有触电死亡人员，当然不能说该地区电气安全水平高。又如，某两地区 10 年触电死亡人数分别为 10 人和 15 人，前者用电人口为 10 万人，后者用电人口为 100 万人，也不能单从触电死亡人数比较这两个地区电气安全水平的高低。除死亡人数和用电人口外，一个地区的电气安全水平还与该地区的科学技术水平、教育水平、电工和非电工的电气安全理论水平、经济状况，以及在电气安全方面投资的多少等诸多因素有关。这就要求在深入分析的基础上考虑各种因素，对系统的电气安全水平做出人科学的评价。

第二节 运行维护电工作业质量管理与监督

由于历史的原因以及传统的运行维护作业习惯，除电业部门、大型高精尖企业以外，一般的工矿企业、单位对运行维护电工作业的质量一直无人问津。只要处理后电通了、电机转了、生产线开车了、锅炉送气了、泵抽水了、仪表动作了就是好电工。其实这是一个大错特错的事情，由于没有作业质量管理与监督，一些常用的设备几经反复修理，原材料及元器件检测试验概率较小，反而事故频频，维修频频，既浪费了原材料，又浪费了人工；既增加了运行维修费用，又增加了生产成本。其实，运行维护电工作业应和安装电工作业一样，必须进行作业质量管理和监督，这样既能保证电气系统安全运行，又能节约成本，还能提高运行维护电工的技术技能，正可谓一举三得。

一、运行维护电工作业质量管理与监督的总体要求

运行维护作业时用到的所有元件、材料、器件应进行检测和试验，以保证其为合格品，并填写检测和试验报告，严禁假冒伪劣产品混入运行值班作业或检修工程中去。检测和试验方法同前，见第五章相关内容。

待修设备元器件的拆除和拆线应有记录，特别是较为复杂、接线点多的必须有记录，并由其他工作人员确认后签字。

新设备元器件安装接线后应先由其他工作人确认后签字，然后进行调整和试验。

上述三条确保无误后才能送电试车，送电试车应做到先空载、后重载；先单送各个分路，无误后再送所有分路；先照明，后动力。

建立运行维护作业质量管理体系，从人、机、料、法、环各个程序上把关监督，把事故消灭在萌芽初始状态；对于大中型的维修作业要编制维修作业设计（方案），把好每个环节。

建立运行维护作业质量检查制度，有互检、专检和特检三种方式。一般较简单的作业应进行互检；较为复杂或贵重设备维修应进行专检或特检，由专职质量检查员进行，出具质量检查报告，并附有测试记录和试验报告。

二、运行维护质量保证体系的建立

运行维护质量保证体系是一个单位或一个系统为了保证产品或运行维护作业的质量、保障工艺程序正常进行，对质量工作实行全面管理和系统分析而建立的一种科学管理的网络，它不是机械管理的滞后体系，而是一个动态的、超前的、全面的、系统的保证质量的体系。

运行维护质量保证体系的主要内容及作用如下：

（一）任务

根据运行维护作业生产工艺的特点、程序，从每个影响质量的因素出发，实行生产工艺及产品的中间检测及控制或超前控制，加强质量监督，保证产品或安装质量，进而达到计划质量等级。

（二）体系的组成

运行维护质量保证体系是质量保证体系的一个分支。质量保证体系一般由五个分支系统组成，即由总工程师主持的质量监督管理系统、由总工程师和质量保证工程师主持的质量保证系统、由主管生产厂长（经理）主持的生产作业系统及物资供应系统、由主管劳动调配厂长（经理）主持的劳动管理系统。这五个分支系统有着密切的联系，保证了体系的正常运行。

（三）中心环节

生产作业系统是保证质量的中心环节，是工程质量的制造系统。运行维护作业是生产工人用技术技能、机具设备按照国家工程的标准规范进行作业而逐步完成。运行维护工艺过程中间，质量保证系统和监督管理系统要进行检测和控制，并形成循环的反馈系统，直到达到质量计划等级。

（四）保证中心环节的条件

首先是要建立一个由生产一线工人及运行维护人员组成的质量信息管理系统，也就是说生产一线工人及运行维护人员要树立自我质量意识并参与质量及其信息反馈，把生产细节中不利于质量的因素（人及技能、材料、工艺操作规程、工具设备等）及时反映出来，这样来做到超前控制，将质量事故倾向及隐患消灭在形成事实以前，这是一个动态的过程。再者是物资供应系统，所提供的物资必须保证质量、保证到货日期、不得使假冒伪劣产品进入现场。同时在保证质量和到货日期的条件下，要尽量降低物资的价格。

（五）全面质量管理

企业实行全面质量管理，每个人的工作行为都与工程质量有关。

（六）运行维护技术技能培训

提高所有工作人员及工人的技术技能、业务素质，保障质量和保证系统的正常运行。

（七）质量事故分析及处理

运行维护质量事故发生后要在 24h 内反馈到各有关部门并从 26 个影响工程质量的环节分析，

找出事故原因，然后用中心环节的手段修复，达到质量计划等级。对涉及人和事要进行严肃处理。

（八）制订应急预案

及时处理重大运行维护质量事故。平时应对应急人员和预案进行演练，一旦发生事故，能确保生产、经营顺利进行和生产、经营质量。

三、电气检修技术质量总体要求

（一）一般规定

电气检修的质量技术管理，除应符合现行国家标准、验收规范的规定外，尚应符合下列规定：①检修电工、焊工、起重吊装工和电气调试人员等，按有关要求持证上岗。②检修或安装和调试用各类计量器具仪器、仪表，应检定合格，在有效期内使用。

除设计要求外，承力建筑钢结构构件上，不得采用熔焊连接固定电气线路、设备和器具的支架、螺栓等部件；且严禁热加工开孔。

额定电压交流 1kV 及以下、直流 1.5kV 及以下的应为低压电器设备、器具和材料；额定电压大于交流 1kV、直流 1.5kV 的应为高压电器设备、器具和材料。

电气设备上计量仪表和与电气保护有关的仪表应检定合格，当投入试运行时，应保证在有效期内。

变配电所的空载试运行和电气动力工程的负荷试运行，应按规范规定执行；电气动力工程的负荷试运行，依据电气设备及相关设备的种类、特性，编制试运行方案或作业指导书，并应经技术主管审查批准，经确认后执行。

动力和照明工程的漏电保护装置应做模拟动作试验。

接地（PE）或接零（PEN）支线必须单独与接地（PE）或接零（PEN）干线相连接，不得串联连接。

低压电气设备和布线系统的交接试验，应符合规范的规定。

送至智能化变配电所变送器的电量信号精度等级应符合设计要求，状态信号应正确；接收智能化变配电所的指令应使电气工程的断路器动作符合指令要求，且手动、自动切换功能正常。

（二）主要设备、材料、成品和半成品进场验收

（1）主要设备、材料、成品和半成品进场检验结论应有记录，确认符合规范规定，才能在施工中应用。

（2）因有异议送有资质试验室进行抽样检测，试验室应出具检测报告，确认符合规范和相关技术标准规定，才能在施工中应用。

（3）依法定程序批准进入市场的新电气设备、器具和材料进场验收，除符合规范规定外，应有 3C 认证证书，尚应提供安装、使用、维修和试验要求、型式试验报告等技术文件。

（4）进口电气设备、器具和材料进场验收，除符合规范规定外，尚应提供商检证明和中文的质量合格证明文件、规格、型号、性能检测报告以及中文的安装、使用、维修和试验要求等技

术文件。

（5）经批准的免检产品或认定的名牌产品，当进场验收时，可不做抽样检测。

（6）变压器、箱式变电所、高压电器及电瓷制品应符合下列规定：

①查验合格证和随带技术文件，变压器有出厂试验记录。

②外观检查时，有铭牌，附件齐全，绝缘件无缺损、裂纹，充油部分不渗漏，充气高压设备气压指示正常，涂层完整。

（7）高低压成套配电柜、蓄电池柜、不间断电源柜、控制柜（屏、台）及动力、照明配电箱（盘）应符合下列规定：

①查验合格证和随带技术文件，实行生产许可证和安全认证制度的产品，有许可证编号和安全认证标志。不间断电源柜有出厂试验记录；技术文件包括型式试验报告。

②外观检查时，有铭牌，柜内元器件无损坏丢失、接线无脱落脱焊，蓄电池柜内电池壳体无碎裂、漏液，充油、充气设备无泄漏，涂层完整，无明显碰撞凹陷。

（8）电线、电缆：

①按批查验合格证，合格证有生产许可证编号，按《额定电压450/750V及以下聚氯乙烯绝缘电缆》标准生产的产品有安全认证标志。

②外观检查时，应包装完好，抽检的电线绝缘层完整无损，厚度均匀。电缆无压扁、扭曲，铠装不松卷。耐热、阻燃的电线、电缆外护层有明显标识和制造厂标。

③按制造标准，现场抽样检测绝缘层厚度和圆形芯线的直径；芯线直径误差不大于标称直径的1%。

④对电线、电缆绝缘性能、导电性能和阻燃性能有异议时，按批抽样送有资质的试验室检测。

（9）封闭母线、插接母线应符合下列规定：

①查验合格证和随带安装技术文件。

②外观检查时，防潮密封良好，各段编号标志清晰，附件齐全，外壳不变形，母线螺栓搭接面平整、镀层覆盖完整、无起皮和麻面；插接母线上的静触头无缺损、表面光滑、镀层完整。

（10）裸母线、裸导线应符合下列规定：

①查验合格证。

②外观检查时，包装完好，裸母线平直，表面无明显划痕，测量厚度和宽度符合制造标准；裸导线表面无明显损伤，无松股、扭折和断股（线），测量线径符合制造标准。

（11）电缆头部件及接线端子应符合下列规定：

①查验合格证。

②外观检查时，部件齐全，表面无裂纹和气孔，随带的袋装涂料或填料不泄漏。

（三）工序交接确认和验证

（1）架空线路及杆上电气设备维修安装应按以下程序进行：

①线路方向和杆位及拉线坑位测量埋桩后，经检查确认，才能挖掘杆坑和拉线坑。

②杆坑、拉线坑的深度和坑型，经检查确认，才能立杆和埋设拉线盘。

③杆上高压电气设备交接试验合格后，才能通电。

④架空线路做绝缘检查，且经单相冲击试验合格后，才能通电。

⑤架空线路的相位经检查确认后，才能与接户线连接。

（2）变压器、箱式变电所维修安装应按以下程序进行：

①变压器、箱式变电所的基础验收合格，且对埋入基础的电线导管、电缆导管和变压器进、出线预留孔及相关预埋件进行检查，才能安装变压器、箱式变电所。

②杆上变压器的支架紧固检查后，才能吊装变压器且就位固定。

③变压器及接地装置交接试验合格后，才能通电。

（3）成套配电柜、控制柜（屏、台）和动力、照明配电箱（盘）维修安装应按以下程序进行：

①埋设的基础型钢和柜、屏、台下的电缆沟等相关建筑物检查合格，才能安装柜、屏、台。

②室内外落地动力配电箱的基础验收合格，且对埋入基础的电线导管、电缆导管进行检查合格后，才能安装箱体。

③接地（PE）或接零（PEN）连接完成后，核对柜、屏、台、箱、盘内的元器件规格、型号，且交接试验合格，才能投入试运行。

（4）低压电动机、电加热器及电动执行机构应与机械设备完成连接，绝缘电阻测试合格，经手动操作符合工艺要求，才能接线。

（5）不间断电源按产品技术要求试验调整，应检查确认，才能接至馈电网路。

（6）低压电气动力设备试验和试运行应按以下程序进行：

①设备的可接近裸露导体接地（PE）或接零（PEN）连接完成，经检查合格后，才能进行试验。

②动力成套配电（控制）柜、屏、台、箱、盘的交流工频耐压试验、保护装置的动作试验合格后，才能通电。

③控制回路模拟动作试验合格，盘车或手动操作，电气部分与机械部分的转动或动作协调一致，经检查确认，才能空载试运行。

（7）裸母线、封闭母线、插接式母线维修安装应按以下程序进行：

①变压器、高低压成套配电柜、穿墙套管及绝缘子等安装就位，经检查合格后，才能安装变压器和高低压成套配电柜的母线。

②封闭、插接式母线安装，在结构封顶、室内底层地面施工完成或已确定地面标高、场地清理、层间距离复核后，才能确定支架设置位置。

③与封闭、插接式母线安装位置有关的管道、空调及建筑装修工程施工基本结束，确认扫尾施工不会影响已安装的母线，才能安装母线。

④封闭、插接式母线每段母线组对接续前，绝缘电阻测试合格，绝缘电阻值大于20MΩ，才

能安装组对。

⑤母线支架和封闭、插接式母线的外壳接地（PE）或接零（PEN）连接完成，母线绝缘电阻测试和交流工频耐压试验合格后，才能通电。

（8）电缆头制作和接线应按以下程序进行：

①电缆连接位置、连接长度和绝缘测试经检查确认后，才能制作电缆头；电缆头制作后耐压试验必须合格，否则不得使用。

②控制电缆绝缘电阻测试和校线合格后，才能接线。

③电线、电缆交接试验和相位核对合格后，才能接线。

（9）接地装置维修安装应按以下程序进行：

①建筑物基础接地体：底板钢筋敷设完成，按设计要求做接地施工，经检查确认后，才能支模或浇捣混凝土。

②人工接地体：按设计要求位置开挖沟槽，经检查确认后，才能打入接地极和敷设地下接地干线。

③接地模块：按设计位置开挖模块坑，并将地下接地干线引到模块上，经检查确认后，才能相互焊接。

④装置隐蔽：检查验收且接地电阻合格后，才能覆土回填。

（10）引下线维修安装应按以下程序进行：

①利用建筑物柱内主筋作引下线，在柱内主筋绑扎后，按设计要求施工，经检查确认后，才能支模。

②直接从基础接地体或人工接地体暗敷埋入粉刷层内的引下线，经检查确认不外露后，才能贴面砖或刷涂料等。

③直接从基础接地体或人工接地体引出明敷的引下线，先埋设或安装支架，经检查确认后，才能敷设引下线。

（11）等电位联结应按以下程序进行：

①总等电位联结：对可作导电接地体的金属管道入户处和供总等电位联结的接地干线的位置经检查确认后，才能安装焊接总等电位联结端子板，按设计要求进行总等电位联结。

②辅助等电位联结：对供辅助等电位联结的接地母线位置检查确认后，才能安装焊接辅助等电位联结端子板，按设计要求进行辅助等电位联结。

③对特殊要求的建筑金属屏蔽网箱：网箱施工完成，经检查确认后，才能与接地线连接。

（12）接闪器安装：接地装置和引下线应施工完成，才能安装接闪器，且与引下线连接。

（13）防雷接地系统测试：接地装置施工完成测试接地电阻应合格；避雷接闪器安装完成，整个防雷接地系统连成回路，才能系统测试。

（四）检修过程检验与试验

1. 绝缘电阻测试

绝缘电阻测试包括各类电气设备装置、动力、照明、电缆线路及其他必须进行绝缘电阻测试的电气装置，绝缘电阻一般应测试三次，安装或检修前、安装或检修后、调试前分别测一次。

检修过程的检验与试验，必须由具有相应资质的人员进行，检验与试验必须有技术主管认可的记录。检修过程的检验、试验是电气维修中最重要的检验试验，一般可分为自检、互检、专检和监检。

2. 接地电阻测试

接地电阻测试包括电气设备、系统的防雷接地、保护接地、工作接地、防静电接地以及设计要求的接地电阻测试，检测工作必须在接地装置敷设完毕且回填土之前进行，测试和回填必须由技术主管在场监督。

3. 电气设备、元器件通电安全检查

电气设备、元器件安装后应按层、按部位、按子系统进行通电全数检查，如开关控制相线，相线接螺口灯座的灯芯，插座左零右相上接保护零线，电气设备外壳接地（零），核对电源电压及相序等。

4. 电气设备空载试运行

成套配电（控制）柜、台、箱、盘通电试运行，电压、电流应正常，各种仪表指示应正常。

电动机及其拖动的设备应试通电空转，检查转向和机械转动有无异常情况，测试空转电流，以判定试运行是否正常，电动机空载试运行时要记录其电流、电压和温升以及噪声是否有异常撞击声响，空载试运行电动机一般为2h，记录空载电流，且检查机身和轴承的温升。变压器空载运行、检查温升、声响、电位、电压相序等应正常。

5. 高压设备及电动机调整试验记录

应由有相应资格的单位进行试验并记录。

6. 漏电断路器模拟试验

动力和照明工程的漏电保护装置应全数使用漏电断路器检测仪做模拟动作试验，应符合设计要求的额定值。

7. 发电机组应试发电

电压、电流、频率、相序应正常。

8. 电能表检定记录

电能表在安装前送有相应检定资格的单位全数检定，应有由检定单位出具的法定记录。

9. 大容量电气线路节点测温记录

大容量（630A及以上）导线、母线连接处或开关，在设计计算负载运行情况下应做温度抽测记录，采用红外线遥测温度仪进行测量，温升值稳定且不大于设计值。

10. 避雷带支架拉力测试

避雷带支架应按照总数量的 30% 检测，10m 之内测三点，不足 10m 的全部检测。检测时使用弹簧秤。

四、变配电所检修技术规程

变配电所检修是一项复杂的系统工程，特别是工程项目较大时或者是新设备、新材料、新工艺、新技术在工程中应用较多时，更是体现出其复杂和难度。

为保证变配电所检修质量、保证工期进度、保障安全生产、保障施工现场环境以及投入使用后的安全运行，从事变配电所检修工作的单位或个人必须遵守变配电所检修技术规程。

（一）工程管理

（1）大型变配电所检修应按已批准的工程设计文件图样及产品技术文件施工。

（2）大型变配电所检修方案的设计单位必须是取得国家建设或电力主管部门核发的相应资质的单位，无证设计或越级设计是违法行为。

（3）电气或电力产品（设备、材料、附件等）的生产商必须是取得主管部门核发的生产制造许可证的单位，其产品应有型式试验报告或出厂检验试验报告、合格证、安装使用说明书，无证生产是违法行为。

（4）承接变配电所检修的单位必须是取得国家建设主管部门或省级建设主管部门核发的相应资质的单位，无证施工或越级施工是违法行为。由本单位检修时应取得供电部门认可，并严格执行本规程。运行维护人员应直接参与检修和工程管理，不放过任何瑕疵和隐患。

（5）承接变配电所检修的单位中标后应做好以下工作：

①组织技术人员、施工人员审核图样，提出对图样的意见和建议，为会审图样做准备。

②组织技术人员、管理人员、施工人员对图样中的设备、元器件、材料进行核算，编制加工计划，提出意见和建议，为会审图样做准备。

③组织技术人员、施工人员、管理人员实地勘查作业现场，掌握作业条件，了解当地风情民俗、气候环境等，为会审图样和施工组织设计做准备。

④图样会审，达成一致性的图样会审纪要，作为检修工程实施的重要依据。

⑤按会审后的图样和会审纪要组织工程预算人员和原材料供应部门的人员编制工程施工预算书和设备、材料供应计划，并提交企业主管部门、主管经理批准。

⑥签订检修合同。

⑦编写检修施工组织设计，从人力、机具、材料、法规、环境及标准规范出发详细编写，中心内容是检修工艺及质量标准、施工进度计划、机具计划、人力计划、投资计划、物资供应计划、安装技术及安全技术交底、现场管理机构设置和质量计划、安全管理方案、环境管理方案及其保证实施措施等。

⑧组织项目班子，建立管理体系，确定人员，组织施工队伍。进行人力资源分工并确定其职

责，确定人选要基于能力，技术测试不是评出来的，也不是鉴定出来的，而是在实践中干出来、练出来的。检修人员、调试人员应分别具备相应的资格。

⑨施工准备时，进一步落实机具计划、人力计划、物资供应计划及施工现场设置和设施。组织全体施工人员学习施工组织设计、质量计划、安全方案、环境方案、标准规范及安装技术、安全技术交底。

⑩配合土建工程施工预埋管路及铁件。

（二）工程实施及现场管理

（1）技术主管和检修人员要精读图样，掌握设计意图及工程的功能，确定检修工艺方法，特别是新设备、新材料、新工艺、新技术除图样上的内容外，要精读其产品安装使用说明书，并按其要求及标准确定安装调试工艺方法。

（2）组织相关人员检查并落实施工组织设计中的各项条款和安全设施设置，没落实的要查明原因，敦促落实，定期检查。

（3）要记录现场每天发生的各种事宜，特别是人员分工、进度、质量、安全等事宜。

（4）对新购进的设备、元器件、材料进入现场的检验和试验是把好工程质量的第一道关口，要从以下四方面检验：

①包装完整，密封件密封应良好。

②开箱检查清点，规格应符合设计要求，附件、备件应齐全。

③产品的技术文件应齐全。

④外观检查应无损坏、变形、锈蚀。

同时进行测试和试验，杜绝假冒伪劣产品进入维修工程。

检验、试验和测试必须有第三方在场，检验、试验和测试的人员必须是具有相应资格的人员。现场使用的检验、试验和测试的仪器、仪表、量具必须是在其检定周期内的合格品，且在使用前应进行检查。

检验、试验和测试应有详细记录，贵重、大型的设备应有生产商在场。

（5）线缆敷设时必须测试绝缘电阻，隐蔽部位和绝缘电阻的测试应有第三方的认可文件。

（6）设备的安装及吊装（无论大小、无论价格高低）应遵守下列规定：

①基础必须牢固，支持件或铁件应经拉力试验。基础应经监理验收，混凝土基础应有土建施工人员在场。

②设备的吊装就位必须由起重工配合，特别是大件吊装就位应以有经验的起重工为主，电工配合。设备就位后经检测（水平、竖直、几何尺寸等）合格后方可紧固。

③设备就位后安装人员应进行测试或试验，正常后应进行机械传动或（和）通电（没条件的可通临时电，临时电的电压、频率等参数必须与设备铭牌标注相符）试验，结果应符合规范或设计、产品技术文件的规定或要求。

（7）接线必须正确无误，并经非接线人进行核对，接线必须牢固，电流较大的必须用塞尺检测或测试接触电阻。

（8）接地及接地装置的设置，其隐蔽部分应经技术人员验收，接地电阻应符合规范要求。

（9）加工制作的部件及电缆头制作在安装前必须进行检测和试验，并遵守上述规定。

（10）上述（4）~（9）条的过程中检修人员、专职质检人员，须进行过程的检测及验收，凡不符合规范要求的要立即进行修复，严重不合格的要重新进行安装。过程检测包括：

①班组自检。

②班组互检。

③质检员专检。

过程检测是检修工程最重要的检测手段，必须有详尽记录和签证，作为验收的依据。

（11）单体调整试验的要求如下：

①单体调整试验应由调试人员进行，并出具调整试验报告。

②单体调试包括设备、元器件功能、性能、传动、通电、模拟动作试验，检查接线和单体功能调整试验。

③单体调整试验应有技术主管、电气工程师或第三方在场签字。

（12）系统调整试验的要求如下：

①系统调整试验须由调试人员进行，并出具调整试验报告，为竣工验收提供依据。

②系统调整试验应先进行各个子系统功能、性能、传动、通电试验或模拟动作，然后再进行全系统的调整试验，均应符合设计及规范要求。

③系统调整试验应有技术主管、电气工程师或第三方在场签字。

（13）系统送电及试运行的要求如下：

①系统送电及试运行必须在检测检验合格、单体及系统调整试验合格并有第三方签字的基础上进行。

②系统送电及试运行应编制送电及试运行方案（包括应急预案），工程较大时文件应由上级主管部门批准。

③系统送电及试运行应按其工程大小级别邀请相应主管部门（供电、电信、消防、技术监督、生产商等）的技术人员、管理人员、监检人员参加。

④系统送电及试运行应按子系统分别一一进行，每个子系统送电后应开动该子系统的全部设备（按正常的开车率），并进行电流、电压、功能、转速等参数的测试应正常。

⑤每个分支系统单一送电试运行正常后，即可将所有分支系统全部送电投入运行，并进行系统和各个分支系统的电流、电压、功能、转速等参数的测试，全系统应正常。

⑥系统送电试验时若分支系统不合格应立即组织人员进行处理，直到合格并经送电和试运行检验。

⑦系统送电及试运行正常后应投入正式运行，至少应进行72h的运行，进而观测有无不妥，并将其移交建设单位。

（14）竣工验收的要求如下：

①实物验收：实物验收已在系统送电及试运行步骤中进行，建设单位应派人接收，建设单位暂时不能接收时，运行72h后应停运。

②资料验收：检修单位应提供完整的检修及试运行记录，并有技术主管、电气工程师或第三方签字。

（15）总体要求：上述（4）~（14）条均应按相应的国家标准和规范进行；新产备、新材料、新技术、新工艺暂无标准和规范时，应按产品安装使用说明书进行，必要时应组织厂商及专家和主管部门暂定标准规范。暂定标准规范应按一定的法定程序进行，并报上一级主管部门批准。

五、运行维护相应管理制度和规定

（一）运行维护工作制度

运行维护是变电所运行及维护人员班组正常工作，如气动机构定期放水工作、蓄电池测量电压、粘贴示温蜡片、防小动物工作、防汛、防风、防寒及检查各电气设备等工作。将以上这些工作分解列表，各班次按规定执行。

（二）运行常规培训制度

变电所运行人员及系统维修人员常规培训形式有现场考问、事故预想、反事故演习、技术讲座、技术问答等。

（1）现场考问：在每天交接班时进行。由交班人员考问接班人员，每人一题，由交班正值按标准答案进行评价，并做好记录。问题应根据设备情况、季节特点等出题，年内不得重复。

（2）事故预想：针对所辖变电站实际情况每月每值进行一次。事故预想，主要围绕本站可能发生的问题，值班长组织全体值班人员进行讨论，提高运行人员的应变能力和事故处理能力。

（3）反事故演习：每月至少组织一次全员参加的现场反事故演习，由班组培训员做出计划。由班组培训员或班组长对演习做出切合实际的评价。

（4）技术讲座（学习）：每月一次，由班组培训员组织进行，应该根据人员素质、设备状况，组织全员学习，不少于2课时并保存讲课资料。

（5）技术问答：每月由班组培训员出题（每人一题），运行人员必须独立完成答卷，培训员要及时评价。

（6）每季结合培训内容和规程的学习进行一次技术考试，总结学习效果。

（三）应建立的几项规定

为使变电所各项工作管理标准化，还应建立以下规定：

（1）备品备件、工具、材料管理规定。

（2）配电室钥匙、防误闭锁钥匙管理规定。

（3）防小动物（鼠药、危险品）管理规定。

（4）消防工作管理规定。

（5）防汛、防风、防寒工作管理规定。

（6）设备缺陷管理制度。

发现缺陷后，按设备缺陷情况进行初步分类定级（分为紧急、重大、一般三级）。当值值班员应及时汇报车间和调度值班员，并将变电设备缺陷输入微机，传送至 MIS 网。

对不能立即消除的缺陷在运行中加强监控，并及时向有关部门通报缺陷发展情况。缺陷消除验收合格后，在缺陷记录簿和 MIS 网上注销并签名。

（四）变电所污秽等级规定

0 级：大气清洁无明显污染地区。

1 级：大气轻微污染的地区（工业区附近沿海地带及盐场附近）。

2 级：空气严重污染的地区（化工厂、冶金厂附近），火电厂烟囱附近且附近有冷水塔、严重盐雾侵袭地区。

（五）工作票及使用范围

（1）以下工作需要填第一种工作票：

高压设备上的工作需要全部停电或部分停电者。

高压室内二次接线和照明回路上的工作，需要将高压设备停电或做安全措施者。

（2）以下工作填用第二种工作票：

带电作业和在带电设备的外壳上工作。

控制盘和低压配电盘、配电箱、电源干线上的工作。

二次接线回路上的工作，无须将高压设备停电者。

转动中的发电机、同期调相机的励磁回路或高压电动机转子电阻回路上的工作。

非当值值班人员用绝缘棒和电压互感器定相或用钳形电流表测量高压回路的电流。

（3）第一、第二种工作票的有效时间，以批准的检修期为限。第一种工作票至预定时间工作尚未完成，应由工作负责人办理延期手续。工作票有破损不能继续使用时，应补填新的工作票。

（六）变电所常用的消防设备和用具

干粉灭火器、二氧化碳、四氯化碳灭火器、1211 灭火器、泡沫灭火器、消防栓、消防水龙带、消防砂及砂箱、消防水桶、消防铲等。

（七）变配电所的维护

应按负荷大小、季节冷暖风雨进行运行、维护、检修、巡检等工作。一般条件下，夏季要比冬季负荷大，但冬季出现事故受天气影响不易处理。因此要把上述工作按月份排列出来，把事故消除在萌芽状态。

（1）1 月气候特点：时值冬季是全年最冷季节，天寒干燥、多大风、风雪频繁。

易发事故的特征：

①导线拉力大、摆度大，易发生断线和混线事故。

②注油设备油位下降，易引起设备缺油，严重时可能引起事故。

③设备操动机构金属件紧缩，活动部分发涩，易引起拒动和自动脱扣的事故。

工作安排：

①元旦检修及特巡工作，特别是导线的松弛度和注油设备的油面变化。

②春节检修的准备工作，提出缺陷情况和检修项目，报主管部门审批，并及时做好人员和器材的准备工作。

③加强防火工作，继续做好防寒、防冻工作。

④做好防止工作人员滑跌、摔伤的安全工作。

⑤防止雾季闪络事故，进行户外变配电设备的清扫工作。

以上以北方天气为参考，1～12月均同。

（2）2月气候特点：上旬较冷，中旬开始转暖，是一年中雾日最多的月份。

易发事故的特征：

①雾日多，易发生绝缘子污秽闪络事故。

②冻土开始融化，冬季施工质量不良的设备基础可能开始下沉；严重时可能引起事故。

工作安排：

①加强绝缘子特巡工作。

②审批防雷措施计划，开展防雷工作；对避雷器的动作记录器进行校核。

③防雨工作，检查土建设施的防雨情况。

④对所有绝缘设备进行全面的检查、鉴定。

⑤对已发现的设备缺陷，催促"消缺"以保春节供电。

⑥加强春节期间的安全工作，加强值班巡视，并组织特巡，加强保卫治安工作。

（3）3月气候特点：气温显著上升，大地解冻、风沙大、雨量小。

易发事故的特征：

①因气候条件，易发生污秽绝缘子的闪络事故。

②导线摆度大，发生混线或对地弧光闪络事故。

③鸟类活动频繁，鼠蛇亦开始活动，易发生鸟害或鼠蛇小动物事故。

④农灌负荷加大，易发生配电线路事故。

工作安排：

①继续加强绝缘子的特巡工作，防止污闪事故发生。

②继续抓紧防雷装置检查和完善工作。

③加强电气设备和房屋的防雨、防潮工作。

④农田灌溉，负荷加大，做好设备检查和反事故演习。

⑤刮风时检查导线摆动情况。

⑥开展防鸟、鼠、蛇等小动物危害活动，并加强特巡工作。

⑦做好一季度的设备评级工作。

（4）4月气候特点：是大风最多的月份，雨量较小，可能出现雷电活动。

易发生事故的特征：

①风大、导线摆动大，可能发生断线和混线事故。

②鸟类和鼠蛇活动频繁，易发生小动物事故。

③设备检修、试验工作开始，操作频繁，易发生电气误操作事故。

工作安排：

①开展设备绝缘试验工作。

②第一次大雨之后，对所内土建设施进行全面的巡视。

③继续抓紧防雷、防雨、防潮、防风措施的落实和检查工作。

④进行防暑过夏准备，对通风、降温、防晒设施和冷却装置进行试验检查。

⑤加强倒闸操作制度的贯彻，检查闭锁联锁装置防止误操作事故。

⑥做好迎接"五一"国际劳动节的准备工作，对设备进行重点检查。

⑦搞好变电所绿化工作。

（5）5月气候特点：气温显著升高，出现雷电活动。

①易发生事故的特征：

②小动物繁殖季节活动频繁，易发生小动物事故。

③农电负荷出现高峰，可能出现过负荷设备事故。

④可能发生雷害事故。

工作安排：

①继续抓好防雷、防雨、防潮工作和防暑过夏工作的落实。

②检查各注油设备的油位情况，要求及时对不合格的油位进行调整。

③检查农业负荷供电线路设备元件的载流容量，做好反事故措施。

④检查排水和疏水系统的设备，注意电缆沟的排水情况。

⑤加强防小动物工作。

（6）6月气候特点：气温较高、雨量增大、雷电活动较强、风小。

①易发生事故的特征：

②雷害事故较多，也可能发生设备进水爆炸事故。

③设备接头过热，严重时可能发生接头过热烧毁事故。

④直流系统绝缘能力降低，严重时可能造成设备误动作事故。

工作安排：

①继续抓好防雷、防雨、防潮工作。

②对设备接头进行测温和检查试温蜡片熔化情况。

③检查设备排水、疏水系统，并对防汛工作进行检查。

④对春检设备的技术资料进行全部整理和归档。

⑤继续抓好防小动物工作。

⑥做好二季度设备评级调整工作。

（7）7月气候特点：是全年最热月份，雷害最多、雨量最大、温度亦高。

易发生事故的特征：

①雷害事故频繁，可能发生设备进水爆炸事故。

②暴雨、洪水威胁设备的安全运行。

③水温、油温高，接头发热，威胁设备的安全运行。

④直流系统绝缘水平降低，严重时可造成继电保护误动作。

工作安排：

①加强防雷、防雨和防高温装置的特巡工作。

②对导线弛度和设备接头进行测量检查。

③对房屋漏水、溅水缺陷进行检查处理。

④检查排水、疏水系统，并对防汛措施进行检查。

⑤加强二次设备的防潮检查，对二次线进行清扫、曝晒和绝缘电阻摇测工作。

⑥对见习、实习值班人员进行培训和半年考核。

⑦做好防高温和发生设备过热事故预防工作，加强对变压器、电容器的温升检查和测量工作。

（8）8月气候特点：持续高温天气，雨量集中、雷害频繁。

易发事故的特征：

①雷害事故频繁。

②暴雨、洪水威胁设备安全运行，可能发生设备进水爆炸事故。

③直流系统绝缘能力降低，严重时可能造成设备误动作。

④水温、油温高、接头易发热，给安全运行造成威胁。

工作安排：

①加强防雷、防雨、降温装置的特巡工作。

②继续对防汛措施进行检查。

③加强二次设备的防潮检查，对二次线进行检查清扫，对户外端子箱进行通风、晾晒、去潮。

④对户内外环境卫生进行整理清扫。

（9）9月气候特点：空气潮湿、气温下降，降水量减少。

易发生事故的特征：

①还有雷雨造成事故的可能。

②空气湿度大、绝缘能力降低，易发生二次设备误动作。

工作安排：

①做好迎接国庆节的准备工作，抓紧重点设备检修和检查，加强节日值班巡视和特巡。

②组织落实好节日的安全保卫工作和反事故预想工作。

③进行迎高峰（负荷），防严寒的准备工作。

④整理室内环境和室外环境迎接国庆节。

⑤做好三季度设备评级调整工作。

（10）10月气候特点：深秋转寒、雨量稀少、气温变化大。

易发生事故的特征：

①有可能发生绝缘子污秽闪络事故。

②小动物活动频繁，有可能发生小动物引发的事故。

工作安排：

①加强节日值班，确保国庆供电安全。

②做好迎接高峰负荷和防寒、防冻工作。

③对防小动物措施进行全面检查。

④对重点负荷设备进行接点测温和检查工作。

（11）11月气候特点：气温降低，可能有几次大雾、冰霜和粘雪夹雨。

易发事故的特征：

①有可能发生绝缘子的污闪事故。

②全年负荷最大月份，有可能发生接头发热的事故。

③设备操动机构金属元件紧缩或发涩，易引起设备振动或自动脱扣的事故。

④有可能发生小动物事故。

工作安排：

①继续进行防寒、防冻、防冰和迎接高峰负荷工作。

②加强污秽绝缘子和接头的特巡工作，在高峰负荷时测量接头的温度。

③检查操动机构的电热加温装置的运行情况。

④对防止小动物措施进行全面的检查。

⑤检查充油设备的油位情况。

（12）12月气候特点：天气寒冷、降大雪、有大雾天气。

易发生事故的特征：

①设备过负荷，严重时可能造成设备接头（触头）的烧毁事故。

②冰冻导线，或导线弛度过小、拉力增大，有可能发生导线断线事故。

③操动机构金属元件紧缩、发涩，油位下降，严重时有可能引起事故。

工作安排：

①加强过负荷设备的巡视检查。

②在高峰负荷时，对接头进行测温，在雪天，借接头积雪融化情况，检查接头是否发热。

③继续进行防风、防冻、迎高峰负荷工作的检查。

④做好迎"元旦"工作，对重点设备进行检修、检查。

⑤做好全年工作总结，制订明年具体工作计划。

⑥做好见习人员的全年考评工作。

⑦做好四季设备评级调整工作和技术资料的整理归档工作。

⑧其他年终总结经验教训工作等。

⑨明年工作改进计划和实施细则。

参考文献

[1] 李继芳主编 . 电气自动化技术实践与训练教程 [M]. 厦门：厦门大学出版社 .2019.

[2] 连晗著 . 电气自动化控制技术研究 [M]. 长春：吉林科学技术出版社 .2019.

[3] 董桂华编著 . 城市综合管廊电气自动化系统技术及应用 [M] 北京：冶金工业出版社 .2019.

[4] 杨代强，哈斯花著 . 高校电气自动化专业人才培养模式改革与实践研究 [M]. 西安：西北工业大学出版社 .2019.

[5] 许明清主编 . 电气工程及其自动化实验教程 [M]. 北京：北京理工大学出版社 .2019.

[6] 李文娟主编 . 电气工程及其自动化专业英语 [M]. 武汉：华中科技大学出版社 .2019.

[7] 刘芬主编；袁臣虎，李现国副主编 . 高等学校电子与电气工程及自动化专业 "十三五" 规划教材 电路理论实验手册 [M]. 西安：西安电子科技大学出版社 .2019.

[8] 赵悦 . 高等学校电气工程及其自动化专业应用型本科系列规划教材 Altium Designer 17 原理图与 PCB 设计教程 [M]. 重庆：重庆大学出版社 .2019.

[9] 洪天星主编 . 电气自动化实验指导书 [M]. 哈尔滨：黑龙江教育出版社 .2019.

[10] 沈姝君，孟伟著 . 机电设备电气自动化控制系统分析 [M]. 杭州：浙江大学出版社 .2018.

[11] 沈倪勇编 . 电气工程及其自动化应用型本科规划教材 电气工程技术实训教程 [M]. 上海：上海科学技术出版社 .2021.

[12] 潘天红，陈娇作 . 普通高等教育电气工程自动化系列教材 计算机控制技术 [M]. 北京：机械工业出版社 .2021.

[13] 郭廷舜，滕刚，王胜华作 . 电气自动化工程与电力技术 [M]. 汕头：汕头大学出版社 .2021.

[14] 何治斌，曾鸿 . 海船船员适任考试培训教材 船舶电气与自动化 船舶自动化 管理级 [M]. 大连：大连海事大学出版社 .2021.

[15] 林叶春，何治斌，李永鹏，王爱军 . 海船船员适任考试培训教材 船舶电气与自动化 船舶自动化 操作级 [M]. 大连：大连海事大学出版社 .2021.

[16] 张春来，王海燕，孙立新编 . 轮机专业船舶电气操作级海船船员适任考试培训教材 船舶电气与自动化 [M]. 大连：大连海事大学出版社 .2021.

[17] 李伟，田红彬编 . 高职高专电气自动化技术系列教材 电机与电气控制技术 [M]. 北京：科学出版社 .2021.

[18] 周扬忠作. 电气自动化新技术丛书 多相永磁同步电动机直接转矩控制 [M]. 北京：机械工业出版社 .2021.

[19] 肖明耀，周保廷，张天洪，汤晓华，陈意平编. 电气自动化技能型人才实训系列 汇川 H5U 系列 PLC 应用技能实训 [M]. 北京：中国电力出版社 .2021.

[20] 郝芸，陈相志编. 新世纪高职高专电气自动化技术类课程规划教材 自动控制原理及应用 第 4 版 [M]. 大连：大连理工大学出版社 .2021.

[21] 蔡杏山编著. 电气自动化工程师自学宝典 [M]. 北京：机械工业出版社 .2020.

[22] 李付有，李勃良，王建强著. 电气自动化技术及其应用研究 [M]. 长春：吉林大学出版社 .2020.

[23] 姚薇，钱玲玲主编. 电气自动化技术专业英语 [M]. 北京：中国铁道出版社 .2020.

[24] 蔡杏山. 电气自动化工程师自学宝典精通篇 [M]. 北京：机械工业出版社 .2020.

[25] 满永奎，王旭，边春元，李岩，蔡看编. 电气自动化新技术丛书 通用变频器及其应用 第 4 版 [M]. 北京：机械工业出版社 .2020.

[26] 牟应华，陈玉平编. 高职高专全国机械行业职业教育优质规划教材 三菱 PLC 项目式教程 电气自动化技术专业 [M]. 北京：机械工业出版社 .2020.

[27] 魏曙光，程晓燕，郭理彬作. 人工智能在电气工程自动化中的应用探索 [M]. 重庆：重庆大学出版社 .2020.

[28] 何良宇. 建筑电气工程与电力系统及自动化技术研究 [M]. 文化发展出版社 .2020.

[29] 刘玉成，汤毅，朱家富编. 普通高等教育应用型本科电气工程及其自动化专业特色规划教材 电路分析实验教程 [M]. 北京：中国铁道出版社 .2020.

[30] 朱煜钰著. 电气自动化控制方式的研究 [M]. 咸阳：西北农林科技大学出版社 .2018.